国家出版基金项目
NATIONAL PUBLICATION FOUNDATION

"十四五"时期国家重点出版物　工业和信息化部"十四五"规划专著
出版专项规划项目

新型热电材料研究丛书

THERMOELECTRICS

铅硫族化合物
热电材料

赵立东　肖钰　钱鑫　著

工信学术出版基金
Industry and Information Technology
Academic Publishing Fund

LEAD CHALCOGENIDES
THERMOELECTRICS

人民邮电出版社
北　京

图书在版编目（CIP）数据

铅硫族化合物热电材料 / 赵立东，肖钰，钱鑫著
. -- 北京：人民邮电出版社，2023.12
（新型热电材料研究丛书）
ISBN 978-7-115-62864-0

Ⅰ. ①铅… Ⅱ. ①赵… ②肖… ③钱… Ⅲ. ①热电转
换－功能材料－研究 Ⅳ. ①TB34

中国国家版本馆CIP数据核字（2023）第241800号

内 容 提 要

本书简要介绍热电效应的基本原理以及常用的电声输运基本模型，同时结合国内外在铅硫族化合物热电材料领域取得的研究进展，系统阐述该材料体系在电声输运性能方面的调控策略。本书共 8 章，内容包括热电输运基本原理、铅硫族化合物的晶体结构和能带结构、铅硫族化合物的制备方法、载流子浓度优化与动态掺杂、态密度有效质量优化策略、载流子迁移率优化策略、晶格热导率降低策略、结语及展望。其中，本书重点介绍缺陷能级和间隙原子对载流子浓度的动态优化作用、能带形状优化对态密度有效质量和载流子迁移率关系的平衡调控作用，以及能带锐化和微缺陷结构对协同调控载流子迁移率与晶格热导率的作用。本书将热电基本理论与高性能铅硫族化合物热电材料的设计相结合，并对铅硫族化合物热电材料的研究现状以及需要解决的问题提出基本思考，有助于铅硫族化合物热电材料未来的发展。

本书可供从事热电材料研究和器件研发的科研工作者、热电产业工作者参考学习，也可作为高等院校物理、化学、材料等相关专业的教学参考用书。

◆ 著　　　　赵立东　肖　钰　钱　鑫
　　责任编辑　林舒媛
　　责任印制　李　东　焦志炜
◆ 人民邮电出版社出版发行　　北京市丰台区成寿寺路 11 号
　　邮编　100164　电子邮件　315@ptpress.com.cn
　　网址　https://www.ptpress.com.cn
　　北京捷迅佳彩印刷有限公司印刷
◆ 开本：700×1000　1/16
　　印张：17　　　　　　　　　　　　　2023 年 12 月第 1 版
　　字数：275 千字　　　　　　　　　2023 年 12 月北京第 1 次印刷

定价：149.00 元

读者服务热线：**(010)81055410**　印装质量热线：**(010)81055316**
反盗版热线：**(010)81055315**
广告经营许可证：京东市监广登字 20170147 号

丛书序

　　热电材料是一种可实现热能和电能直接相互转换的重要功能材料，相关技术在航空航天、低碳能源、电子信息等领域有着不可替代的应用价值。2017年，科技部印发的《"十三五"材料领域科技创新专项规划》中明确提出发展热电材料。2018年，热电材料被中国科协列为"重大科学问题和工程技术难题"之一。2019年，美国国家科学院在《材料研究前沿：十年调查》报告中也明确把研发新型高性能热电材料列为未来十年材料研究前沿和重要研究方向。热电效应自被发现距今已两百余年。以往，主要是美国和欧洲的一些国家在研究热电材料，直至近二十年，我国在热电材料领域才取得一席之地，这离不开国家政策和重大项目的支持，也离不开国内热电材料领域各研究团队的不懈努力。

　　赵立东教授多年来致力于热电材料的研究，特别是在新型热电化合物的设计合成方面做出了多项具有国际影响力的创新性工作，相关研究成果多次发表在 Science 和 Nature 等重要学术期刊上，在推动热电材料发展方面做出的创新性贡献获得了国际同领域的高度评价。此次由赵立东和相关团队优秀作者编写的"新型热电材料研究丛书"在内容和撰写思路上具有鲜明的特色。现有热电材料领域相关图书大多聚焦热电材料领域大框架的整体讨论和大范围的概括性总结，该丛书的不同之处是基于近几年快速发展的 3 种前沿、经典、具有潜力的热电材料体系，展开了全方位的总结讨论和深入分析，尤其阐述了调控材料自身性能的众多策略，为读者提供了寻找高效热电材料的研究思路，对热电技术在新时代下的产学研应用具有指导性作用，能填补同领域热电材料图书的空白，促进国内热电材料领域的学术发展，推动热电技术在温差发电与制冷领域的科技创新。

张清杰

中国科学院院士

武汉理工大学教授

前　言

　　热电材料是一种可使热能与电能直接相互转换的功能材料。利用热电材料制成的热电器件，基于泽贝克效应可以实现温差发电，基于佩尔捷效应可以实现通电制冷。通过对以上两种热电效应的热力学分析，英国科学家发现了第三种热电效应——汤姆孙效应，三者共同构成了热电效应的理论基础。由热电材料 PN 结串联组成的热电器件因具有运行无噪声、无运动部件、可靠性高、持久耐用、适用于多种复杂环境等优点而受到了广泛关注，在深空探测、工业废热回收发电、可穿戴电子设备、电子冰箱、电子元件冷却等领域具有广阔的应用前景。近年来，热电材料受到了国内外学者的广泛关注，其相关理论和技术研究取得了重要进展。本书聚焦热电材料研究前沿，主要介绍热电材料的基本输运理论与铅硫族化合物热电材料的性能优化策略。

　　以 PbTe 为代表的铅硫族化合物热电材料是一种典型的中温区热电材料，随着热电基础理论的丰富与发展，该热电材料体系的性能得到了显著提升。基于 PbTe 热电材料的研究，人们相继开发了超晶格、纳米化、能带工程、全尺度缺陷结构设计等一系列热电性能优化策略。近年来，考虑到热电材料的生产成本以及 Te 元素在地壳中的储量问题，研究人员广泛关注 PbSe 和 PbS，并验证了这些优化策略的有效性。因此，及时整理和撰写关于铅硫族化合物热电材料的内容十分必要，系统总结铅硫族化合物热电材料研究中对载流子浓度、态密度有效质量、载流子迁移率以及晶格热导率的优化方法，可为读者进行热电材料研究提供新的调控策略和思路。

　　本书内容主要取自作者研究团队和国内外同行在铅硫族化合物热电材料领域的重要研究成果。本书共 8 章，内容包括第 1 章热电输运基本原理、第 2 章铅硫族化合物的晶体结构和能带结构、第 3 章铅硫族化合物的制备方法、第 4 章载流子浓度优化与动态掺杂、第 5 章态密度有效质量优化策略、第 6 章载流子迁移率优化策略、第 7 章晶格热导率降低策略、第 8 章结语及展望。本书重点介绍了近年来在铅硫族化合物热电材料研究中取得的前沿成果，包括间隙原子、缺陷能级、能带形状调控、能带锐化、微缺陷结构设计等策略。

在撰写本书的过程中，我们得到了许多同行的鼓励和支持，对此表示衷心的感谢，同时感谢国内外专家在铅硫族化合物热电材料研究中所做出的巨大贡献。限于作者的水平和精力，书中难免存在不足和疏漏之处，恳请广大读者和同行批评指正。

作者

2023 年 12 月

目 录

第 1 章　热电输运基本原理

1.1　引言

　　热电材料是一种新能源材料，可以实现热能与电能直接相互转换。基于泽贝克效应，可以利用全固体材料直接把废热转换成电能供电，也可基于佩尔捷效应，用电能产生温差来制冷 [1]。热电材料在热电发电方面的应用包括工业废热回收发电、可穿戴电子设备中利用体温发电、便携式移动温差发电和深空探索中的放射性同位素温差发电等。在制冷方面的应用包括电子冰箱、计算机CPU 散热和导航红外线探测系统制冷等。热电器件由于具有无运动部件、运行无噪声、持久耐用、可靠性高、制作尺寸多样化等优点受到了广泛关注，被看作一种具有巨大应用前景的新能源转换材料 [2, 3]。

　　热电效应本质包括温差引起电子定向运动和电子定向运动引起的热效应，包括泽贝克效应、佩尔捷效应和汤姆孙效应。热电效应的发现可以追溯至1821 年，德国科学家泽贝克发现当两种不同的导体的两端相接组成一个闭合回路时，如果接头两端存在温差，回路周围会产生磁场。泽贝克当时认为产生磁场的原因是材料在温度场内被磁化，并称之为"热磁效应"[4]。但在 1823 年，丹麦物理学家奥斯特通过实验发现磁场是由闭合回路中的电流产生的，而电流的产生源于材料两端温差导致的电动势，因此提出"热电效应"的概念。由于热电现象由泽贝克第一次发现，因此被命名为"泽贝克效应"。1834 年，法国科学家佩尔捷首次发现当两种不同的导体连通以后，通入电流，在接头处会有放热和吸热现象，这个效应被称为"佩尔捷效应"[5]。"佩尔捷效应"为"泽贝克效应"的逆效应，电子在电流的作用下直接把热能从冷端"搬运"至热端，产生温差，从而达到制冷效果。1857 年，汤姆孙基于上述两种效应发现，在均匀导体中，当温度不均匀时会产生热扩散，因此自由电子会从高温端向低温端扩散，电子在低温端堆积起来，导体内形成电场，导体两端便形成一个电势差，这个效应被称为"汤姆孙效应"[6]。这 3 个与热电转换相关的基本效应可统称为热电效应。

本章简要介绍热电效应及其基本工作原理，基于半导体理论进一步介绍热电材料中的电声输运特性，为热电材料性能调控提供理论基础。

1.2 热电效应

1.2.1 泽贝克效应

泽贝克效应是指把热能直接转换为电能的效应。两种不同的导体串联组成回路，如果在接头两端存在温差，则回路中可以产生电流，在开路的情况下，则产生电位差。对于一种导体，如果两端存在温差，则在导体两端会同时产生温差电动势，温差电动势的大小与温差大小成正比，由材料本征的泽贝克系数决定，定义为：

$$S = \lim_{\Delta T \to 0} \frac{V_{ab}}{\Delta T} \tag{1-1}$$

式中 ΔT 为温差；V_{ab} 为温差电动势；S 为泽贝克系数，泽贝克系数与温度场的方向无关，由材料的本征性质所决定，单位是 $V \cdot K^{-1}$。当材料为 P 型半导体时，高温区空穴浓度较大，空穴从高温区向低温区扩散，从而形成从高温区指向低温区的温差电动势，所以 P 型半导体材料的泽贝克系数为正。相应地，N 型半导体材料的泽贝克系数为负。金属的泽贝克系数一般较小，只有几 $\mu V \cdot K^{-1}$ 左右；半导体的泽贝克系数较大，可以达到 $100 \ \mu V \cdot K^{-1}$ 以上。泽贝克效应可以用作温差发电，如图 1-1 所示。将 P 型和 N 型半导体材料的两

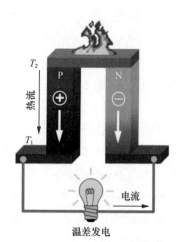

图 1-1　基于泽贝克效应的发电原理

端置于不同的温区，基于泽贝克效应，这两端会产生温差电动势，用导线引出电流即可用于发电。

1.2.2 佩尔捷效应

佩尔捷效应为泽贝克效应的逆效应，是通过电流制造温度梯度。热电材料可以作为热泵实现电子制冷。在由两种不同导体串联形成的回路中，当利用

外电源往回路中通入电流时，接头一端会吸热，另一端会放热，接头两端会产生温差。研究发现，吸收或者放出的热量 Q 只与材料的性质和接头两端的温度有关，且满足以下关系：

$$\frac{\mathrm{d}Q}{\mathrm{d}t} = I\pi_{ab}$$ （1-2）

式中 π_{ab} 为佩尔捷系数，单位是 V，仅与材料的本征热电性能相关；t 为时间；I 为导体中流过的电流。应用佩尔捷效应可以制冷，如图 1-2 所示。在 P 型和 N 型半导体材料中通入电流，半导体材料的一端会吸热，另一端会放热，其吸热端可以用于制冷。

1.2.3　汤姆孙效应

汤姆孙效应是基于泽贝克效应和佩尔捷效应提出的。当存在温度梯度的均匀导体中通有电流时，导体中除产生和电阻有

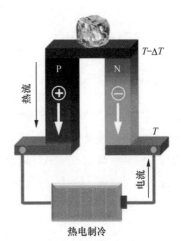

图 1-2　基于佩尔捷效应的制冷原理

关的焦耳热外，还要吸收或者放出热量，这部分热量称为汤姆孙热量。汤姆孙热量 Q 满足以下关系：

$$\beta = \frac{Q}{I\Delta T}$$ （1-3）

式中 β 为汤姆孙系数，单位是 $V \cdot K^{-1}$。汤姆孙效应与佩尔捷效应相似，不同之处在于佩尔捷效应中的电势差源于两种导体中不同载流子的势能差，而汤姆孙效应中的势能差源于相同导体中载流子随温度变化所产生的能量差。汤姆孙系数是汤姆孙采用热力学原理分析泽贝克系数和佩尔捷系数之间的关系式时导出的，这 3 个参数不是独立的，而是相互关联的，满足的关系为：

$$S_{ab} = \frac{\pi_{ab}}{T}$$ （1-4）

$$\frac{\mathrm{d}S_{ab}}{\mathrm{d}T} = \frac{\beta_a - \beta_b}{T}$$ （1-5）

上面两式被称为开尔文关系，最早由平衡热力学理论近似求出，其严格

推导需要根据非可逆力学理论求解。迄今为止，对众多的金属和半导体材料的实验研究证实了上述两个方程的正确性。对于泽贝克系数，在实验上比较容易获得其准确测量值，而对于佩尔捷系数，在实验上很难测量，因而可以根据测量的泽贝克系数和开尔文关系求出材料的佩尔捷系数。热电效应的作用过程贯穿材料本身，因而，热电效应不是表面和界面效应，而是体效应。

1.3 热电输运理论

1.3.1 热电相关参数

在 20 世纪初期，德国的阿尔滕基希提出了温差电制冷和温差发电的理论[7,8]。该理论指出高性能的热电材料需要具有大的泽贝克系数以保证提供大的温差电动势，应具有高的电导率以减少材料发热引起的内耗，应具有低的热导率以确保大的温差。即材料的热电性能取决于它的热电优值，即 ZT 值，其表达式如下[9,10]：

$$ZT = \frac{S^2\sigma}{\kappa}T \qquad (1\text{-}6)$$

式中 S 为泽贝克系数；σ 为电导率；$S^2\sigma$ 为功率因子；T 为温度；κ 为热导率；ZT值为一无量纲的数值，是衡量热电材料的性能指数，只与材料的性质有关。除了要求热电材料具有大的 ZT 峰值，还要求其在整个温区内都具有较高的热电性能，即大的平均 ZT 值，即 ZT_{ave} 值。ZT_{ave} 值可以由下面公式得到：

$$ZT_{ave} = \frac{\int_{T_1}^{T_2} ZTdT}{T_2 - T_1} \qquad (1\text{-}7)$$

式中 T_1 和 T_2 分别为低温端和高温端温度。应用热电材料可制成热电器件用于发电。热电器件属于热机，其把从高温端吸收的热量转换为电能，然后把剩余的热量从低温端排出。所以热电器件的理论最大热电转换效率 η 依然遵循卡诺循环理论，可以通过以下关系式得到：

$$\eta = \frac{T_2 - T_1}{T_2} \cdot \frac{\sqrt{1 + ZT_{ave}} - 1}{\sqrt{1 + ZT_{ave}} + T_1/T_2} \qquad (1\text{-}8)$$

由于材料的电导率、热导率和泽贝克系数都具有很强的温度依赖性，利用式（1-8）得到的理论最大热电转换效率来评价热电器件的性能存在误差，可引入工程 ZT 值，即 ZT_{eng} 值，来修正式（1-8）。ZT_{eng} 值满足的关系式如下 [11, 12]：

$$ZT_{eng} = Z_{eng}\left(T_2 - T_1\right) = \frac{\left(\int_{T_1}^{T_2} S\left(T\right)\mathrm{d}T\right)^2}{\int_{T_1}^{T_2} \rho\left(T\right)\mathrm{d}T \int_{T_1}^{T_2} \kappa\left(T\right)\mathrm{d}T}\left(T_2 - T_1\right) \qquad (1\text{-}9)$$

式中 $S(T)$、$\rho(T)$ 和 $\kappa(T)$ 分别表示泽贝克系数、电阻率和热导率随温度的变化；Z 表示单位温度的热电伏值，将 ZT_{eng} 值代入下面关系式得到热电转换效率 η：

$$\eta = \eta_c \frac{\sqrt{1 + ZT_{eng}\left(\alpha\big/\eta_c - \frac{1}{2}\right)} - 1}{\alpha\left(\sqrt{1 + ZT_{eng}\left(\alpha\big/\eta_c - \frac{1}{2}\right)} + 1\right) - \eta_c} \qquad (1\text{-}10)$$

式中 η_c 为卡诺循环效率；α 为汤姆孙效应的强度因子，其满足的关系式如下：

$$\alpha = \frac{S\left(T_2\right)\left(T_2 - T_1\right)}{\int_{T_1}^{T_2} S\left(T\right)\mathrm{d}T} \qquad (1\text{-}11)$$

式中 $S(T_2)$ 为高温端 T_2 对应的泽贝克系数。为了得到较高的热电转换效率，需要在整个工作温区实现较大的 ZT 值，且需要材料的电导率、泽贝克系数和热导率等参数在温度场内具有较高的稳定性，确保实现较大的 ZT_{eng} 值。

以上基于热电材料的本征性能来评估热电转换效率，未考虑热电材料的几何尺寸、材料与电极匹配等因素，所以利用上述方法通常会高估热电转换效率。如果要更加准确地衡量热电转换效率，还需要考虑界面热阻、内阻发热、热量损失等复杂热电输运情况 [13, 14]。

1.3.2　载流子输运的能带模型

大量的研究结果表明，半导体材料能实现较大的泽贝克系数、优异的电导率和较低的热导率。如今，科研工作者主要在半导体体系中寻找高性能的热电材料，致力于研究出具有高热电转换效率的热电器件。半导体中的载流子包括导带电子和价带空穴，载流子的输运特性（包括载流子迁移率、载流子浓度、载流子有效质量及载流子散射过程）直接决定半导体中的电输运性能。本节主要以半导体中的能带理论为基础，介绍热电参数与载流子输运模型之间的关系。

固体材料中的载流子具有能量和动量，载流子定向运动的过程就是能量的输运过程。完整晶体中的载流子在规则排布、周期性的正离子势场中运动。布洛赫证明了处于周期势场中的载流子的波函数是一个具有相同周期的调幅平面波函数。根据能带理论，晶体中载流子的能量是由在一定能量范围内准连续分布的能量状态所组成的能带。能带由价带、禁带和导带组成。当外场为0时，晶体中的载流子处于平衡状态，由半导体统计理论可知，导带底附近的载流子能态密度 $g(E)$ 可表示为：

$$g(E) = \frac{4\pi\left(2m^*\right)^{3/2}}{h^3} E^{1/2} \tag{1-12}$$

式中 m^* 为载流子有效质量；h 为普朗克常量；E 为载流子的能量。载流子具有自旋特性并遵循费米-狄拉克分布，载流子在能量为 E 位置处的占据概率 $f(E)$ 为：

$$f(E) = \frac{1}{1 + \exp\left(\dfrac{E - E_f}{k_B T}\right)} \tag{1-13}$$

式中 E_f 为费米能级；k_B 为玻耳兹曼常数；f 为费米-狄拉克分布函数。已知能态密度 $g(E)$ 和 $f(E)$，载流子浓度可表示为：

$$n = \int_0^\infty g(E) f(E) \mathrm{d}E \tag{1-14}$$

当对晶体材料施加一个电场或温度场时，载流子的分布会受到微扰，将不再处于平衡分布状态。晶体中会出现沿外场方向的净电荷输运，从而形成电流。由于实际晶格中的热振动、缺陷等，完整晶体的周期势场将会发生局部畸变，在外场作用下定向运动的载流子将不可避免地受到散射。这个过程可以用玻耳兹曼方程来描述，建立并求解这个方程就可以获得相关的热电参数。在实际研究过程中，通常采用弛豫时间来简化外场下载流子发生相互碰撞散射的问题。在电场和温度场作用下，实际晶体中载流子处于稳定定向运动状态时的玻耳兹曼方程为：

$$\frac{1}{\hbar}\left(\nabla_k E \nabla T\right)\frac{\partial f}{\partial T} - \frac{e}{\hbar}\varepsilon\nabla_k f = \frac{f - f_0}{\tau} \tag{1-15}$$

式中 $\hbar$ 为约化普朗克常量；∇T 为温度梯度；$\nabla_k E$ 为电子能量随动量的变化率；

f 为平衡态分布函数；f_0 为非平衡态分布函数；ε 为外场；τ 为弛豫时间。若分布函数 f 偏离 f_0 较小，可得：

$$f(E) = f_0(E) + \frac{\partial f_0}{\partial E}\varphi(E) \tag{1-16}$$

对一维情况做一级近似，由式（1-15）和式（1-16）可得：

$$\varphi(E) = \tau U_x \left\{ e\varepsilon_x + \left[T\frac{\mathrm{d}}{\mathrm{d}T}\left(\frac{E_f}{T}\right) + \frac{E}{T} \right]\frac{\mathrm{d}T}{\mathrm{d}x} \right\} \tag{1-17}$$

式中 U_x 为载流子在 x 轴方向的漂移速率。按照电流密度和热流密度的定义，并利用奇偶函数积分特征，得到的电流密度 j_x 为：

$$j_x = \pm\int_0^\infty eU_x f(E)g(E)\mathrm{d}E = \pm e\left[e\varepsilon_x + T\frac{\mathrm{d}}{\mathrm{d}T}\left(\frac{E_f}{T}\right)\frac{\mathrm{d}T}{\mathrm{d}x} \right]K_1 \pm \frac{e}{T}\cdot\frac{\mathrm{d}T}{\mathrm{d}x}K_2 \tag{1-18}$$

式中正负号分别对应空穴与电子。电子对热导率的贡献为：

$$\begin{aligned}
W_x &= \int_0^\infty (E - E_f)U_x g(E)\frac{\partial f_0}{\partial E}\varphi(E)\mathrm{d}E \\
&= \left[e\varepsilon_x + T\frac{\mathrm{d}}{\mathrm{d}T}\left(\frac{E_f}{T}\right)\frac{\mathrm{d}T}{\mathrm{d}x} \right]K_2 + \frac{1}{T}\frac{\mathrm{d}T}{\mathrm{d}x}K_3 - \frac{E_f}{e}j_x
\end{aligned} \tag{1-19}$$

式中

$$K_m = \int_0^\infty \tau U_x^2 g(E)E^{m-1}\frac{\partial f_0}{\partial E}\mathrm{d}E \quad (m = 1\sim 3) \tag{1-20}$$

当无温度梯度时，$\dfrac{\mathrm{d}T}{\mathrm{d}x} = 0$，电导率为：

$$\sigma = \frac{j_x}{\varepsilon_x} = e^2 K_1 \tag{1-21}$$

根据佩尔捷系数的定义，利用式（1-18）和式（1-19）可得：

$$\pi = \frac{W_x}{j_x} = \pm\frac{1}{e}\left(\frac{K_2}{K_1} - E_f \right) \tag{1-22}$$

泽贝克系数为：

$$S = \frac{\pi}{T} = \pm\frac{1}{eT}\left(\frac{K_2}{K_1} - E_f \right) \tag{1-23}$$

实际上，泽贝克系数也可以按其定义，利用式（1-18），取外电场 $\varepsilon_x = 0$ 和电流

$j_x = 0$ 时导出，其结果与式（1-23）完全相同。载流子对热导率的贡献 κ_{ele} 可以根据热导率的定义并取 $j_x = 0$ 时求解，结果为：

$$\kappa_{\text{ele}} = -\frac{W_x}{\mathrm{d}T/\mathrm{d}x} = \frac{1}{T}\left(K_3 - \frac{K_2^2}{K_1}\right) \tag{1-24}$$

式中负号表示热量从高温向低温流动。

至此，通过求解玻耳兹曼方程，可以得到前述热电优值表达式中 3 个热电参数的一般表达式。可见，它们均与 K_m 相关，K_m 主要与载流子的分布、半导体材料的性质、弛豫时间等相关。针对散射过程引入相应的散射因子 λ，此时弛豫时间与载流子能量的关系为：

$$\tau = \tau_0 E^{\lambda - 1/2} \tag{1-25}$$

式中 τ_0 为形变势理论计算的弛豫时间。

对于球形等能面，漂移速率满足的关系为：

$$U_x^2 = \frac{2E}{3m^*} \tag{1-26}$$

由此可求得：

$$K_m = \frac{8\pi}{3}\left(\frac{2}{\hbar^2}\right)^{3/2} \left(m^*\right)^{1/2} \tau_0 (\lambda + m)\, (k_B T)^{\lambda + m}\, F_{\lambda + m}(\eta) \tag{1-27}$$

式中

$$F_n(\eta) = \int_0^\infty \frac{x^n \mathrm{d}x}{1 + \exp(x - \eta)} \tag{1-28}$$

$F_n(\eta)$ 为费米积分；$\eta = E_f/(k_B T)$ 为简约费米能级；$x = E/(k_B T)$ 为简约载流子能量；n 可取整数或半整数。费米积分只有数值解，对绝大多数实用的热电材料，其简约费米能级 η 为 $-2.0 \sim 5.0$。

利用式（1-15）和式（1-16），泽贝克系数 S、载流子浓度 n、载流子迁移率 μ、电导率 σ 以及洛伦兹常数 L 的表达式可简化为：

$$S = \pm\frac{k_B}{e}\left[\eta - \frac{(\lambda + 2)F_{\lambda + 1}(\eta)}{(\lambda + 1)F_\lambda(\eta)}\right] \tag{1-29}$$

$$n = 4\pi\left(\frac{2m^* k_B T}{h^2}\right)^{3/2} F_\lambda(\eta) \tag{1-30}$$

$$\mu = \frac{2e}{3m^*} \tau_0 (\lambda+1) g(E)^{\lambda-1/2} \frac{F_\lambda(\eta)}{F_{1/2}(\eta)} \tag{1-31}$$

$$\sigma = ne\mu \tag{1-32}$$

$$L = \left(\frac{k_B}{e}\right)^2 \left\{ \frac{(\lambda+3)F_{\lambda+2}(\eta)}{(\lambda+1)F_\lambda(\eta)} - \left[\frac{(\lambda+2)F_{\lambda+1}(\eta)}{(\lambda+1)F_\lambda(\eta)}\right]^2 \right\} \tag{1-33}$$

式中 L 为洛伦兹常数，L 的值可通过求解费米积分并结合实验获得的散射因子等来测算。

通过上述关系式，几个关键热电参数可以表示为费米能级、载流子有效质量、弛豫时间和散射因子等基本物理量的函数，原则上通过上述关系式可以求出与载流子输运有关的 3 个热电参数。由于得到的热电参数之间的关系相对复杂，需要对上述公式进行近似和简化。对于费米能级远小于 $-k_B T$ 和远大于 $k_B T$ 的情况，可以将体系分为非简并状态和简并状态，此时费米-狄拉克分布可用更简单的关系式近似表达。下面针对非简并状态和简并状态这两种情况进行详细介绍。

第一种是非简并状态，即 $E_f \ll -k_B T$。

当 $\eta \ll 1$ 时，对于 N 型材料，其费米能级一般在导带底以下 $2k_B T \sim 3k_B T$，费米-狄拉克分布可以由玻耳兹曼分布近似取代。费米积分可以表示为：

$$F_n(\eta) = \exp(\eta) \int_0^\infty x^n \exp(-x)\mathrm{d}x = \exp(\eta) \Gamma(n+1) \tag{1-34}$$

式中，$\Gamma(n+1)$ 为 Γ 函数，其具有下列性质，$\Gamma(n+1) = n\Gamma(n)$，$\Gamma(1/2) = \pi^{1/2}$。n 为整数时：

$$\Gamma(n) = (n-1)! \tag{1-35}$$

由式（1-34）和式（1-35），可以获得材料处于非简并状态时的泽贝克系数 S、载流子浓度 n、载流子迁移率 μ 以及洛伦兹常数 L 的表达式，分别为：

$$S = \pm \frac{k_B}{e} \left[\eta - (\lambda+2) \right] \tag{1-36}$$

$$n = 2 \left(\frac{2m^* k_B T}{\hbar^2} \right)^{3/2} \exp(\eta) \tag{1-37}$$

$$\mu = \frac{4}{3\pi^{1/2}} \Gamma(\lambda+2) \frac{e\tau_0(k_B T)^{\lambda-1/2}}{m^*} \qquad (1\text{-}38)$$

$$L = \frac{\lambda T}{\sigma} = \left(\frac{k_B}{e}\right)^2 (\lambda+2) \qquad (1\text{-}39)$$

第二种是简并状态，即 $E_f \gg k_B T$。

当 $\eta \gg 1$ 时，对于 N 型材料，其费米能级已经完全进入导带，表现出金属输运特性。此时费米积分可以近似为一个收敛级数，其表达式为：

$$F_n(\eta) = \frac{\eta^{n+1}}{n+1} + n\eta^{n-1}\frac{\pi^2}{6} + n(n-1)(n-2)\eta^{n-3}\frac{7\pi^2}{360} + \cdots \qquad (1\text{-}40)$$

因为此级数表现出迅速收敛特性，通常只需选择尽可能少的项，求得一个有限解（或非零解），就可以获得较好的近似。这里取级数的第一项，求得电导率为：

$$\sigma = \frac{8\pi}{3}\left(\frac{2}{h^2}\right)e^2(m^*)^{1/2}\tau_0 E_f^{\lambda+1} \qquad (1\text{-}41)$$

对于泽贝克系数和洛伦兹常数，需要取级数的前两项才能求得非零解，获得以下关系式：

$$S = \pm\frac{\pi^2}{3}\cdot\frac{k_B}{e}\cdot\frac{(\lambda+1)}{\eta} \qquad (1\text{-}42)$$

$$L = \frac{\pi^2}{3}\left(\frac{k_B}{e}\right)^2 \qquad (1\text{-}43)$$

可以看出，金属的洛伦兹常数都相同，与载流子浓度和散射因子均无关。

以上所有关系式均是在单抛物带（single parabolic band，SPB）模型的近似前提下推导的，假设材料的能带结构为各向同性且仅有单一载流子参与输运。热电材料中大多数材料为窄带隙半导体，在较高温度下往往会出现热激发，发生双极扩散效应，使材料中出现空穴-电子混合传导的情况。此时的电导率和泽贝克系数可表示为：

$$\sigma_{total} = \sigma_e + \sigma_h = e(n_e\mu_e + n_h\mu_h) \qquad (1\text{-}44)$$

$$S_{total} = \frac{S_e\sigma_e + S_h\sigma_h}{\sigma_e + \sigma_h} \qquad (1\text{-}45)$$

式中下标 e 和 h 分别代表电子和空穴输运的贡献。由式（1-44）和式（1-45）

可看出，混合导电行为可以提升电导率。但由于空穴和电子的泽贝克系数符号相反，所以发生双极扩散时会降低材料的总泽贝克系数，最终导致功率因子和热电优值降低。

对一些多抛物带模型或电子-空穴混合传导行为，需要对以上关系式进行修正后近似使用。对于多能带的各向异性体系，其载流子能量分布可表示为：

$$E(k_x, k_y, k_z) = \frac{\hbar^2 k_x^2}{2m_x} + \frac{\hbar^2 k_y^2}{2m_y} + \frac{\hbar^2 k_z^2}{2m_z} \qquad (1\text{-}46)$$

式中 m_x、m_y、m_z 分别为有效质量在等能面 3 个坐标轴方向上的分量。对单个载流子来说，其有效质量可以看作 x、y、z 这 3 个方向上载流子有效质量的平均值，即 $m^* = (m_x m_y m_z)^{1/3}$，多能谷的加权有效质量为：

$$m_d^* = N_v^{2/3} (m_x m_y m_z)^{1/3} \qquad (1\text{-}47)$$

式中 N_v 为能带简并度。

考虑到大多数热电材料的能带形状在等能面上表现为各向异性，因此发展出一种与抛物带模型近似的单带 Kane 模型。在单带 Kane 模型中，费米积分可表示为：

$$^n F_k^m = \int_0^\infty \left(-\frac{\partial f}{\partial \varepsilon} \right) \varepsilon^n (\varepsilon + \alpha \varepsilon^2)^m \left[(1 + 2\alpha\varepsilon)^2 + 2 \right]^{k/2} \mathrm{d}\varepsilon \qquad (1\text{-}48)$$

式中 ε 为约化费米能级，α 为约化带隙 E_g 的倒数，$\alpha = k_B T / E_g$。泽贝克系数、洛伦兹常数和载流子浓度可表示为：

$$S = \frac{k_B}{e} \left(\frac{^1 F_{-2}^1}{^0 F_{-2}^1} - \varepsilon \right) \qquad (1\text{-}49)$$

$$L = \left(\frac{k_B}{e} \right)^2 \left[\frac{^2 F_{-2}^1}{^0 F_{-2}^1} - \left(\frac{^1 F_{-2}^1}{^0 F_{-2}^1} \right)^2 \right] \qquad (1\text{-}50)$$

$$n = A^{-1} \frac{N_v (2m_b^* k_B T)^{3/2}}{3\pi^2 \hbar^3} \, ^0 F_0^{3/2} \qquad (1\text{-}51)$$

式中 m_b^* 为单带有效质量，A 为霍尔因子，可表示为：

$$A = \frac{3K(K+2)}{(2K+1)^2} \cdot \frac{^0 F_{-4}^{1/2} \cdot \, ^0 F_0^{3/2}}{(^0 F_{-2}^1)^2} \qquad (1\text{-}52)$$

式中 K 为电子能带中的各向异性因子，为纵向有效质量 $m_{\parallel}^*$ 与横向有效质量 $m_{\perp}^*$ 的比值，即 $K = m_{\parallel}^*/m_{\perp}^*$。霍尔载流子迁移率可表示为：

$$\mu_{\mathrm{H}} = A\frac{2\pi\hbar^4 eC_1}{m_{\mathrm{I}}^*(2m_{\mathrm{b}}^* k_{\mathrm{B}}T)^{3/2}E_{\mathrm{d}}^2} \cdot \frac{{}^0F_{-2}^1}{{}^0F_0^{3/2}} \tag{1-53}$$

式中 C_1 为弹性常数，m_{I}^* 为惯性有效质量，E_{d} 为形变势。惯性有效质量 m_{I}^* 可通过纵向有效质量 $m_{\parallel}^*$ 与横向有效质量 $m_{\perp}^*$ 求得：

$$m_{\mathrm{I}}^* = 3\left(\frac{2}{m_{\perp}^*} + \frac{1}{m_{\parallel}^*}\right)^{-1} \tag{1-54}$$

利用这些参数关系，还可以直接得到热电材料中功率因子 PF 与热电优值 ZT 的关系式：

$$\mathrm{PF} = \frac{2N_{\mathrm{v}}\hbar k_{\mathrm{B}}^2 C_1}{\pi E_{\mathrm{d}}^2} \cdot \frac{1}{m_{\mathrm{I}}^*}\left(\frac{{}^1F_{-2}^1}{{}^0F_{-2}^1} - \eta\right)^2 {}^0F_{-2}^1 \tag{1-55}$$

$$\mathrm{ZT} = \frac{\left(\dfrac{{}^1F_{-2}^1}{{}^0F_{-2}^1} - \eta\right)^2}{\left[\dfrac{{}^2F_{-2}^1}{{}^0F_{-2}^1} - \left(\dfrac{{}^1F_{-2}^1}{{}^0F_{-2}^1}\right)\right] + \dfrac{1}{3\,{}^0F_{-2}^1 B}}, \quad B = \frac{2Tk_{\mathrm{B}}^2\hbar C_1 N_{\mathrm{v}}}{3\pi m_{\mathrm{I}}^* E_{\mathrm{d}}^2 \kappa_{\mathrm{lat}}} \tag{1-56}$$

通过上述的电子能带模型可以从理论上预测不同材料体系中的本征热电性能。但由于阻碍载流子输运过程的因素较为复杂，往往使得理论计算的结果与实际材料中表现出的输运性质相差较大。为了更准确地研究热电材料中的载流子输运特性，需要对载流子输运过程中的散射因素做细致研究。从上述的各种能带模型公式可以看出，热电材料的泽贝克系数和电导率可用几个参数来表示，包括载流子有效质量、费米能级、载流子浓度以及载流子的散射因子和弛豫时间。载流子有效质量由材料的电子能带结构决定，费米能级可以通过调控载流子浓度来优化，载流子的散射因子则与散射机制相关，常见的载流子散射机制包括晶格振动散射、声学波和光学波散射、离化杂质散射和缺陷散射等。

根据量子力学理论，在绝对零度条件下，完整晶格中的载流子在运动过程中不会受到来自晶格本身的散射。然而，对于处在绝对零度以上的任何实际晶体，不可避免地存在晶格本身的热振动以及缺陷等因素对晶格产生的影响，导致实际晶格中的势场偏离严格的周期性，这使得载流子在运动过程中发生散射。散射过程的存在会使载流子的弛豫时间受到制约，因此必然会对晶体中电荷与能量的输运过程产生重要影响。因此，可以通过对弛豫时间的衡量来研究载流子运动过程中散射的强弱。在实际晶体中，通常存在多种散射因素同时作用，晶体中载流子的有效弛豫时间应该是各个不同散射机制对载流子综合作用的结果。总的有效弛豫时间 τ 与单个散射机制 i 对载流子作用的弛豫时间 τ_i 间存在如下关系：

$$\frac{1}{\tau} = \sum_{i=1}^{n} \frac{1}{\tau_i} \tag{1-57}$$

下面对半导体热电材料中常见的载流子散射机制进行简要介绍，并列出每种散射机制的弛豫时间关系式。

第一种是晶格振动散射。晶格振动对载流子的散射可归结为各个格波对载流子的散射，包括声学波散射和光学波散射。在半导体中起主要散射作用的是长格波，即波长比原子间距大很多倍的长声学波，它们频率较低，能量较弱。其中，纵波的散射作用更为显著，纵波为疏密波，会引起晶格的压缩或扩张，这种体积的涨落会引起局部电子能带结构的变化，导致电子能带在空间位置上发生波动起伏，相当于在原有的均匀周期势场中叠加了一个附加势场，对载流子的运动产生散射。巴丁和肖克利基于声学波的特点，引入了形变势的概念，得到了声学波对载流子散射的弛豫时间 [15]：

$$\tau_{ac} = \frac{2(2\pi)^{1/2} \hbar^4 v^2 \rho_d E^{-1/2}}{3(m^* k_B T)^{3/2} (E_d)^2} \tag{1-58}$$

式中 v 为声子传播速度；ρ_d 为密度；E_d 为形变势。从上式可以看出，声学声子散射的散射因子 $\lambda = 0$。

与声学波不同，光学波的能量相对较高，频率一般近似为一个常数。光学波原胞中的两个原子振动相位恰好相反，因此，根据原胞中化学键的性质，可以将光学波散射分为两种不同的光学波散射类型：极化光学波散射和非极化光学波散射。在离子型晶格中，晶格原胞内的两个原子具有相反的电负性，两个原子的相对振动不仅会因为位移本身产生一个附加势场，对载流子产生散射作用，而且正负离子相对位移产生电极化也会对载流子产生额外散射作用，因此将该散射机制称为极化光学波散射。对于共价键型晶格，如硅、锗元素等，晶格中的近邻原子完全相同，不会产生极化现象，散射只由两个原子相对位移的形变势而引起，所以称该散射机制为非极化光学波散射。

对于极化光学波散射，当晶体中的离子性较强时，极化光学波对载流子的散射强度也较大，需要采用极化理论来处理，对离子性不强的晶体可以采用微扰理论处理。当温度远高于光学波的特征温度即德拜温度 θ_D，即 $T \gg h\nu/k_B$ 时，采用弛豫时间近似，结果为：

$$\tau_{op} \propto \frac{E^{1/2}}{(m^*)^{1/2}T} \tag{1-59}$$

此时，对于极化光学波散射，散射因子 $\lambda = 1$。实际上，对于温度更低的情况，载流子可能会屏蔽这种极化的影响，从而使载流子与光学波之间的散射减弱。总的来说，离子晶体中纵光学波的散射占主导，散射因子大体上可以使用 $\lambda = 1$ 的弛豫时间近似。

对于非极化光学波散射，基于哈里森对声学波散射和非极化光学波散射的对比研究可知，对能带极值处于 $k = 0$ 处的非简并半导体，在光学波特征温度附近，非极化光学波散射与声学波散射处于同一数量级。然而，这个结果可以随着能带极值附近对称性的变化而改变。例如，对于硅材料，极化光学波的零级散射项消失，这使光学波散射在硅材料中不占主导作用。对于简并多能谷材料，哈里森的研究认为：在 $T > \theta_D$ 时，光学波散射导致载流子迁移率按 $M \propto T^{-3/2}$ 规律下降，声学波散射导致载流子迁移率随温度变化的规律为 $M \propto T^{-1/2}$。

第二种是离化杂质散射。半导体材料中的掺杂原子离化后将为基体提供一个载流子，而原子本身也因失去或获得一个电子成为带电离子。因此，当载流子接近这些离化杂质时，就会受到库仑力的作用发生散射。这个作用等效于在晶格的周期势场中引入了一个局部库仑电场微扰。康韦尔和韦斯凯普特给出的离化杂质散射的弛豫时间为[16]：

$$\tau_i = \frac{\varepsilon^2 (2m^*)^{1/2} E^{3/2}}{ze^4 N_i \pi}\left[\ln\left(1 + \left(\frac{\varepsilon E}{ze^2 N_i^{1/2}}\right)\right)^2\right]^{-1} \tag{1-60}$$

式中 N_i 为离化杂质浓度；ε 为材料介电常数；z 为离化介数。可见，离化杂质散射的散射因子 $\lambda = 2$。由于热电材料的介电常数通常较大，再加上屏蔽效应引起的散射概率减小，离化杂质散射的实际效果会比预计的小。尽管如此，由于目前常用的热电材料都是重掺杂材料，离化杂质浓度较大，因此离化杂质散射仍是一种主要的散射机制。

第三种是合金散射。在由两种以上元素组成的合金或化合物半导体中，材料中组分的随机变化将导致载流子散射，该散射称为合金散射。能带底的能量是材料组分的函数，由于材料组分的非均匀性，能带边缘将随机起伏，因而能带底的能量将会随位置而变化。能带的这种起伏类似于格波振动引起的起伏，因而也可以用形变势理论描述。将载流子在合金中所处的势场分解为严格的周期场和非周期场，然后求解非周期场对载流子的散射，导出相应的弛豫时间为：

$$\tau_a = \frac{h^4 E^{-1/2}}{4\pi^3 (2m^*)^{3/2} U V \beta (1-\beta)} \tag{1-61}$$

式中 U 为散射矩阵的平方；V 为原胞体积；β 为合金中某一种元素所占的百分比。由式（1-61）可知，合金散射的散射因子 $\lambda = 0$。热电材料中绝大多数为固溶体合金材料，因此合金散射也是载流子散射机制中不可忽略的一种。

第四种是载流子散射。由于材料中载流子与载流子之间的散射不改变系统的总动量，所以这种散射不直接影响材料中的载流子迁移率。但由于载流子散射会使系统内动量重新分布，这将会改变其他散射机制对重新分布后的载流子系统的作用。例如，离化杂质散射对能量较低的载流子的作用比能量更高的载流子更大，散射概率更高。因而能量较高的载流子比能量较低的载流子具有较长的平均自由程（mean free path，MFP）。若载流子之间存在相互散射，载流子的能量分布将会改变，能量较高的载流子数目会发生改变，从而导致离化杂质对载流子散射的平均效果发生变化。载流子散射还与简并程度、温度等因素有关。

除了上述几种主要的载流子散射机制外，还存在中性杂质、位错和晶界等各种缺陷散射。对热电材料而言，这些缺陷结构往往也会对载流子的输运产生重要影响，但目前对缺陷散射机制的研究还在完善中，尚未得到系统结论。

为系统总结载流子输运的主要散射机制，表 1-1 列出了几种主要载流子散射机制下的弛豫时间、载流子迁移率与载流子能量和温度的依赖关系。

表1-1　主要载流子散射机制下的弛豫时间、载流子迁移率与载流子能量和温度的依赖关系

散射机制	τ		μ	
	与 E 的关系	与 T 的关系	非简并	简并
声学波散射	$E^{-1/2}$	T^{-1}	$T^{-3/2}$	T^{-1}

散射机制	τ		μ	
	与E的关系	与T的关系	非简并	简并
光学波散射	$E^{1/2}$	T^{-1}	$T^{-3/2}$	T^{-1}
离化杂质散射	$E^{3/2}$	T^0	$T^{3/2}$	T^0
合金散射	$E^{-1/2}$	T^0	$T^{-1/2}$	T^0

1.3.3 声子输运模型

根据傅里叶定律，某点的热流密度 W 与该点的温度梯度成正比：

$$W = -\kappa \nabla T \qquad (1\text{-}62)$$

式中 κ 为比例常数，其数值大小取决于固体导热性能的好坏，也称为热导率。此关系式是固体中热传导的宏观唯象描述。从微观的角度看，热传导是热能在固体内的输运过程，主要是通过载流子运动和晶格振动实现的。对于存在本征激发的半导体材料，电子-空穴对的形成和复合过程也对热能输运产生额外贡献，称为双极扩散热导率。因此，半导体中热导率通常是载流子运动、晶格振动、双极扩散 3 个热能输运机制贡献之和：

$$\kappa = \kappa_{\text{lat}} + \kappa_{\text{ele}} + \kappa_{\text{bi}} \qquad (1\text{-}63)$$

式中 κ_{lat}、κ_{ele} 和 κ_{bi} 分别为晶格热导率、载流子热导率和双极扩散热导率。κ_{ele} 和 κ_{bi} 源于载流子沿温度梯度方向运动而引起的热输运。而 κ_{lat} 则源于晶格原子的振动及其相互耦合而引起的热能传递。由于晶格振动形成的格波具有量子化特征，因此，这一过程可以处理为携带热能的声子沿温度梯度方向运动的过程。对于载流子运动引起的热导率，基于维德曼-弗兰兹定律，可表示为：

$$\kappa_{\text{ele}} = L\sigma T \qquad (1\text{-}64)$$

式中 L 为洛伦兹常数。对于金属材料，L 通常为定值，即 2.45×10^{-8} $\text{V}^2 \cdot \text{K}^{-2}$，对于半导体材料，需要求解费米积分并结合实验获得的散射因子等来准确计算。在窄带隙半导体热电材料中，工作温区内容易发生少数载流子激发，从而产生双极扩散热导率，其表达式为：

$$\kappa_{\text{bi}} = \frac{\sigma_{\text{h}}\sigma_{\text{e}}}{(\sigma_{\text{h}} + \sigma_{\text{e}})}(S_{\text{h}} - S_{\text{e}})^2 T \qquad (1\text{-}65)$$

双极扩散使得总热导率提升非常显著，因此，好的热电材料通常需要维持单一载流子输运，避免双极扩散的发生，这样才有助于获得高热电转换效率。由于热电材料在使用温区内较少发生高频电子辐射，所以这里不介绍由光子输运引起的热导率。

　　通常，晶体中的原子不能在晶格中自由运动，而是以格点作为平衡点在其邻近进行微振动。温度越高，振幅越大。这种格点原子的振动并不是相互独立、杂乱无章的，而是以前进波的形式在晶体中传播，这种波称为格波。正是由于晶格原子振动所具有的波动特征及格波之间的相互耦合，固体中的热才有可能通过格波从一部分输运到另一部分。根据德拜理论，晶格原子振动可以用各种频率格波的叠加来表示。对原胞中包含两个原子的情况，在一维情况下，原子振动有两个独立的频率，即存在两支独立格波。一支代表原胞中两个原子的相对振动，称为光学波；另一支代表原胞质心的振动，称为声学波。频率随波矢的变化称为色散关系。光学波频率随波矢的变化很小，近似为常数，而声学波则在一定的波矢范围内呈现线性色散关系。这时，声学波和弹性波一样，波速为常数。在三维情况下，对于有 N 个原胞且每个原胞有 n 个原子的晶体，可以证明存在 N 个描写晶格振动状态的波矢 $\boldsymbol{q}$。N 个原胞里面的振动模式是相同的，有 $3nN$ 支独立振动，分为 $3n$ 支格波。其中 3 支是声学波，$3(n\text{-}1)$ 支是光学波。

　　由于晶格是有限的，因此晶格振动状态只能取有限的数值，波矢 $\boldsymbol{q}$ 只能取一些分立数值，也就是说，晶格振动是量子化的。无论是声学波还是光学波，其振动与谐振子类似，振动能量是量子化的。把格波这种量子化的最小能量单位看作一个虚拟的能量子，这个能量子称为声子。显然声子并不是实物粒子，但具有动量 $\boldsymbol{p}$ 和能量 ε：

$$\boldsymbol{p} = \hbar\boldsymbol{q} \tag{1-66}$$

$$\varepsilon = h\nu \tag{1-67}$$

式中 $\boldsymbol{q}$ 为声子波矢。声子与整个晶格振动相关联，无自旋，属于玻色子，满足玻色-爱因斯坦分布。声子占据某能量 ε 的概率为：

$$f(\varepsilon) = \frac{1}{\exp\left[\varepsilon/(k_{\mathrm{B}}T)\right] - 1} \tag{1-68}$$

由此，对于振动频率为 ν 的格波，平均振动能量为：

$$\overline{E} = \frac{h\nu}{\exp[h\nu/(k_B T)] - 1} \qquad (1\text{-}69)$$

声子概念的引入方便了对晶格中各种基本物理过程的研究。可将晶格振动的问题简化为粒子输运过程中的散射问题，使与波动有关的热输运问题适用于玻耳兹曼方程。如同载流子在晶格中的运动一样，声子的运动过程也会受到晶格中各种散射机制的作用。因此，对热传导的研究实质上是对声子碰撞过程的研究。假设声子在两次散射间的平均自由程为 l，借用气体分子运动理论中对热导率的描述，固体中的晶格热导率 κ_{lat} 可类似地表示为：

$$\kappa_{lat} = \frac{1}{3} c_V v_a l \qquad (1\text{-}70)$$

式中 c_V 为质量定容热容；v_a 为平均声速。显然，声子平均自由程 l 将由晶体中的散射机制决定。要精确描述晶格热导率，需要对声子的玻耳兹曼方程进行求解。由于玻耳兹曼方程求解很复杂，通常在德拜模型下采用弛豫时间近似的方法来描述材料的晶格热导率。晶格热导率可表示为：

$$\kappa_{lat} = \frac{k_B}{2\pi^2 v} \left(\frac{k_B T}{\hbar} \right)^3 \int_0^{\theta_D/T} \frac{x^4 e^x}{\tau_c^{-1} \left(e^x - 1 \right)^2} dx \qquad (1\text{-}71)$$

式中 $x = \hbar\omega/(k_B T)$；ω 为声子频率；θ_D 为德拜温度；τ_c 为弛豫时间。为了准确衡量材料的晶格热导率，需要建立一个能够反映晶格热传导微观特性的理论，所以必须对声子的主要散射机制有所了解。一般来讲，热电材料中通常是多种声子散射机制共存的，如图 1-3 所示。

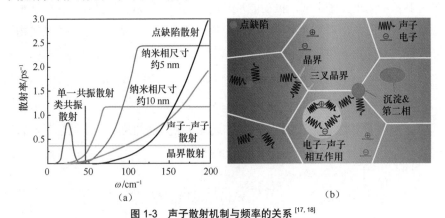

图 1-3　声子散射机制与频率的关系 [17, 18]

（a）多种缺陷散射率与声子频率的关系；（b）多种缺陷对声子散射示意

　　热电材料中的声子弛豫时间 τ_c 为多种散射机制共同作用的结果，可以表示为 [19]：

$$\frac{1}{\tau_c} = \frac{1}{\tau_U} + \frac{1}{\tau_B} + \frac{1}{\tau_D} + \frac{1}{\tau_r} + \frac{1}{\tau_e} + \cdots \tag{1-72}$$

等式右边的每一项代表不同的声子散射机制，分别对应声子-声子散射 τ_U、晶界散射 τ_B、点缺陷散射 τ_D、共振散射 τ_r、载流子散射 τ_e 等。

　　第一种是声子-声子散射。

　　晶格振动理论的一个基本假设是晶格原子在平衡点附近做简谐振动，振动在晶体中的传播用平面波描述，每个波是独立的，相互之间没有干扰和能量交换。但实际晶体中的晶格原子振动只有在温度较低时才能接近这个假设中所述的模式。随着温度的升高，晶格原子将会做非简谐振动，格波之间的相互耦合加强，出现显著的能量和动量交换。根据声子的定义，这个交换可以视为吸收或发射声子的散射 [20]。在声子-声子散射过程中，三声子散射过程尤为重要，这个过程实际上是两个声子相互作用后产生第三个声子的过程：

$$hv_1 + hv_2 = hv_3 \tag{1-73}$$

$$\boldsymbol{q}_1 + \boldsymbol{q}_2 = \boldsymbol{q}_3 + \boldsymbol{G} \tag{1-74}$$

　　上述两式表示三声子散射过程的能量与动量关系，式中 $\boldsymbol{q}$ 为波矢，$\boldsymbol{G}$ 为倒格矢。当 $\boldsymbol{G} = 0$ 时，这个过程叫作正常过程，或称为 N 过程，如图 1-4（a）所示。声子经过这个散射过程后，能量流动的方向不变，只会引起声子的重新分布，而不产生热阻。当 $\boldsymbol{G} \neq 0$ 时，该散射过程称为倒逆过程，或称为 U 过程，如图 1-4（b）所示。声子经此过程散射后，其运动方向有很大改变，导致热阻的产生。图 1-4 中的正方形代表声子波矢的二维布里渊区（brillouin zone），对于正常过程，散射前两个声子的波矢 $\boldsymbol{q}_1$ 和 $\boldsymbol{q}_2$ 都较小，因此散射后产生的第三个声子的波矢 $\boldsymbol{q}_3$ 不会超过布里渊区，而且具有与 $\boldsymbol{q}_1$ 和 $\boldsymbol{q}_2$ 相近的运动方向。对于倒逆过程，散射前两个声子的波矢 $\boldsymbol{q}_1$ 和 $\boldsymbol{q}_2$ 中至少有一个较大，这使得散射后产生的第三个声子的波矢 $\boldsymbol{q}_3$ 超出了布里渊区。由晶格的周期性可知，所有有物理意义的声子波矢都在第一布里渊区内，因此对于散射过程中产生的任何更长的波矢，都必须给其加一个倒格矢 $\boldsymbol{G}$，使它折回到第一布里渊区内。由此得到一个重要的结论：散射产生的第三个声子的波矢 $\boldsymbol{q}_3$ 与散射前两个声子的波矢 $\boldsymbol{q}_1$ 和 $\boldsymbol{q}_2$ 的方向相逆。散射后波矢逆转的散射过程产生了热阻。倒逆过程的弛豫时间可近似表达为：

$$\frac{1}{\tau_U} = \frac{\gamma^2}{Mv_s^2\theta_D}\omega^2 T \exp\left(-\frac{\theta_D}{T}\right) \qquad (1\text{-}75)$$

式中 M 为平均原子质量，γ 为格林艾森参数，ω 为声子频率。当温度大于德拜温度时，ω 为常数，意味着几乎所有的声子都有足够高的能量参与声子散射的倒逆过程。因此，倒逆过程发生的概率仅依赖于晶体中声子的数目，即正比于温度 T。在高温情况下，晶格的热导率与温度成反比。

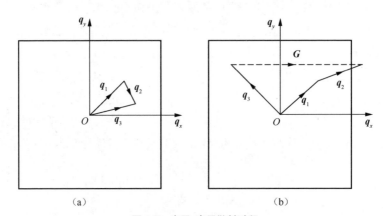

图 1-4　声子-声子散射过程

（a）正常过程（N 过程）；（b）倒逆过程（U 过程）

第二种是晶界散射。

温度较低时，晶格振动很弱，具有大量的低频声子。从声子的色散关系可以看出，这些低频声子有较长的波长。当声子波长增大到与晶粒尺寸相当时，声子将受到晶界的散射。晶界散射的弛豫时间 τ_B 只与平均声速 v_a 和晶粒平均尺寸 L 相关，可表示为：

$$\frac{1}{\tau_B} = \frac{v_a}{L} \qquad (1\text{-}76)$$

第三种是点缺陷散射。

晶体中的点缺陷包括杂质原子、空位、间隙原子等，缺陷尺度与晶格常数相当。根据散射理论，只有当声子的波长与散射中心的尺寸相近时，才会发生较强的散射。可见，点缺陷散射只对高频声子有效，而对低频声子影响不大。点缺陷对热导率的影响主要包括两部分：一是质量涨落引起的声子散射；二是应变场涨落引起的声子散射。一般情况下，应变场涨落远没有质量涨落引起的声子散射强度大。所以这里主要给出由质量涨落引起声子散射的弛豫时间：

$$\frac{1}{\tau_D} = \frac{V}{4\pi v_s^3}\omega^4 \sum f_i \left(\frac{\bar{m} - m_i}{\bar{m}}\right)^2 \tag{1-77}$$

式中 V 为平均原子体积；f_i 为质量为 m_i 的原子所占的百分比；$\bar{m}$ 为平均原子质量。

第四种是共振散射。

弱束缚的原子与声子发生共振的现象称为共振散射，共振散射可以有效散射声子，进而大幅度降低晶格热导率。根据玻耳兹曼提出的共振经验公式，描述这一共振过程的声子弛豫时间可表示为[21]：

$$\frac{1}{\tau_r} = \frac{C\omega^2}{\left(\omega^2 - \omega_0^2\right)^2} \tag{1-78}$$

式中 C 为常数，正比于共振缺陷的浓度；ω 为声子频率；ω_0 为弱束缚原子的局域共振频率。目前对声子共振散射的描述仅基于经验公式，其散射机制的定量描述还有待进一步研究。

第五种是载流子散射。

由前面讨论可知，声子对载流子的散射是制约载流子平均自由程的一个主要原因。同样，载流子对声子的散射，称为载流子散射。载流子散射主要对低频声子起作用。对于载流子浓度较低的晶体材料，载流子对声子的散射较弱，往往可以忽略不计。热电材料往往为重掺杂材料，载流子浓度较高，此时载流子对声子散射的弛豫时间可以表示为：

$$\frac{1}{\tau_e} = \frac{E_d^2 m^{*2}}{2\pi \hbar^3 \rho_d v_s}\omega \tag{1-79}$$

式中 E_d 为形变势；m^* 为载流子有效质量；ρ_d 为材料密度。

计算材料的晶格热导率的基础是求解声子的玻耳兹曼方程，求解玻耳兹曼方程需要对声子采用弛豫时间近似。具体方法是对影响声子输运过程的各个因素进行分析，定量给出声子散射的弛豫时间，这样可以对材料晶格热导率做出较好的估算，也是目前普遍用来分析晶格热导率的方法。

1.4 本章小结

热电参数之间具有强的耦合关系，然而高效热电材料需要同时具备高的电输运性能和低的热输运性能，这使得提升材料的热电优值具有非常大的挑战。对于热电材料的性能优化，不可能实现单独优化某一个参数而不影响其他参数，因此需要平衡调控各热电参数之间的关系，使热电优值实现净提升。热电材料性能的调控本质是对声子和电子输运性能的优化，从而实现电声输运的解耦。本章主要通过介绍热电材料中电子和声子输运性质，强调影响电子和声子散射的因素，为第 4 章载流子浓度优化与动态掺杂、第 5 章态密度有效质量优化策略、第 6 章载流子迁移率优化策略和第 7 章晶格热导率降低策略等内容提供理论支持。

1.5 参考文献

[1]   DISALVO F J. Thermoelectric cooling and power generation [J]. Science, 1999, 285(5428): 703-706.

[2]   朱铁军 . 热电材料与器件研究进展 [J]. 无机材料学报 , 2019, 34(3): 233-235.

[3]   任志锋 , 刘玮书 . 热电材料研究的现状与发展趋势 [J]. 西华大学学报 , 2013, 32(3): 1-9.

[4]   SEEBECK T J. Magnetische polarisation der metalle und erze durch temperatur-differenz [J]. Abh. Akad. Wiss, 1895：289-364.

[5]   PELTIER J C A. Nouvelles expériences sur la caloricité des courans électriques [J]. Annales de Chimie et de Physique, 1834, 56: 371-386.

[6]   THOMSON W. On a mechanical theory of thermo-electric currents [J]. Proceedings of the Royal Society of Edinburgh, 1857, 3: 91-98.

[7]   GOLDSMID H J. The thermoelectric figure of merit [M]. San Rafael: Morgan & Claypool Publishers, 2017.

[8]   ALTENKIRCH E. Elektrothermische Kälteerzeugung und reversible elektrische Heizung [J]. Physikalische Zeitschrift, 1911, 12: 920-924.

[9]   SHI X L, ZOU J, CHEN Z G. Advanced thermoelectric design: from materials and structures to devices [J]. Chemical Reviews, 2020, 120(15): 7399-7515.

[10] TAN G, ZHAO L D, KANATZIDIS M G. Rationally designing high-performance bulk thermoelectric materials [J]. Chemical Reviews, 2016, 116(19): 12123-12149.

[11] ARMSTRONG H, BOESE M, CARMICHAEL C, et al. Estimating energy conversion efficiency of thermoelectric materials: constant property versus average property models [J]. Journal of Electronic Materials, 2017, 46(1): 6-13.

[12] KIM H S, LIU W S, CHEN G, et al. Relationship between thermoelectric figure of merit and energy conversion efficiency [J]. Proceedings of the National Academy of Sciences of the United States of America, 2015, 112(27): 8205-8210.

[13] LIU W S, JIE Q, KIM H S, et al. Current progress and future challenges in thermoelectric power generation: from materials to devices [J]. Acta Materialia, 2015, 87: 357-376.

[14] ZHANG Q H, HUANG X Y, BAI S Q, et al. Thermoelectric devices for power generation: recent progress and future challenges [J]. Advanced Engineering Materials, 2016, 18(2): 194-213.

[15] BARDEEN J, SHOCKLEY W. Deformation potentials and mobilities in non-polar crystals [J]. Physical Review, 1950, 80(1): 72-80.

[16] CONWELL E, WEISSKOPF V. Theory of impurity scattering in semiconductors [J]. Physical Review, 1950, 77(3): 388-390.

[17] YANG J, XI L, QIU W, et al. On the tuning of electrical and thermal transport in thermoelectrics: an integrated theory–experiment perspective [J]. Nature Partner Journals Computational Materials, 2016, 2: 15015.

[18] QIN B, WANG D, ZHAO L D. Slowing down the heat in thermoelectrics [J]. InfoMat, 2021, 3(7): 755-789.

[19] CALLAWAY J. Model for lattice thermal conductivity at low temperatures [J]. Physical Review, 1959, 113(4): 1046-1051.

[20] 高敏 . 温差电转换及其应用 [M]. 北京 : 兵器工业出版社 , 1996.

[21] POHL R O. Thermal conductivity and phonon resonance scattering [J]. Physical Review Letters, 1962, 8(12): 481-483.

第2章　铅硫族化合物的晶体结构和能带结构

2.1　引言

铅硫族化合物 PbQ（Q = Te/Se/S）是一类物理化学性质稳定、性能优异的中温区热电材料。人们从 20 世纪 60 年代就开始研究 PbTe 基热电材料，开发出了高效的 PbTe 基热电器件并成功应用于一系列执行太空探索任务的飞行器中[1]。PbTe 化合物是一种典型的热电材料，不仅在工作温区内没有相变、具有稳定的晶体结构，而且拥有高对称性的电子能带结构和复杂声子能带结构，这使得人们对其热电性能的调控有了更多可能。基于 PbTe 化合物发展的热电性能调控策略被成功开发并广泛应用于其他热电材料体系，如能带简并[2-20]、共振能级[21-45]、缺陷能级[46-51]、能带扁平化[52-56]、能带锐化[57-75]、全尺度微观结构设计[76-92]等。此外，PbTe 还拥有另外两个同族化合物 PbSe 和 PbS。由于 Te 元素的原料储量丰度较低，价格比较昂贵，所以丰度更高、价格更低的 PbSe 和 PbS 化合物最近受到了大量关注。

为了更好地了解铅硫族化合物的热电性能，本章主要介绍这类化合物基础的物理化学性质，晶体结构，电子、声子能带结构以及其本征的热电性能。

2.2　晶体结构

铅硫族化合物具有 NaCl 式岩盐晶体结构，表现为面心立方，原子配位数为 6，其空间群均为 $Fm\text{-}3m$，如图 2-1 所示。由于铅硫族化合物中阴阳离子的电负性相差较小，所以其化学键主要呈现共价键。也有研究认为铅硫族化合物中的化学键为离子键、共价键共存的混合键，所以通常称其为极性半导体[93]。由于阴离子半径的差别，PbTe、PbSe 和 PbS 具有不同的晶格常数，分别为 6.459 Å、6.124 Å 和 5.936 Å，密度分别为 8.19 g·cm^{-3}、8.30 g·cm^{-3} 和 7.57 g·cm^{-3}。在铅硫族化合物中，随着阴离子的电负性越来越大，化合物中的化学结合键能越来越大，导致其化合物的熔点越来越高。PbTe、PbSe 和

PbS 的熔点分别为 924 ℃、1078 ℃ 和 1127 ℃。铅硫族化合物均拥有较高的熔点，在工作温区内非常稳定且没有相变，所以铅硫族化合物是非常优异的中温区热电材料。

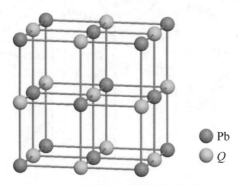

Pb

Q

图 2-1　铅硫族化合物的晶体结构 [94]

2.3　能带结构

2.3.1　电子能带结构

　　铅硫族化合物由于具有类似的物理化学性质和相同的晶体结构对称性，所以它们也表现出非常相似的电子能带结构，如图 2-2 所示。可见，铅硫族化合物均为直接带隙半导体，通过不同理论计算方式得到的带隙会有不同 [95]。如表 2-1 所示，当不考虑自旋轨道耦合（spin-orbit coupling，SOC）时，理论计算获得的带隙相对较大。PbTe、PbSe 和 PbS 的带隙分别为 0.98 eV、0.58 eV和 0.67 eV。然而，当考虑铅硫族化合物中的自旋轨道耦合时，PbTe、PbSe 和 PbS 的带隙分别为 0.20 eV、0.13 eV 和 0.26 eV。通过红外带宽测试获得 PbTe、PbSe 和 PbS 的带隙分别为 0.31 eV、0.27 eV 和 0.40 eV。值得注意的是，理论计算获得的带隙是基于基态 $T = 0$ K 得到的，与实际测试获得的室温带隙有一定的差距，其原因主要有两方面：一是红外带宽测试获得的带隙不仅与化合物的本征带宽相关，还会受载流子浓度变化的影响，载流子浓度越大，红外带宽的测试结果越大 [96, 97]；二是铅硫族化合物的带隙随着温度的升高会持续增大，这导致室温下实验结果普遍高于考虑自旋轨道耦合后的理论计算结果 [52, 55]。

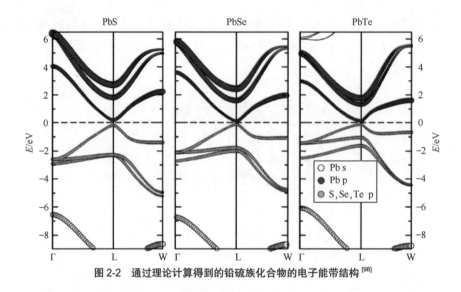

图2-2　通过理论计算得到的铅硫族化合物的电子能带结构[98]

表2-1　铅硫族化合物带隙的理论计算结果与实验结果（室温）对比[98, 99]

化合物	理论值/eV（考虑SOC）	理论值/eV（不考虑SOC）	实验值/eV（室温）
PbTe	0.20	0.98	0.31
PbSe	0.13	0.58	0.27
PbS	0.26	0.67	0.40

图2-3（a）给出了铅硫族化合物的电子能带结构，从图中可以看出，铅硫族化合物的导带和价带在 L 和 Σ 点均存在电子分布，可以看成多电子能带结构。由于电子能带结构在 L 和 Σ 点的形状不同，导致其载流子有效质量有差异。铅硫族化合物在 L 点的有效质量较小，称为轻带；在 Σ 点的有效质量较大，称为重带。不同化合物中各个能带的有效质量不同，可以利用电子能带关系求得各个价带和导带的有效质量，关系式为[59, 62]：

$$m^* = \hbar^2 \left(\frac{\partial^2 E(\boldsymbol{k})}{\partial^2 \boldsymbol{k}} \right)^{-1} \tag{2-1}$$

式中 $E(\boldsymbol{k})$ 为电子能量色散关系；$\hbar$ 为约化普朗克常量；$\boldsymbol{k}$ 为波矢；m^* 为载流子有效质量。由于铅硫族化合物中的能带形状存在各向异性，所以需要计算各能带的纵向有效质量 $m_\parallel^*$ 与横向有效质量 $m_\perp^*$，理论计算的载流子有效质量结果如表 2-2 所示。利用纵向有效质量和横向有效质量可以求得单带有效质量

m_b^* 为[100]：

$$m_b^* = (m_\perp^{*2} m_\parallel^*)^{1/3} \tag{2-2}$$

热电材料的电输运性能与态密度有效质量 m_b^* 相关，其与单带有效质量 m_b^* 之间的关系为[100, 101]：

$$m_d^* = N_v^{2/3} m_b^* \tag{2-3}$$

式中 N_v 为能带简并度。由于铅硫族化合物具有多能带结构，每一个能带具有不同的简并度。其中轻带（L 带）的简并度 N_v 为 4，重带（Σ 带）的简并度 N_v 为 12[9]，如图 2-3（b）所示。所以，对于热电材料，往往可以通过提升材料的能带简并度来优化载流子有效质量和泽贝克系数，最终实现热电优值与热电转换效率的提升。铅硫族化合物中各个化合物的轻带与重带之间的能量差不同，这导致它们实现能带简并的难易程度不同。

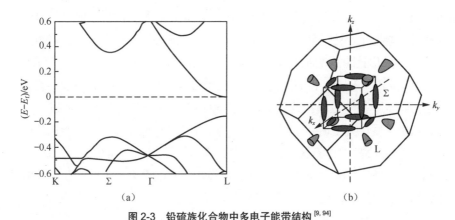

图 2-3 铅硫族化合物中多电子能带结构[9, 94]

（a）电子能带结构；（b）布里渊区里的多能谷形状

表 2-2 铅硫族化合物中轻带的载流子有效质量[98]

化合物	$m_\parallel^{*,v}/m_e$	$m_\perp^{*,v}/m_e$	$m_\parallel^{*,c}/m_e$	$m_\perp^{*,c}/m_e$
PbTe	0.296	0.029	0.223	0.027
PbSe	0.075	0.040	0.070	0.041
PbS	0.103	0.071	0.096	0.081

注：$m_\perp^{*,v}$ 为价带横向有效质量；$m_\parallel^{*,v}$ 为价带纵向有效质量；$m_\perp^{*,c}$ 为导带横向有效质量；$m_\parallel^{*,c}$ 为导带纵向有效质量；m_e 为电子有效质量。

　　由表 2-1 可知，铅硫族化合物的室温带隙高于理论计算获得的低温带隙。这表明铅硫族化合物的电子能带结构随着温度升高将会发生显著变化。晶体材料随着温度的上升会发生晶格膨胀，导致晶格常数发生变化。可以通过计算铅硫族化合物在不同温度下的晶格常数，基于变温晶格常数来获得不同温度下的晶体结构，从而从理论上计算出铅硫族化合物的变温带隙 [102, 103]。

　　图 2-4 所示为理论计算的铅硫族化合物的带隙，所有铅硫族化合物的禁带宽度随着温度上升而增加。其中 PbS 的带隙随着温度上升的增加幅度最大，从 0 K 的 0.25 eV 增长至 550 K 的 0.42 eV。目前对铅硫族化合物的变温带隙研究主要通过理论计算，同时也可以利用红外带宽测试从实验上获得铅硫族化合物的变温带隙信息 [19, 55]。铅硫族化合物的变温带隙的变化趋势相似，所以下面主要以 PbTe 为例具体介绍。图 2-5（a）所示为 PbTe（Sb 掺杂）的变温红外带隙，可见，PbTe 的室温带隙从 300 K 的 0.26 eV 增长到 673 K 的 0.35 eV。随着温度升高，不仅铅硫族化合物的带隙会持续增加，轻带和重带之间的距离同时也会发生变化，如图 2-5（b）所示。Pei 等人 [9] 通过理论计算得知，轻价带的能量位置随着温度上升会持续下降，而轻导带和重价带的能量位置不发生变化。在 0 ~ 900 K 的温度区间，轻价带与重价带之间的相对能量差会先减小后增大，整个过程持续发生简并与退简并，在温度达到 500 K 时，轻价带、重价带发生完全简并。由于 PbTe 中的轻导带与重导带之间的能量差达到 0.45 eV，无法在工作温区内达到双导带简并，所以这使得针对 N 型和 P 型 PbTe 基热电材料采取的电输运性能优化策略具有非常大的不同。关于铅硫族化合物的热电性能优化策略，我们将在后续具体讨论。

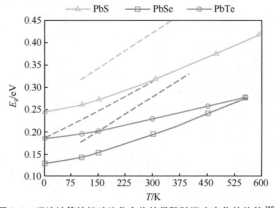

图 2-4　理论计算的铅硫族化合物的带隙随温度变化的趋势 [102]

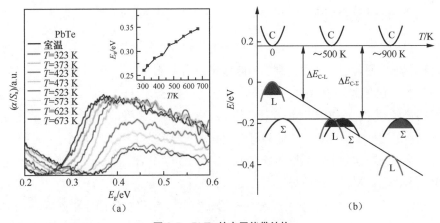

图 2-5　PbTe 的电子能带结构

（a）变温红外带隙测试结果 [52]，其中 α 为吸收系数，S_a 为散射系数；

（b）轻价带和重价带能量位置随温度变化的理论计算结果 [9]，其中 C 表示导带

在热电材料中，电子能带结构与材料的电输运性能密切相关。图 2-6 所示为铅硫族化合物的变温电输运性能。与 PbTe 和 PbS 化合物相比，PbSe 拥有更大的电导率，如图 2-6（a）所示。图 2-6（b）中负的泽贝克系数表明获得的铅硫族化合物样品均表现出 N 型电输运性能。结合电导率与泽贝克系数获得的功率因子如图 2-6（c）所示，PbTe 的最大功率因子能达到 15.8 μW·cm⁻¹·K⁻²，高于 PbSe 中的 14 μW·cm⁻¹·K⁻² 和 PbS 中的 12 μW·cm⁻¹·K⁻²。由于在铅硫族化合物中，材料的本征缺陷也是影响电输运性能的关键因素，利用不同的材料合成方法得到的样品中的本征缺陷也截然不同，其电输运性能也有很大差别。关于铅硫族化合物中的本征缺陷对热电输运的影响机制将会在后续具体讨论。

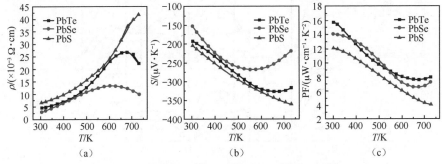

图 2-6　铅硫族化合物随温度变化的电输运性能 [99]

（a）电阻率；（b）泽贝克系数；（c）功率因子

2.3.2 声子能带结构

声子能带结构又称声子谱，与材料的热输运性能密切相关。图 2-7 所示为通过第一性原理理论计算得到的铅硫族化合物声子谱，其中 LA 代表纵向声学声子模，TA 代表横向声学声子模。可见，与 PbSe 和 PbS 相比，PbTe 拥有更低的声子频率。在铅硫族化合物的声子谱中，Γ 点附近的斜率可以表示化合物的声子速度，即声速。声速与材料的晶格热导率成正比，声速越小，晶格热导率越小；声速越大，晶格热导率越大。由于声学声子速度远大于光学声子速度，所以晶体材料中的热导率主要受声学声子的影响。然而当光学声子的频率较低时，会与声学声子发生较强的耦合，有利于获得较低的晶格热导率。由图 2-7 可看出，PbS 的光学声子频率明显高于 PbSe 和 PbTe 的，且光学声子模与声学声子模无重叠，这是 PbS 热导率比其他两个化合物高的一个原因。其实，光学声子模与声学声子模之间的相互影响强弱与材料中阴阳离子间的相互作用息息相关。若材料中存在强离子键，如 NaCl 材料，则其光学声子模的色散关系相对平坦，声速较小[104-106]。所以，铅硫族化合物中明显的光学声子-声学声子模耦合也证明其内部阴阳离子之间用共价键连接。除了可以通过第一性原理计算得到声子能带结构，还可以通过非弹性中子衍射实验直接观察声子能带结构[107-109]。

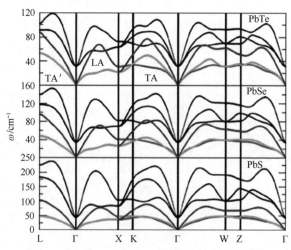

图 2-7 通过理论计算得到的铅硫族化合物声子谱[110]

晶体材料的热导率与材料的本征非谐振动相关。可以用格林艾森参数 γ 表征晶体材料中晶格原子的非谐振动强度，非谐振动越强，则格林艾森参数越大。热导率与格林艾森参数之间的关系如下 [111, 112]：

$$\kappa \propto \frac{\overline{M_a} a \theta_D^3}{T \gamma^2 v^{2/3}} \tag{2-4}$$

式中 $\overline{M_a}$ 为平均原子质量；a 为平均原子尺寸；v 为声速；θ_D 为德拜温度。可见晶格原子非谐振动越强，晶格热导率越低。图 2-8 所示为通过理论计算获得的铅硫族化合物的格林艾森参数，红色、绿色和蓝色线条分别代表各化合物中的两横向声学声子模和纵向声学声子模。可以看出，铅硫族化合物在部分方向的格林艾森参数能达到 3.0 以上。综合各个方向的贡献，理论计算获得的 PbTe、PbSe 和 PbS 的平均格林艾森参数分别为 1.49、2.66 和 2.46。理论计算结果证明，强的非谐振动也会有利于降低铅硫族化合物中的晶格热导率。

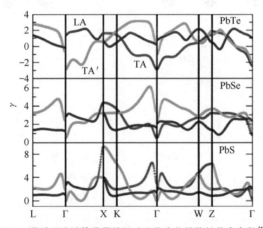

图 2-8　通过理论计算获得的铅硫族化合物的格林艾森参数 [110]

晶体材料的格林艾森参数的大小表示晶格原子非谐振动的强弱。其中晶格中原子的非谐振动可以通过同步辐射中的 X 射线或粉末中子衍射得到。这里给出基于粉末中子衍射得到的 PbTe 中 Pb 原子的非谐振动结果，如图 2-9 所示。图 2-9（a）和图 2-9（b）分别为 PbTe 的对称岩盐晶体结构和高温导致晶格扭曲的示意。通过变温粉末中子衍射可获得 PbTe 的原子对分布函数，对变温原子对分布函数进行分析能得到 Pb 原子的非对称原子位移参数，如图 2-9（c）所示。可见，在整个测试温区中，通过理论德拜模型获得了 Pb 原子偏离振动平衡位置的简谐振动数值，证明了 PbTe 中 Pb 原子具有非常强的非谐振动，且在 250 K 的温度下达到了最大非对称振动强度。此外，PbTe 的变温晶格常数测试结果表明，PbTe 中非谐振动导致晶格常数非线性增加，且其与理论变温晶格常数间存在偏差。图 2-9（d）为 PbTe 中 Pb 原子偏离平衡位置的振动位移随温度变化的趋势。可见，PbTe 中 Pb 原子的非谐振动增长随温度增加逐渐达到饱和，最大的偏离平衡位置的振动位移在 500 K 下能达到 0.24 Å。由于铅硫族化合物具有类似的晶体结构和物理、化学性质，研究人员在 PbS 中发现了 Pb 原子偏离平衡位置的非谐振动[113, 114]。

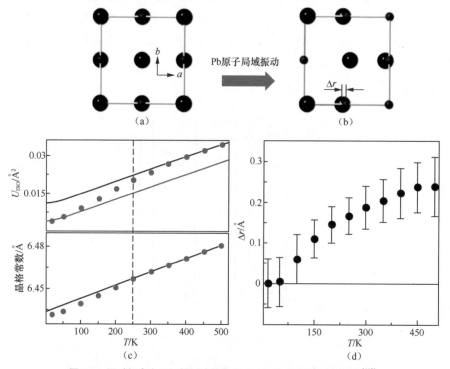

图 2-9　通过粉末中子衍射测试获得 PbTe 中 Pb 原子的局域振动[113]

（a）PbTe 的岩盐晶体结构示意；（b）温度上升导致 PbTe 结构发生晶格扭曲（示意图中大球为 Pb 原子，小球为 Te 原子）；（c）Pb 原子位移参数和晶格常数随温度变化趋势，竖直虚线表示第一近邻原子的非对称振动在 250 K 下达到饱和，两条实线分别代表基于德拜模型计算的谐振（上实线）和准谐振（下实线）的位移参数；（d）沿 PbTe[100] 方向获得的 Pb 原子偏离平衡位置的振动位移随温度变化的趋势

注：Δr 为位移。

　　晶体材料的热输运性能还与其力学弹性模量有关，通常弹性模量越小，

材料的晶格热导率越小。晶体材料的弹性模量参数可以通过声速计算获得，弹性模量与声速具有下列关系[115-118]：

$$v_a = \left[\frac{1}{3} \left(\frac{1}{v_l^3} + \frac{2}{v_s^3} \right) \right]^{-\frac{1}{3}} \tag{2-5}$$

$$E = \frac{\rho_d v_s^2 (3v_l^2 - 4v_s^2)}{(v_l^2 - v_s^2)} \tag{2-6}$$

$$\upsilon_p = \frac{1 - 2(v_s/v_l)^2}{2 - 2(v_s/v_l)^2} \tag{2-7}$$

$$G = \frac{E}{2(1+\upsilon_p)} \tag{2-8}$$

式中 v_l、v_s 和 v_a 分别为通过超声波测试获得的纵波声速、横波声速和平均声速；E 为弹性模量；G 为剪切模量；υ_p 为泊松比。利用以下公式可以计算出格林艾森参数：

$$\gamma = \frac{3}{2} \left(\frac{1+\upsilon_p}{2-3\upsilon_p} \right) \tag{2-9}$$

另一个与晶格热导率相关的参数为德拜温度，可以通过平均声速获得，关系式为：

$$\theta_D = \frac{h}{k_B} \left(\frac{3N}{4\pi V} \right)^{\frac{1}{3}} v_a \tag{2-10}$$

式中 N 为单胞中的原子数目；V 为单胞体积。通过以上关系可获得铅硫族化合物中与热输运相关的弹性参数、格林艾森参数以及德拜温度，如表 2-3 所示。

表2-3　通过声速测试和理论计算（括号内数值）得到的铅硫族化合物的热输运和相关弹性参数[110]

参数	PbTe	PbSe	PbS
晶格热导率κ_{lat}/(W·m^{-1}·K^{-1})	2.30	2.64	2.80
纵波声速v_l/(m·s^{-1})	2910（2598）	3200（3021）	3450（3290）
横波声速v_s/(m·s^{-1})	1610（1636）	1750（1749）	1900（1995）
平均声速v_a/(m·s^{-1})	1794（1800）	1951（1941）	2118（2205）

续表

参数	PbTe	PbSe	PbS
弹性模量E/GPa	54.1（53.7）	65.2（62.2）	70.2（69.7）
剪切模量G/GPa	21.1（21.2）	25.3（24.3）	27.4（27.2）
泊松比υ_p	0.28（0.26）	0.29（0.28）	0.28（0.28）
格林艾森参数γ	1.65（1.49）	1.69（2.66）	1.67（2.46）
德拜温度θ_D/K	164（172）	190（220）	213（253）

可见，铅硫族化合物均表现出较低的声速和弹性模量，说明各化合物内部均具有较弱的共价键。较大的格林艾森参数证实 Pb 原子在晶格中具有非常强的非谐振动。上述所有特征均表明铅硫族化合物具有较低的晶格热导率，PbTe、PbSe 和 PbS 的室温晶格热导率分别为 2.30 W·m^{-1}·K^{-1}、2.64 W·m^{-1}·K^{-1}和 2.80 W·m^{-1}·K^{-1}。铅硫族化合物的变温晶格热导率如图 2-10 所示。所有化合物的变温热导率均表现出接近 $\kappa_{lat} \propto T^{-1}$的关系，表明随温度增加，铅硫族化合物的声子输运主要受声子–声子散射的影响。3 种化合物的最低晶格热导率在 773 K 接近 1.0 W·m^{-1}·K^{-1}，其中 PbTe 在整个温区表现出相对较低的晶格热导率。

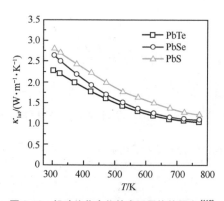

图 2-10　铅硫族化合物的变温晶格热导率[110]

2.4　本章小结

铅硫族化合物具有相对较高的电输运性能和较低的晶格热导率，这使其成为一类十分具有竞争力的中温区热电材料。本章主要围绕晶体结构、电子能带结构和声子能带结构这 3 个方面介绍了铅硫族化合物热电材料的基本物理化学性质。目前铅硫族化合物热电材料的研究还面临着诸多挑战，如在电子导带结构中，重带与轻带之间的能量差值较大，无法通过能带简并实现性能的优化，导致 N 型铅硫族化合物的性能相对 P 型体系较低；在铅硫族化合物中，通过缺陷结构设计降低晶格热导率的同时常常会对电输运性能产生较大影响，很难通过声子能带结构调控去单独优化晶格热导率；低成本 PbS 基热电材料中相对较低的电输运性能使其热电优值远不及 PbTe 和 PbSe。

2.5　参考文献

[1]　PEI Y, LALONDE A, IWANAGA S, et al. High thermoelectric figure of merit in heavy hole dominated PbTe [J]. Energy & Environmental Science, 2011, 4(6): 2085-2089.

[2]　ZHAO L D, WU H J, HAO S Q, et al. All-scale hierarchical thermoelectrics: MgTe in PbTe facilitates valence band convergence and suppresses bipolar thermal transport for high performance [J]. Energy & Environmental Science, 2013, 6(11): 3346-3355.

[3]　BISWAS K, HE J, WANG G, et al. High thermoelectric figure of merit in nanostructured p-type PbTe-MTe (M = Ca, Ba) [J]. Energy & Environmental Science, 2011, 4(11): 4675-4684.

[4]　WU D, ZHAO L D, TONG X, et al. Superior thermoelectric performance in PbTe-PbS pseudo-binary: extremely low thermal conductivity and modulated carrier concentration [J]. energy & Environmental Science, 2015, 8(7): 2056-2068.

[5]　TAN G, SHI F, HAO S, et al. Non-equilibrium processing leads to record high thermoelectric figure of merit in PbTe-SrTe [J]. Nature Communications, 2016, 7: 12167.

[6]　WU H J, ZHAO L D, ZHENG F S, et al. Broad temperature plateau for thermoelectric figure of merit ZT>2 in phase-separated PbTe$_{0.7}$S$_{0.3}$ [J]. Nature Communications, 2014, 5: 4515.

[7]　JAWORSKI C M, NIELSEN M D, WANG H, et al. Valence-band structure of

highly efficient p-type thermoelectric PbTe-PbS alloys [J]. Physical Review B, 2013, 87(4): 045203.

[8]　HEINRICH H, LISCHKA K, SITTER H, et al. Experimental determination of symmetry of second valence-band maxima in PbTe [J]. Physical Review Letters, 1975, 35(16): 1107.

[9]　PEI Y, SHI X, LALONDE A, et al. Convergence of electronic bands for high performance bulk thermoelectrics [J]. Nature, 2011, 473(7345): 66-69.

[10]　TANG Y, GIBBS Z M, AGAPITO L A, et al. Convergence of multi-valley bands as the electronic origin of high thermoelectric performance in $CoSb_3$ skutterudites [J]. Nature Materials, 2015, 14(12): 1223-1228.

[11]　PEI Y, WANG H, GIBBS Z M, et al. Thermopower enhancement in $Pb_{1-x}Mn_xTe$ alloys and its effect on thermoelectric efficiency [J]. Nature Publishing GroupAsia Materials, 2012, 4: e28.

[12]　ALSALEH N M, SHOKO E, SCHWINGENSCHL G L U. Pressure-induced conduction band convergence in the thermoelectric ternary chalcogenide $CuBiS_2$ [J]. Physical Chemistry Chemical Physics, 2019, 21(2): 662-673.

[13]　LIU W, TAN X, YIN K, et al. Convergence of conduction bands as a means of enhancing thermoelectric performance of n-type $Mg_2Si_{1-x}Sn_x$ solid solutions [J]. Physical Review Letters, 2012, 108(16): 166601.

[14]　GUO F, CUI B, LIU Y, et al. Thermoelectric SnTe with band convergence, dense dislocations, and interstitials through Sn self-compensation and Mn alloying [J]. Small, 2018, 14(37): 1802615.

[15]　TAN G, HAO S, CAI S, et al. All-scale hierarchically structured p-type PbSe alloys with high thermoelectric performance enabled by improved band degeneracy [J]. Journal of the American Chemical Society, 2019, 141(10): 4480-4486.

[16]　TAN G, ZHAO L D, SHI F, et al. High thermoelectric performance of p-type SnTe via a synergistic band engineering and nanostructuring approach [J]. Journal of the American Chemical Society, 2014, 136(19): 7006-7017.

[17]　ZHANG Q, CAO F, LIU W, et al. Heavy doping and band engineering by potassium to improve the thermoelectric figure of merit in p-type PbTe, PbSe, and

PbTe$_{1-y}$Se$_y$ [J]. Journal of the American Chemical Society, 2012, 134(24): 10031-10038.

[18] PEI Y, TAN G, FENG D, et al. Integrating band structure engineering with all-scale hierarchical structuring for high thermoelectric performance in PbTe system [J]. Advanced Energy Materials, 2016, 7(3): 1601450.

[19] WU H J, CHANG C, FENG D, et al. Synergistically optimized electrical and thermal transport properties of SnTe via alloying high-solubility MnTe [J]. Energy & Environmental Science, 2015, 8(11): 3298-3312.

[20] ZHAO L D, ZHANG X, WU H, et al. Enhanced thermoelectric properties in the counter-doped SnTe system with strained endotaxial SrTe [J]. Journal of the American Chemical Society, 2016, 138(7): 2366-2373.

[21] HEREMANS J P, JOVOVIC V, TOBERER E S, et al. Enhancement of thermoelectric efficiency in PbTe by distortion of the electronic density of states [J]. Science, 2008, 321(5888): 554-557.

[22] JAWORSKI C M, KULBACHINSKII V, HEREMANS J P. Resonant level formed by tin in Bi$_2$Te$_3$ and the enhancement of room-temperature thermoelectric power [J]. Physical Review B, 2009, 80(23): 233201.

[23] TAN G, ZEIER W G, SHI F, et al. High thermoelectric performance SnTe-In$_2$Te$_3$ solid solutions enabled by resonant levels and strong vacancy phonon scattering [J]. Chemistry of Materials, 2015, 27(22): 7801-7811.

[24] TAN G, SHI F, HAO S, et al. Codoping in SnTe: Enhancement of thermoelectric performance through synergy of resonance levels and band convergence [J]. Journal of the American Chemical Society, 2015, 137(15): 5100-5112.

[25] ZHANG Q, WANG H, LIU W, et al. Enhancement of thermoelectric figure-of-merit by resonant states of aluminium doping in lead selenide [J]. Energy & Environmental Science, 2012, 5(1): 5246-5251.

[26] ZHANG Q, LIAO B, LAN Y, et al. High thermoelectric performance by resonant dopant indium in nanostructured SnTe [J]. Proceedings of the National Academy of Sciences of the United States of America, 2013, 110(33): 13261-13266.

[27] RAWAT P K, PAUL B, BANERJI P. Exploration of Zn resonance levels and thermoelectric properties in I-doped PbTe with ZnTe nanostructures [J]. ACS

Applied Materials & Interfaces, 2014, 6(6): 3995-4004.

[28] STORY T, GRODZICKA E, WITKOWSKA B, et al. Transport and magnetic properties of PbTe：Cr and PbSnTe：Cr [J]. Acta Physica Polonica A, 1992, 5(82): 879-881.

[29] PEI Y, WANG H, SNYDER G J. Band engineering of thermoelectric materials [J]. Advanced Materials, 2012, 24(46): 6125-35.

[30] PAUL B, RAWAT P, BANERJI P. Dramatic enhancement of thermoelectric power factor in PbTe：Cr co-doped with iodine [J]. Applied Physics Letters, 2011, 98(26): 262101.

[31] SKIPETROV E, KRULEVECKAYA O, SKIPETROVA L, et al. Fermi level pinning in Fe-doped PbTe under pressure [J]. Applied Physics Letters, 2014, 105(2): 022101.

[32] WIENDLOCHA B. Localization and magnetism of the resonant impurity states in Ti doped PbTe [J]. Applied Physics Letters, 2014, 105(13): 133901.

[33] HEREMANS J P, WIENDLOCHA B, CHAMOIRE A M. Resonant levels in bulk thermoelectric semiconductors [J]. Energy & Environmental Science, 2012, 5(2): 5510-5530.

[34] JOVOVIC V, THIAGARAJAN S, HEREMANS J, et al. Low temperature thermal, thermoelectric, and thermomagnetic transport in indium rich $Pb_{1-x}Sn_xTe$ alloys [J]. Journal of Applied Physics, 2008, 103(5): 053710.

[35] KOMISARCHIK G, FUKS D, GELBSTEIN Y. High thermoelectric potential of n-type $Pb_{1-x}Ti_xTe$ alloys [J]. Journal of Applied Physics, 2016, 120(5): 055104.

[36] SKIPETROV E, SKIPETROVA L, KNOTKO A, et al. Scandium resonant impurity level in PbTe [J]. Journal of Applied Physics, 2014, 115(13): 133702.

[37] GRODZICKA E, DOBROWOLSKI W, KOSSUT J, et al. Peculiarities of transport properties in semiconductors with resonant impurities: HgSe：Fe versus PbTe：Cr [J]. Journal of Crystal Growth, 1994, 138(1-4): 1034-1039.

[38] SKIPETROV E, GOLOVANOV A, SLYNKO E, et al. Electronic structure of lead telluride-based alloys, doped with vanadium [J]. Low Temperature Physics, 2013, 39(1): 76-83.

[39] RAWAT P K, PAUL B, BANERJI P. An alternative approach for optimal carrier

concentration towards ideal thermoelectric performance [J]. Physica Status Solidi (RRL)-Rapid Research Letters, 2012, 6(12): 481-483.

[40]　RAWAT P K, PAUL B, BANERJI P. Impurity-band induced transport phenomenon and thermoelectric properties in Yb doped PbTe$_{1-x}$I$_x$ [J]. Physical Chemistry Chemical Physics, 2013, 15(39): 16686-16692.

[41]　JAWORSKI C M, TOBOLA J, LEVIN E M, et al. Antimony as an amphoteric dopant in lead telluride [J]. Physical Review B, 2009, 80(12): 125208.

[42]　MORELLI D, HEREMANS J, THRUSH C. Magnetic and thermal properties of iron-doped lead telluride [J]. Physical Review B, 2003, 67(3): 035206.

[43] NIELSEN M, LEVIN E, JAWORSKI C, et al. Chromium as resonant donor impurity in PbTe [J]. Physical Review B, 2012, 85(4): 045210.

[44]　KAÏDANOV V, RAVICH Y I. Deep and resonance states in AIV BVI semiconductors [J]. Physics-Uspekhi, 1985, 28(1): 31-53.

[45]　VOLKOV B A, RYABOVA L I, KHOKHLOV D R. Mixed-valence impurities in lead telluride-based solid solutions [J]. Physics-Uspekhi, 2002, 45(8): 819-846.

[46]　ZHANG Q, CHERE E K, WANG Y, et al. High thermoelectric performance of n-type PbTe$_{1-y}$S$_y$ due to deep lying states induced by indium doping and spinodal decomposition [J]. Nano Energy, 2016, 22: 572-582.

[47]　ZHANG Q, SONG Q, WANG X, et al. Deep defect level engineering: a strategy of optimizing the carrier concentration for high thermoelectric performance [J]. Energy & Environmental Science, 2018, 11(4): 933-940.

[48]　SU X, HAO S, BAILEY T P, et al. Weak electron phonon coupling and deep level impurity for high thermoelectric performance Pb$_{1-x}$Ga$_x$Te [J]. Advanced Energy Materials, 2018, 8(21): 1800659.

[49]　XIAO Y, WU H, WANG D, et al. Amphoteric indium enables carrier engineering to enhance the power factor and thermoelectric performance in n-type Ag$_n$Pb$_{100}$In$_n$Te$_{100+2n}$ (LIST) [J]. Advanced Energy Materials, 2019, 9(17): 1900414.

[50]　LUO Z Z, CAI S, HAO S, et al. High figure of merit in gallium-doped nanostructured n-type PbTe-x GeTe with midgap states [J]. Journal of the American Chemical Society, 2019, 141(40): 16169-16177.

[51]　LUO Z Z, HAO S, CAI S, et al. Enhancement of thermoelectric performance for

n-type PbS through synergy of gap state and fermi level pinning [J]. Journal of the American Chemical Society, 2019, 141(15): 6403-6412.

[52] XIAO Y, WU H, CUI J, et al. Realizing high performance n-type PbTe by synergistically optimizing effective mass and carrier mobility and suppressing bipolar thermal conductivity [J]. Energy & Environmental Science, 2018, 11(9): 2486-2495.

[53] TAN G, STOUMPOS C C, WANG S, et al. Subtle roles of Sb and S in regulating the thermoelectric properties of n-type PbTe to high performance [J]. Advanced Energy Materials, 2017, 7(18): 1700099.

[54] LUO Z Z, HAO S, ZHANG X, et al. Soft phonon modes from off-center Ge atoms lead to ultralow thermal conductivity and superior thermoelectric performance in n-type PbSe-GeSe [J]. Energy & Environmental Science, 2018, 11(11): 3220-3230.

[55] QIAN X, WU H, WANG D, et al. Synergistically optimizing interdependent thermoelectric parameters of n-type PbSe through alloying CdSe [J]. Energy & Environmental Science, 2019, 12(6): 1969-1978.

[56] DUTTA M, BISWAS R K, PATI S K, et al. Discordant Gd and electronic band flattening synergistically induce high thermoelectric performance in n-type PbTe [J]. ACS Energy Letters, 2021: 1625-1632.

[57] XU S Y, LIU C, ALIDOUST N, et al. Observation of a topological crystalline insulator phase and topological phase transition in $Pb_{1-x}Sn_xTe$ [J]. Nature Communications, 2012, 3: 1192.

[58] DZIAWA P, KOWALSKI B J, DYBKO K, et al. Topological crystalline insulator states in $Pb_{1-x}Sn_xSe$ [J]. Nature Materials, 2012, 11(12): 1023-1027.

[59] XIAO Y, WANG D, QIN B, et al. Approaching topological insulating states leads to high thermoelectric performance in n-type PbTe [J]. Journal of the American Chemical Society, 2018, 140(40): 13097-13102.

[60] ZHANG M, SONG T T, LIU L G, et al. Experimental and first-principles study of defect structure of topological insulator Bi_2Se_3 single crystal [J]. Superlattices and Microstructures, 2018, 120: 48-53.

[61] CHEN L C, CHEN P Q, LI W J, et al. Enhancement of thermoelectric performance

across the topological phase transition in dense lead selenide [J]. Nature Materials, 2019, 18(12): 1321-1326.

[62] XIAO Y, WANG D, ZHANG Y, et al. Band sharpening and band alignment enable high quality factor to enhance thermoelectric performance in n-type PbS [J]. Journal of the American Chemical Society, 2020, 142(8): 4051-4060.

[63] GINTING D, LIN C C, RATHNAM L, et al. Enhancement of thermoelectric performance in Na-doped $Pb_{0.6}Sn_{0.4}Te_{0.95-x}Se_xS_{0.05}$ via breaking the inversion symmetry, band convergence, and nanostructuring by multiple elements doping [J]. ACS Applied Materials & Interfaces, 2018, 10(14): 11613-11622.

[64] ROYCHOWDHURY S, SHENOY U S, WAGHMARE U V, et al. Tailoring of electronic structure and thermoelectric properties of a topological crystalline insulator by chemical doping [J]. Angewandte Chemie International Edition, 2015, 54(50): 15241-15245.

[65] DAS S, AGGARWAL L, ROYCHOWDHURY S, et al. Unexpected superconductivity at nanoscale junctions made on the topological crystalline insulator $Pb_{0.6}Sn_{0.4}Te$ [J]. Applied Physics Letters, 2016, 109(13): 132601.

[66] ROYCHOWDHURY S, SANDHYA SHENOY U, WAGHMARE U V, et al. Effect of potassium doping on electronic structure and thermoelectric properties of topological crystalline insulator [J]. Applied Physics Letters, 2016, 108(19): 193901.

[67] BANIK A, ROYCHOWDHURY S, BISWAS K. The journey of tin chalcogenides towards high-performance thermoelectrics and topological materials [J]. Chemical Communications, 2018, 54(50): 6573-6590.

[68] ARACHCHIGE I U, KANATZIDIS M G. Anomalous band gap evolution from band inversion in $Pb_{1-x}Sn_xTe$ nanocrystals [J]. Nano Letters, 2009, 9(4): 1583-1587.

[69] TANAKA Y, REN Z, SATO T, et al. Experimental realization of a topological crystalline insulator in SnTe [J]. Nature Physics, 2012, 8(11): 800-803.

[70] WU C F, WEI T R, LI J F. Electrical and thermal transport properties of $Pb_{1-x}Sn_xSe$ solid solution thermoelectric materials [J]. Physical Chemistry Chemical Physics, 2015, 17(19): 13006-13012.

[71]   STRAUSS A J. Inversion of conduction and valence vands in $Pb_{1-x}Sn_xSe$ alloys [J]. Physical Review, 1967, 157(3): 608-611.

[72]   DIXON J R, HOFF G F. Influence of band inversion upon the electrical properties of $Pb_{0.77}Sn_{0.23}Se$ [J]. Physical Review B, 1971, 3(12): 4299-4307.

[73]   PENG H, SONG J H, KANATZIDIS M G, et al. Electronic structure and transport properties of doped PbSe [J]. Physical Review B, 2011, 84(12): 125207.

[74]   TANAKA Y, SATO T, NAKAYAMA K, et al. Tunability of the k-space location of the Dirac cones in the topological crystalline insulator $Pb_{1-x}Sn_xTe$ [J]. Physical Review B, 2013, 87(15): 155105.

[75]   DIMMOCK J O, MELNGAILIS I, STRAUSS A J. Band structure and laser action in $Pb_xSn_{1-x}Te$ [J]. Physical Review Letters, 1966, 16(26): 1193-1196.

[76]   ZHANG Q, LAN Y, YANG S, et al. Increased thermoelectric performance by Cl doping in nanostructured $AgPb_{18}SbSe_{20-x}Cl_x$ [J]. Nano Energy, 2013, 2(6): 1121-1127.

[77]   SU X, WEI P, LI H, et al. Multi-scale microstructural thermoelectric materials: transport behavior, non-equilibrium preparation, and applications [J]. Advanced Materials, 2017, 29(20): 1602013.

[78]   ZHENG Y, ZHANG Q, SU X, et al. Mechanically robust BiSbTe alloys with superior thermoelectric performance: a case study of stable hierarchical nanostructured thermoelectric materials [J]. Advanced Energy Materials, 2015, 5(5): 1401391.

[79]   SUN J, SU X, YAN Y, et al. Enhancing thermoelectric performance of n-type PbSe through forming solid solution with PbTe and PbS [J]. ACS Applied Energy Materials, 2020, 3(1): 2-8.

[80]   BISWAS K, HE J, ZHANG Q, et al. Strained endotaxial nanostructures with high thermoelectric figure of merit [J]. Nature Chemistry, 2011, 3(2): 160-166.

[81]   HSU K F, LOO S, GUO F, et al. Cubic $AgPb_mSbTe_{2+m}$: bulk thermoelectric materials with high figure of merit [J]. Science, 2004, 303(5659): 818-821.

[82]   KIM S I, LEE K H, MUN H A, et al. Dense dislocation arrays embedded in grain boundaries for high-performance bulk thermoelectrics [J]. Science, 2015, 348(6230): 109-114.

[83]　POUDEL B, HAO Q, MA Y, et al. High-thermoelectric performance of nanostructured bismuth antimony telluride bulk alloys [J]. Science, 2008, 320(5876): 634-638.

[84]　LUO Z-Z, ZHANG X, HUA X, et al. High thermoelectric performance in supersaturated solid solutions and nanostructured n-type PbTe-GeTe [J]. Advanced Functional Materials, 2018, 28(31): 1801617.

[85]　QIAN X, XIAO Y, CHANG C, et al. Synergistically optimizing electrical and thermal transport properties of n-type PbSe [J]. Progress in Natural Science: Materials International, 2018, 28(3): 275-280.

[86]　QIAN X, WANG D, ZHANG Y, et al. Contrasting roles of small metallic elements M (M = Cu, Zn, Ni) in enhancing the thermoelectric performance of n-type PbM$_{0.01}$Se [J]. Journal of Materials Chemistry A, 2020, 8(11): 5699-5708.

[87]　XIAO Y, WU H, LI W, et al. Remarkable roles of Cu to synergistically optimize phonon and carrier transport in n-type PbTe-Cu$_2$Te [J]. Journal of the American Chemical Society, 2017, 139(51): 18732-18738.

[88]　ZHAO L D, HAO S, LO S H, et al. High thermoelectric performance via hierarchical compositionally alloyed nanostructures [J]. Journal of the American Chemical Society, 2013, 135(19): 7364-7370.

[89]　ZHAO L D, HE J, HAO S, et al. Raising the thermoelectric performance of p-type PbS with endotaxial nanostructuring and valence-band offset engineering using CdS and ZnS [J]. Journal of the American Chemical Society, 2012, 134(39): 16327-16336.

[90]　ZHAO L D, HE J, WU C I, et al. Thermoelectrics with earth abundant elements: High performance p-type PbS nanostructured with SrS and CaS [J]. Journal of the American Chemical Society, 2012, 134(18): 7902-7912.

[91]　ZHAO L D, LO S H, HE J, et al. High performance thermoelectrics from earth-abundant materials: enhanced figure of merit in PbS by second phase nanostructures [J]. Journal of the American Chemical Society, 2011, 133(50): 20476-20487.

[92]　ZHAO L D, DRAVID V P, KANATZIDIS M G. The panoscopic approach to high performance thermoelectrics [J]. Energy & Environmental Science, 2014, 7(1):

251-268.

[93] RAVICH Y I. Semiconducting lead chalcogenides [M]. New York, UK: Plenum Press. 1970.

[94] XIAO Y, ZHAO L D. Charge and phonon transport in PbTe-based thermoelectric materials [J]. Nature Partner JournalsQuantum Materials, 2018, 3(1): 55.

[95] LACH-HAB M, PAPACONSTANTOPOULOS D A, MEHL M J. Electronic structure calculations of lead chalcogenides PbS, PbSe, PbTe [J]. Journal of Physics and Chemistry of Solids, 2002, 63(5): 833-841.

[96] CHARACHE G W, DEPOY D M, RAYNOLDS J E, et al. Moss-Burstein and plasma reflection characteristics of heavily doped n-type $In_xGa_{1-x}As$ and InP_yAs_{1-y} [J]. Journal of Applied Physics, 1999, 86(1): 452-458.

[97] ZACHARY M G, AARON L, SNYDER G J. Optical band gap and the Burstein-Moss effect in iodine doped PbTe using diffuse reflectance infrared fourier transform spectroscopy [J]. New Journal of Physics, 2013, 15(7): 075020.

[98] HUMMER K, GR NEIS A, KRESSE G. Structural and electronic properties of lead chalcogenides from first principles [J]. Physical Review B, 2007, 75(19): 195211.

[99] PEI Y L, LIU Y. Electrical and thermal transport properties of Pb-based chalcogenides: PbTe, PbSe, and PbS [J]. Journal of Alloys and Compounds, 2012, 514: 40-44.

[100] PEI Y, LALONDE A D, WANG H, et al. Low effective mass leading to high thermoelectric performance [J]. Energy & Environmental Science, 2012, 5(7): 7963-7969.

[101] CHASMAR R P, STRATTON R. The Thermoelectric figure of merit and its relation to thermoelectric generators [J]. Journal of Electronics and Control, 1959, 7(1): 52-72.

[102] SKELTON J M, PARKER S C, TOGO A, et al. Thermal physics of the lead chalcogenides PbS, PbSe, and PbTe from first principles [J]. Physical Review B, 2014, 89(20): 205203.

[103] KIM H, KAVIANY M. Effect of thermal disorder on high figure of merit in PbTe [J]. Physical Review B, 2012, 86(4): 045213.

[104] CHUNG J D, MCGAUGHEY A J H, KAVIANY M. Role of phonon dispersion in lattice thermal conductivity modeling [J]. Journal of Heat Transfer, 2004, 126(3): 376.

[105] TOBERER E S, ZEVALKINK A, SNYDER G J. Phonon engineering through crystal chemistry [J]. Journal of Materials Chemistry, 2011, 21(40): 15843-15852.

[106] RAUNIO G, ALMQVIST L, STEDMAN R. Phonon dispersion relations in NaCl [J]. Physical Review, 1969, 178(3): 1496.

[107] ROMERO A H, CARDONA M, KREMER R K, et al. Lattice properties of PbX (X=S, Se, Te): experimental studies and ab initio calculations including spin-orbit effects [J]. Physical Review B, 2008, 78(22): 224302.

[108] LI C W, HONG J, MAY A F, et al. Orbitally driven giant phonon anharmonicity in SnSe [J]. Nature Physics, 2015, 11(12): 1063-1069.

[109] HE W, WANG D, WU H, et al. High thermoelectric performance in low-cost SnS$_{0.91}$Se$_{0.09}$ crystals [J]. Science, 2019, 365(6460): 1418-1424.

[110] XIAO Y, CHANG C, PEI Y, et al. Origin of low thermal conductivity in SnSe [J]. Physical Review B, 2016, 94(12): 125203.

[111] BERMAN R, KLEMENS P G. Thermal conduction in solids [J]. Physics Today, 1978, 31(4): 56.

[112] WAN C L, PAN W, XU Q, et al. Effect of point defects on the thermal transport properties of (La$_x$Gd$_{1-x}$)$_2$Zr$_2$O$_7$: experiment and theoretical model [J]. Physical Review B, 2006, 74(14): 144109.

[113] BOZIN E S, MALLIAKAS C D, SOUVATZIS P, et al. Entropically stabilized local dipole formation in lead chalcogenides [J]. Science, 2010, 330(6011): 1660-1663.

[114] KASTBJERG S, BINDZUS N, S NDERGAARD M, et al. Direct evidence of cation disorder in thermoelectric lead chalcogenides PbTe and PbS [J]. Advanced Functional Materials, 2013, 23(44): 5477-5483.

[115] KUROSAKI K, KOSUGA A, MUTA H, et al. Ag$_9$TlTe$_5$: a high-performance thermoelectric bulk material with extremely low thermal conductivity [J]. Applied Physics Letters, 2005, 87(6): 061919.

[116] PEI Y L, HE J, LI J F, et al. High thermoelectric performance of oxyselenides: Intrinsically low thermal conductivity of Ca-doped BiCuSeO [J]. NPG Asia

Materials, 2013, 5(5): e47.

[117] SANDITOV D S, BELOMESTNYKH V N. Relation between the parameters of the elasticity theory and averaged bulk modulus of solids [J]. Technical Physics, 2011, 56(11): 1619-1623.

[118] CHO J Y, SHI X, SALVADOR J R, et al. Thermoelectric properties and investigations of low thermal conductivity in Ga-doped Cu_2GeSe_3 [J]. Physical Review B, 2011, 84: 085207.

第 3 章　铅硫族化合物的制备方法

3.1　引言

材料的组分与结构对其热电性能有着至关重要的影响，而材料的制备方法与技术则决定了目标材料的组分与结构能否实现。一般而言，化学组分决定材料的本征特性，当材料的化学组分固定时，其化学本征特性几乎不受外界因素的影响，因而化学组分是决定材料性能的内在因素。除此之外，材料的物理化学性能（如热电性能）还受限于材料的晶相、原子 / 离子的局域结构，甚至形貌等结构因素（以下简称材料的显微组织结构）。这里的显微组织结构包括物相的种类、数量及它们之间的界面、每种物相的形貌、几何排列，晶体界面与缺陷等。显微组织结构是决定热电材料性能的外在因素。材料的显微组织结构在很大程度上具有多样性和不确定性，通过工艺路线的调控，可以改变材料的显微组织结构，从而影响材料的性能。

本章将介绍如何通过机械合金化、熔融反应法、化学反应法来制备不同形貌的铅硫族化合物。

3.2　机械合金化

机械合金化（mechanical alloying，MA）是一种通过高能球磨使粉末颗粒经过反复的变形、冷焊、破碎，从而导致粉末的粒度不断减小的过程，这一过程能够有效地促进反应物中的原子扩散与合金化反应。而待反应完成后，上述过程仍会在机械力的作用下继续进行，进一步细化粉末，最终形成颗粒细小、均一的合金化产物。机械合金化的过程示意如图 3-1 所示。

通常认为机械合金化的反应机理有两种。第一种，粉末颗粒断裂、破碎、不断被细化，不同元素粉末通过新的断裂面发生合金化反应。这些断裂面增加了不同原子间的接触面积，增大了扩散系数。第二种，经过一定程度的球磨后，原始粉末不断被细化，一旦在碰撞中产生局部高温"点燃"粉末，将会释放大量的反应热，而这些热量又促进了周边的粉末发生反应，使合金化反应持续进行到反应结束。

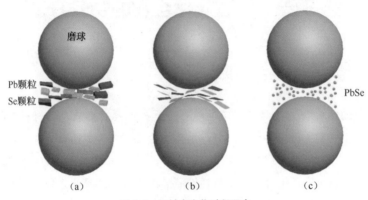

图 3-1　机械合金化过程示意

（a）开始；（b）进行；（c）结束

　　机械合金化不同于物理破碎法，物理破碎法只是简单地将大的颗粒粉碎为小的颗粒，该过程中不发生合金化；而合金化是指两种物质在原子尺寸上的混合，因此高能球磨在机械合金法化中显得尤为重要。目前使用机械合金化的球磨装置主要有以下几种：搅拌式球磨机、滚动式球磨机、行星式球磨机和振动式球磨机，如图 3-2 所示。所使用的磨球的主要材质有玛瑙、刚玉、淬火钢、碳化钨等。影响机械合金化的因素主要包括原始粉末的粒度、球料比及球料在球罐中的装填比例、球磨机的转速或振速、温度、气氛、过程控制剂，除此之外，球罐和磨球的形状、大小、强度和硬度也会对机械合金化的效果有一定影响。

　　使用各种机械合金化设备来制备样品的流程基本一致（见图 3-3）。实验中先根据合金成分计算出合金配方，然后按照配方进行各组分的配料投料，经初步的简单混合后倒入球罐，根据实验计划选择性加入过程控制剂，按照预设球料比加入磨球后，密封球罐，可根据实验要求选择性填充保护气体，最后装入球磨机，使其在设定的转速、振速、时间等参数下开始工作，混合粉末在磨球强烈碰撞及搅拌混合的作用下，实现复合金属粉末的化学成分均匀化。

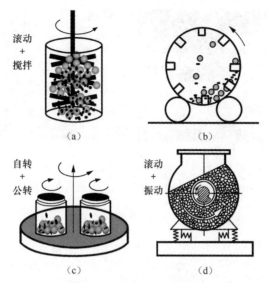

图 3-2　机械合金化设备示意

（a）搅拌式球磨机；（b）滚动式球磨机；（c）行星式球磨机；（d）振动式球磨机

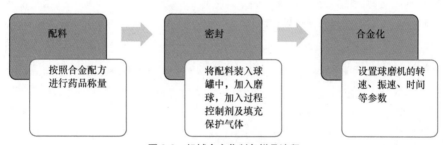

图 3-3　机械合金化制备样品流程

Marcela Achimovičová 等人[1]通过控制球磨时间 t_M，使用行星式球磨机制备了 PbSe 纳米颗粒和 PbSe 纳米晶体，球磨 10 min 得到 PbSe 纳米颗粒的扫描电子显微镜（scanning electron microscope，SEM）图像，如图 3-4（a）所示，可以清晰地看见纳米颗粒是团聚的，有不规则的形状和不均匀的尺寸分布，使用超声解团聚后，大部分 PbSe 纳米晶粒易于与团聚体分离。高能球磨 15 min 得到 PbSe 纳米晶体的透射电子显微镜（transmission electron microscope，TEM）图像，如图 3-4（b）所示。图像显示，合成的 PbSe 纳米晶体是自形成的，晶体形态主要为立方体，尺寸从几纳米到 80 nm 不等。

图 3-4　球磨获得 PbSe 样品的微观结构

（a）PbSe 纳米颗粒的 SEM 图像（t_M=10 min）；（b）PbSe 纳米晶体的 TEM 图像（t_M=15 min）

　　在热学方面，机械合金化可以有效降低热电材料的晶格热导率。机械合金化过程中，高速运转的磨球相互碰撞，将强大的动能施加给粉末，使晶粒细化到纳米量级。晶粒细化可显著增加材料内部的晶界数量，有效增强热电材料内部的声子散射，从而降低材料的热导率，且通过机械合金化构建的由点缺陷、位错和纳米颗粒组成的多尺度结构，可以在维持电输运性能的同时，有效散射宽频谱范围的声子，降低热导率。H. Rojas-Chavez 等人[2] 通过使用高能球磨机，分别采用甲醇（MEOH）、乙醇（ETOH）、异丙醇（IPA）作为过程控制剂制备了 PbTe 纳米材料，其中当使用甲醇作为过程控制剂时，PbTe 纳米材料的热导率低至 $1.06\ \text{W}\cdot\text{m}^{-1}\cdot\text{K}^{-1}$（见图 3-5），相较 PbTe 块体材料的热导率（$2.13\ \text{W}\cdot\text{m}^{-1}\cdot\text{K}^{-1}$）降低至少 50%，且低于通过其他方法获得的 PbTe 纳米材料的热导率（$1.5 \sim 2.2\ \text{W}\cdot\text{m}^{-1}\cdot\text{K}^{-1}$）。

　　机械合金化作为一种固相非平衡加工技术，可以将两种或多种非互溶合金元素均匀混合，合成采用常规方法难以合成的金属间化合物前驱体粉末。因此，机械合金化越来越多地被用于合成热电化合物前驱体粉末。Li 等人[3] 通过二次球磨＋放电等离子烧结（spark plasma sintering，SPS）的方法制备了 $AgPb_{m+x}SbTe_{m+2}$（LAST）材料。原料采用了大粒径的 Pb 和 Te 颗粒以降低原料存储时表面氧化的程度。在使用机械合金化工艺后，使用湿磨＋真空干燥工艺来抑制氧化过程，获得前驱体粉末。在二次球磨时，采用不同球磨时间对 LAST 材料进行微 / 纳米结构调控，减小了材料的平均晶粒尺寸，增加了材料的晶界数量 [见图 3-6（a）、图 3-6（b）]，从而增强声子散射，达到降低热导率的目的，见图 3-6（c）。Zhou 等人[4] 通过机械合金化方法制备了 $Ag_{0.8}Pb_{m+x}SbTe_{m+2}$（$m$=18，$x$=4.5）材料（其热导率为 $1.2\ \text{W}\cdot\text{m}^{-1}\cdot\text{K}^{-1}$），并结合放电等离子烧结方法，使得材料的热导率大大降低，在 700 K 条件下退火 30 d，材料的热导率低至 0.89 W·m^{-1}·K^{-1}［见图 3-6（d）］。

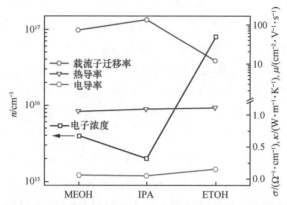

图 3-5　使用不同过程控制剂制备的 PbSe 纳米结构的热电性能 [2]

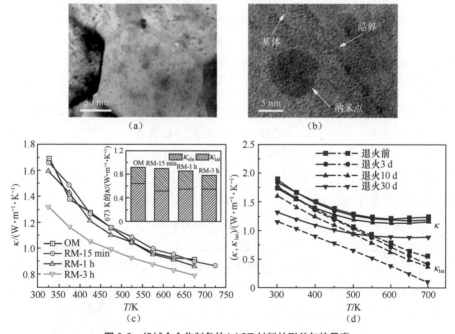

图 3-6　机械合金化制备的 LAST 材料的形貌与热导率

（a）一次合金-烧结制备的 LAST 材料的 TEM 图像；（b）LAST 材料高分辨 TEM 图像；

（c）一次合金-烧结（OM）和重复合金-烧结（RM）制备的 LAST 材料的热导率 [3]；

（d）Ag$_{0.8}$Pb$_{m+x}$SbTe$_{m+2}$（m=18，x=4.5）在不同退火时间下的热导率 [4]

在电学方面，机械合金化对提高热电材料的载流子浓度（电子浓度）具有一定的促进作用。以 Bi_2Te_3 为例，Bi_2Te_3 内部的载流子浓度一般由阴离子空位和反位缺陷决定。由于机械合金化过程中存在大量的机械变形，材料内部存在类施主效应[5]，这使得采用机械合金化制备的 N 型 Bi_2Te_3 热电材料中的电子浓度相较于采用区域熔炼法制备的热电材料中的电子浓度明显增高，过高的载流子浓度会降低 N 型 Bi_2Te_3 的热电性能。Pan 等人[6]通过优化 $Bi_2Te_{3-x}Se_x$ 中的 Se 元素含量，成功地抑制了用机械合金化制备的 N 型 Bi_2Te_3 中电子浓度的上升，提升了其热电性能，为机械合金化制备高性能 N 型 Bi_2Te_3 热电材料提供了一种新的思路。

机械合金化方法作为一种常用的室温固相粉体合成技术，具有耗时短、操作简便、产物均匀细小等诸多优点，在快速合成细晶粒前驱体粉末的同时，也将更多的纳米结构缺陷引入热电材料中，这对高性能热电材料的制备具有十分重要的意义。此外，这种高效的粉末制备工艺为热电材料的规模化生产提供了切实可行的方案，目前已被广泛应用于高性能热电材料的制备中。

3.3　熔融反应法

熔融反应法是在无溶剂存在的化学环境中，固态物质被加热至熔融的状态下进行化学反应的方法。熔融反应法是传统的热电材料制备方法之一，广泛应用于铅硫族化合物、Bi_2Te_3 基合金、硅基热电材料、笼状结构化合物、快离子导体热电材料、氧化物热电材料、半 Heusler 合金、类金刚石结构化合物等多种热电材料体系的制备中。

使用熔融反应法制备样品有以下几个优点。第一，熔融反应法的初始原料均为高纯的块体材料，抽真空过程中可以排出氧气，原料不易被氧化，不易引入杂质。第二，在密封的容器中进行熔融反应，可以减少高温下原料的挥发，保证实际产物与理论配比相符。第三，将原料熔融成液体进行反应，原料的扩散系数更大，混合更均匀，实现产物成分可控。

使用熔融反应法制备材料的流程如图 3-7 所示。首先选取高纯单质原料并按照化学计量比进行配料，然后将反应原料密封在真空玻璃管内，或在玻璃管内填充氩气等惰性气体，随后将其放置于高温熔融炉内保温一定时间，让其充分反应。在高温熔融反应完成后，结合不同的冷却工艺，如炉冷（将样品熔融保温一定时间后切断电源，样品随炉冷却至室温得到铸锭）、淬火（熔融保温后，将玻璃管快速放入冷水中淬火得到铸锭）、缓冷（样品冷却过程中控制冷却速率至 10 ℃/h，冷却至 450 ℃后保温 10 h，然后快速降至室温得到铸锭）、悬甩（在氩气等惰性气体保护下将熔融样品注入用液氮冷却、高速旋转的铜等金属辊筒内，原料沿切线方向被高速甩出，快速凝固成薄片状或带状样品）等使材料温度降至室温，最终得到成分分布均匀的材料。如 F. Rosalbino 等人[7]利用熔融反应法制备了单相多晶 PbTe，其 SEM 图像如图 3-8 所示。从图 3-8 中可看出，PbTe 的晶界明显，尺寸范围为 500 ～ 700 μm。

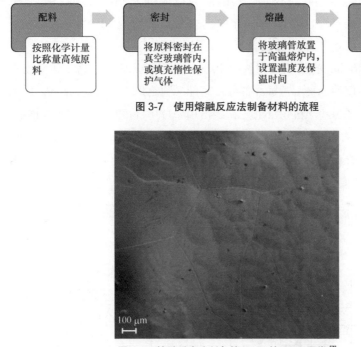

图 3-7　使用熔融反应法制备材料的流程

图 3-8　熔融反应法制备的 PbTe 的 SEM 图像[7]

在使用熔融反应法得到样品后，还可以进一步将样品进行研磨、球磨、切割等粉碎处理，再结合煅烧、退火、热压烧结、放电等离子烧结、等离子体活化烧结、纺丝、高温高压成形法等工艺中的一种或几种对材料进行进一步处理，改善材料的相含量、孔隙率、晶粒尺寸，提高铸锭的致密度，从而得到更加均匀的材料。

采用上述方法得到的样品为多晶样品。想要得到晶体样品，可在熔融反应法的基础上采用布里奇曼法（Bridgman method，BM）。布里奇曼法作为一种在原料中生长晶体的方法，最早由布里奇曼于 1925 年提出。布里奇曼法可分为垂直布里奇曼法（vertical Bridgman method，VBM）和水平布里奇曼法（horizontal Bridgman method，HBM）。VBM 也称坩埚下降法，其基本结构和温控分布示意如图 3-9 所示。将原料装入合适的坩埚中，然后将坩埚放入具有单向温度梯度的生长炉内来实现晶体生长。传统的布里奇曼晶体生长设备一般采用加热管式结构，管内温度区间共分为 3 个：加热区、梯度区和冷却区。当坩埚在生长炉内按一定的速率下降（或上升）时，熔融的原料在经过梯度区后，原料因温度降至熔点以下而冷却结晶，随着坩埚移动，原料将结晶为整块晶体。这个生长过程也可通过生长炉的上下移动来实现。I. Kh. Avetisov 等人[8] 利用 VBM 成功制备出 PbTe 晶体，如图 3-10（a）所示，长大后的 PbTe 晶体包括长约 40 mm 的圆柱形和长约 10 mm 的圆锥形底部。为了达到测量目的，晶体在解理面上被解理成 3 部分：底部（圆锥形）、中部和顶部。K. F. Hsu 等人[9] 制备了 N 型 $AgPb_mSbTe_{m+2}$（LAST-m）材料，通过 Ag、Sb 共掺杂，在基体中形成了尺寸为 2～3 nm 的富 Ag-Sb 纳米点区，如图 3-10（b）所示。其晶格热导率远低于纯 PbTe 的热导率，且 N 型 LAST-18 材料的 ZT 值在 800 K 达到 2.2，热电性能十分优异。

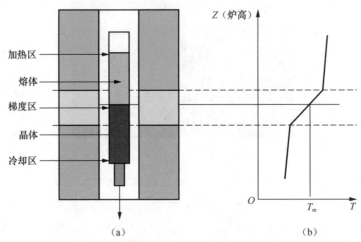

图 3-9 垂直布里奇曼法的基本结构和温控分布示意

（a）基本结构；（b）温控分布

注：T_m 为熔化温度。

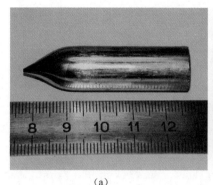 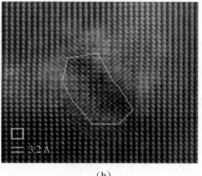

（a）　　　　　　　　　　　　　（b）

图 3-10　通过 VBM 生长获得的 PbTe 基热电材料

（a）PbTe 晶体照片[8]；（b）$AgPb_{18}SbTe_{20}$ 样品的 TEM 图像（封闭区域内为 Ag-Sb 纳米点）[9]

　　VBM 的优点是可根据坩埚的形状确定晶体的形状，可加籽晶或自发成核。根据原料的性质，坩埚可为全封闭也可为半封闭。VBM 适合大尺寸晶体生长，操作简单，易实现自动化。

　　HBM 是 Barllacapob 在 VBM 的基础上衍生出的一种水平晶体生长方法，其结晶原理如图 3-11 所示。在 HBM 中，温度梯度方向垂直于重力场，炉膛沿水平方向存在高温区和低温区。先将放有原料的舟形水平坩埚置于炉膛内的高温区，使原料全部熔融，当籽晶顶部开始熔化时，坩埚开始以一定的速率向低温区移动，原料不断结晶，随后晶体慢慢长大。该生长方法具有以下特点。第一，坩埚为开放式，可以直观地观察晶体的生长情况。第二，原料的高度远小于其表面尺寸，有利于去除挥发性杂质，降低对流强度，提升结晶过程的稳定性。第三，相较 VBM，HBM 操作简单，可在结晶过程中的任意阶段向原料中添加激活离子，进而控制晶体的生长过程。第四，HBM 有利于控制炉膛与坩埚之间的热对流，获得更高的温度梯度。第五，HBM 可通过多次结晶的方式，对原料进行化学提纯，提高晶体的生长质量。

　　基于熔融反应法制备晶体的方法，除了布里奇曼法之外，还包括提拉法、区熔法，如垂直梯度凝固法、移动加热器法、浮区法等与之相近或相似的晶体生长

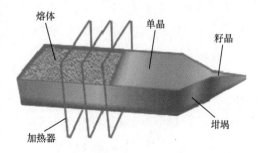

图 3-11　HBM 生长装置结晶原理

方法，此处不赘述。

3.4 化学反应法

化学反应法是通过化学合成在溶液中反应生成沉淀的方法，又称液相反应法。液相反应法是选择一种或多种合适的可溶性金属盐类，按化学计量比配制成溶液，使各元素呈离子或分子态，再选择一种合适的沉淀剂或用水解的方式使金属离子均匀沉淀或结晶，最后将沉淀或结晶产物进行脱水或者加热分解得到所需材料粉体。液相反应法由于具有所用设备简单、可操作性强、适用范围广、产物形貌可控等优点被广泛用于合成大量不同材料体系的纳米结构，包括金属、半导体以及氧化物等功能材料。

液相反应法中，产物的尺寸以及形貌受到各种条件的影响，例如前驱物种类、反应温度、溶剂种类、表面活性剂等，这就意味着利用液相反应法合成材料的过程中，条件的控制将相对比较复杂。然而，正是由于这种复杂性，产物的形貌可以得到很好的调控。目前，关于液相反应法的报道不胜枚举，液相反应法大致可分为沉淀法、溶剂热法、水热法、溶胶-凝胶法、水解法、电解法、氧化法、还原法等。

目前关于使用液相反应法制备铅硫族化合物及铅硫族化合物基异质结或三元化合物的方法按照反应步骤分类，包括一步液相反应法、两步液相反应法、三步液相反应法。

Zhang 等人[10] 报道了通过简单的回流工艺，以无毒乙二醇（EG）为溶剂，无机盐为前驱体，聚乙烯为表面活性剂，合成了具有 8 个塔状角的 PbTe 分级花状晶体［见图 3-12（a）］。此外，通过动力学控制晶核的表面能，只要简单地调节表面活性剂或介质的 pH，形貌就可以选择性地演化为一维纳米线［见图 3-12（b）］和尺寸可调的纳米立方体［见图 3-12（c）］。Jin 等人[11] 在 b- 环糊精存在的情况下，用简单、易操作的溶剂热法成功地制备了三维 PbTe 纳米花状枝晶［见图 3-12（d）］。Shi 等人[12] 在 N, N- 二甲基甲酰胺和四氢呋喃体系中，首次采用溶剂热法制备了由薄片组装的花状 PbSe 结构［见图 3-12（e）］。Zhu 等人[13] 以铅的无机盐和纯碲为前驱体，以 NaBH$_4$ 为还原剂，通过碱性还原溶剂热法、水热法和低温水化学法途径成功合成了二元 PbTe 纳米六面体晶体［见图 3-12（f）］。与用溶剂热法和水热法制备的 PbTe 粉体相比，用低温水化学法制备的 PbTe 粉体更小，粒径约为 20 nm［见图 3-12（f）］。

图 3-12　用一步液相反应法制备的材料的形貌表征

（a）PbTe 分级花状晶体的 TEM 图像；（b）PbTe 纳米线的 TEM 图像；（c）PbTe 纳米立方体的 TEM 图像[11]；（d）PbTe 纳米花状枝晶的场发射 SEM 图像[11]；（e）PbSe 纳米花状薄片的场发射 SEM 图像[12]；（f）PbTe 纳米六面体晶体的 TEM 图像[13]

Tai 等人[14, 15]基于液相反应法开发了一种新的制备方法，利用两步液相反应法制备了高品质、形貌可控的 PbTe 纳米线。以 Te 纳米线作为原位模板、Pb(NO$_3$)$_2$ 作为前驱体，在 100 ℃水热条件下获得了光滑 PbTe 纳米线［见图 3-13（a）］，在 180 ℃水热条件下获得了念珠状 PbTe 纳米线［见图 3-13（b）］。

图 3-13　用两步液相反应法制备的材料的形貌表征

（a）光滑 PbTe 纳米线的场发射 SEM 图像[14]；（b）念珠状 PbTe 纳米线的场发射 SEM 图像[15]

Fang 等人[16]通过三步液相反应法合成了 PbTe/Bi$_2$Te$_3$ 纳米线异质结构。首先合成 Te 纳米线，接着在 Te 纳米线上生长 Bi$_2$Te$_3$ 纳米片，最后将 Te-Bi$_2$Te$_3$ 纳米线异质结构中的 Te 段转化为 PbTe。三步合成 PbTe-Bi$_2$Te$_3$ 哑铃状纳米线异质结构的转变过程示意如图 3-14（a）所示。从图 3-14（b）、图 3-14（c）所示的 TEM 图像中可看出 PbTe 与 Bi$_2$Te$_3$ 含量比为 2∶1 和 27∶1 时的哑铃状形貌，从图 3-14（d）、图 3-14（e）所示高分辨透射电子显微镜（high resolution transmission electron microscopy，HRTEM）图像中可以看见明显的异质结构。Zhou 等人[17]通过三步液相反应合成了 PbTe$_{1-x}$Se$_x$（$0 \leqslant x \leqslant 0.5$）单相三元纳米线（NWs）。PbTe$_{1-x}Se_x$ NWs 的合成及转化过程如图 3-14（f）所示，x 取不同值时的 TEM 图像如图 3-14（g）～图 3-14（j）所示。

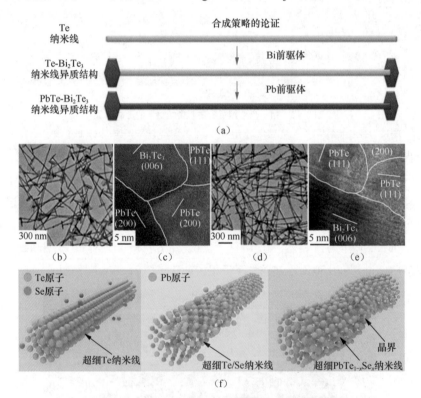

图 3-14 PbTe-Bi$_2$Te$_3$ 哑铃状纳米线异质结构合成策略

（a）PbTe-Bi$_2$Te$_3$ 哑铃状纳米线异质结构的转变过程示意；

（b）、（c）为哑铃状纳米线（PbTe∶Bi$_2$Te$_3$=2∶1/27∶1）的 TEM 图像；

（d）、（e）为哑铃状纳米线（PbTe∶Bi$_2$Te$_3$ = 2∶1/27∶1）的 HRTEM 图像[16]；

（f）PbTe$_{1-x}$Se$_x$ 纳米线的合成及转化过程示意

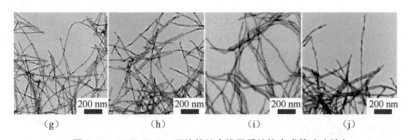

图 3-14　PbTe-Bi$_2$Te$_3$ 哑铃状纳米线异质结构合成策略（续）

（g）～（j）PbTe$_{1-x}$Se$_x$ 纳米线（$x=0$，0.25，0.33，0.5）的 TEM 图像[17]

除了上述形貌的铅硫族化合物基材料之外，使用化学反应法还可制备其他形貌的材料，如 Jin 等人[18]通过溶剂热法制备的 PbS/PbTe 空心球；Dong 等人[19]采用一步微波辅助溶剂热法制备的 PbTe-Ag$_2$Te 核壳纳米立方块；Yang 等人[20]通过可扩展的溶液相反应合成了哑铃状的 PbTe-Ag$_2$Te 纳米异质结构。

基于化学反应法的实验原理，使用化学沉积法还可制备铅硫族化合物薄膜材料。化学沉积法是在亚稳态的溶液中实现的，由于没有施加外部能量，反应完全依靠体系内部化学势驱动。实验步骤简单，只需将基片浸泡在相应的沉积溶液中，通过改变溶液的成分配比和温度，即可整体调控薄膜的成分、结构、沉积速率和性能。下面简述硫化物和硒化物薄膜的化学沉积过程的反应机理。第一步，水解。硫化物薄膜的合成通常利用硫代硫酸盐、硫脲或硫代乙酰胺的缓慢水解来释放 S^{2-} 阴离子，而硒化物薄膜则利用硒代硫酸钠水解缓慢释放 Se^{2-} 阴离子。第二步，沉淀。水解后的阴离子 X^{2-}（$X=$ S, Se）与金属阳离子 M^{n+} 结合，当 X^{2-} 与 M^{n+} 的浓度超过溶液中的溶解度时，会产生 MX 沉淀。第三步，聚集。薄膜通过在玻璃片等基片上吸附和沉积聚集胶粒［MX 或 $M(OH)_n$］来生长。在这个过程中，如果是金属的氢氧化物［$M(OH)_n$］被吸附，则将进一步与 X^{2-} 反应生成 MX，$M(OH)_n$ 相当于反应介质。

Yang 等人[21]使用化学沉积法制备了 PbS 薄膜，其 SEM 图像如图 3-15（a）所示，平均晶粒尺寸为 61 nm。Rempel 等人[22]在 325 K 的温度下，使用硫脲水溶液在玻璃片上进行化学沉积，用以制备 PbS 薄膜，通过调控化学亲和势在 31.4～38.7 kJ·mol^{-1} 范围变化，可以在 100～300 nm 这一范围内调节化学沉积的硫化粉体的粒径。当化学亲和势为 32.5 kJ·mol^{-1} 时，通过观测玻璃上微观结构的 SEM 图像［见图 3-15（b）］，发现 PbS 薄膜中分离粒子的平均尺寸约为 200 nm。Gorer 等人[23]使用 3 种不同的络合剂（柠檬酸钠、

氮三乙酸钾和氢氧化钾）在玻璃和金基片上沉积了 PbSe 薄膜，通过改变 Pb
含量、pH 或调节温度可以得到含球形、方形或六边形晶粒的薄膜。在低浓度
沉积条件下，温度为 0 ℃时，使用柠檬酸钠溶液在玻璃基片上沉积 PbSe 薄膜，
其 TEM 图像如图 3-15（c）所示。Sun 等人[24]通过调节原料和络合剂的比例，
沉积了 PbSe 薄膜，薄膜的 SEM 图像如图 3-15（d）所示，最终获得热电性能
较好的 P 型热电薄膜。

图 3-15　基于化学沉积法获得 PbS 和 PbSe 材料的微观形貌

（a）PbS 薄膜的 SEM 图像[21]；（b）化学亲和势为 32.5 kJ·mol^{-1} 时，PbS 薄膜的 SEM 图像[22]；

（c）PbSe 薄膜的 TEM 图像[23]；（d）PbSe 薄膜的 SEM 图像[24]

3.5　本章小结

　　热电材料的制备方法和工艺技术可以在不改变材料本征特性的前提下，
通过构筑特定的显微组织结构，定向调控材料的电声输运性能，从而实现热电
材料性能提升的目标。本章主要介绍了目前最常用的热电材料的制备方法：机
械合金化、熔融反应法和化学反应法。其中机械合金化可制备用常规制备方法
难以合成的金属间化合物前驱体粉末；熔融反应法操作简单，可实现材料的大
规模制备，且基于熔融反应法可制备晶体样品；化学反应法种类较多，可实现

对材料尺寸及形貌的调控。制备方法的不同通常会对材料的热电性能产生很大影响，因此，设计实验时，需要根据材料的特性选择合适的制备方法。

3.6　参考文献

[1]　ACHIMOVIČOVA M, BALAŽ P, ĎURIŠIN J, et al. Mechanochemical synthesis of nanocrystalline lead selenide: industrial approach [J]. International Journal of Materials Research, 2011, 102(4): 441-445.

[2]　ROJAS-CHAVEZ H, JUAREZ-GARCIA J M, HERRERA-RIVERA R, et al. The high-energy milling process as a synergistic approach to minimize the thermal conductivity of PbTe nanostructures [J]. Journal of Alloys and Compounds, 2020, 820: 153167.

[3]　LI Z, LI J F. Fine-Grained and Nanostructured $AgPb_mSbTe_{m+2}$ alloys with high thermoelectric figure of merit at medium temperature [J]. Advanced Energy Materials, 2014, 4(2): 1300937.

[4]　ZHOU M, LI J F, TAKUJI K. Nanostructured $AgPb_mSbTe_{m+2}$ system bulk materials with enhanced thermoelectric performance [J]. Journal of the American Chemical Society, 2008, 130(13): 4527-4532.

[5]　NAVRATIL J, STARY Z, PLECHAČEK T. Thermoelectric properties of p-type antimony bismuth telluride alloys prepared by cold pressing [J]. Materials Research Bulletin, 1996, 31(12): 1559-1566.

[6]　PAN Y, WEI T, WU C, et al. Electrical and thermal transport properties of spark plasma sintered n-type $Bi_2Te_{3-x}Se_x$ alloys: the combined effect of point defect and Se content [J]. Journal of Materials Chemistry C, 2015, 3(40): 10583-10589.

[7]　ROSALBINO F, CARLINI R, ZANICCHI G, et al. Microstructural characterization and corrosion behavior of lead, bismuth and antimony tellurides prepared by melting [J]. Journal of Alloys and Compounds, 2013, 567: 26-32.

[8]　AVETISOV I K, MEL'KOV A Y, ZINOV'EV A Y, et al. Growth of nonstoichiometric PbTe crystals by the vertical Bridgman method using the axial-vibration control technique. [J]. Crystallography Reports, 2005, 50(1): S124-S129.

[9]　HSU K F, LOO S, GUO F, et al. Cubic $AgPb_mSbTe_{2+m}$: bulk thermoelectric

materials with high figure of merit [J]. Science, 2004, 303(5659): 818-821.

[10] ZHANG G, LU X, WANG W, et al. Facile synthesis of a hierarchical PbTe flower-like nanostructure and its shape evolution process guided by a kinetically controlled regime [J]. Chemistry of Materials, 2007, 19(22): 5207-5209.

[11] JIN R, CHEN G, PEI J, et al. Facile solvothermal synthesis and growth mechanism of flower-like PbTe dendrites assisted by cyclodextrin [J]. CrystEngComm, 2012, 14(6): 2327-2332.

[12] SHI X, CHEN G, CHEN D, et al. PbSe hierarchical nanostructures: solvothermal synthesis, growth mechanism and their thermoelectric transportation properties [J]. CrystEngComm, 2014, 16(41): 9704-9710.

[13] ZHU T J, LIU Y Q, ZHAO X B. Synthesis of PbTe thermoelectric materials by alkaline reducing chemical routes [J]. Materials Research Bulletin, 2008, 43(11): 2850-2854.

[14] TAI G A, ZHOU B, GUO W. Structural characterization and thermoelectric transport properties of uniform single-crystalline lead telluride nanowires [J]. The Journal of Physical Chemistry C, 2008, 112(30): 11314-11318.

[15] TAI G, GUO W, ZHANG Z. Hydrothermal synthesis and thermoelectric transport properties of uniform single-crystalline pearl-necklace-shaped PbTe nanowires [J]. Crystal Growth and Design, 2008, 8(8): 2906-2911.

[16] FANG H, FENG T, YANG H, et al. Synthesis and thermoelectric properties of compositional-modulated lead telluride-bismuth telluride nanowire heterostructures [J]. Nano Letts, 2013, 13(5): 2058-2063.

[17] ZHOU C, SHI Z, GE B, et al. Scalable solution-based synthesis of component-controllable ultrathin $PbTe_{1-x}Se_x$ nanowires with high n-type thermoelectric performance [J]. Journal of Materials Chemistry A, 2017, 5(6): 2876-2884.

[18] JIN R, CHEN G, PEI J. PbS/PbSe hollow spheres: solvothermal synthesis, growth mechanism, and thermoelectric transport property [J]. The Journal of Physical Chemistry C, 2012, 116(30): 16207-16216.

[19] DONG G, ZHU Y. One-step microwave-solvothermal rapid synthesis of Sb doped $PbTe/Ag_2Te$ core/shell composite nanocubes [J]. Chemical Engineering Journal, 2012, 193-194: 227-233.

[20]　YANG H, BAHK J-H, DAY T, et al. Enhanced thermoelectric properties in bulk nanowire heterostructure-based nanocomposites through minority carrier blocking [J]. Nano Letters, 2015, 15(2): 1349-1355.

[21]　YANG Y J, HU S. The deposition of highly uniform and adhesive nanocrystalline PbS film from solution [J]. Thin Solid Films, 2008, 516(18): 6048-6051.

[22]　REMPEL A A, KOZHEVNIKOVA N S, LEENAERS A J G, et al. Towards particle size regulation of chemically deposited lead sulfide (PbS) [J]. Journal of Crystal Growth, 2005, 280(1-2): 300-308.

[23]　GORER S, ALBU-YARON A, HODES G. Chemical solution deposition of lead selenide films: a mechanistic and structural study [J]. Chemistry of Materials, 1995, 7(6): 1243-1256.

[24]　SUN Z, LIUFU S, CHEN X, et al. Solution route to PbSe films with enhanced thermoelectric transport properties [J]. European Journal of Inorganic Chemistry, 2010, 2010(27): 4321-4324.

第4章 载流子浓度优化与动态掺杂

4.1 引言

　　根据热电参数之间的基本关系式可知，载流子浓度是连接材料电输运和热输运的一个重要参数。对于传统半导体热电材料，随着载流子浓度的增加，泽贝克系数减小，电导率和热导率增加。这些强耦合的热电参数使热电材料的功率因子和 ZT 值在一定的载流子浓度范围达到峰值。传统窄带隙半导体，如铅硫族化合物的最优载流子浓度为 $1 \times 10^{19} \sim 1 \times 10^{20}$ cm^{-3} [1-21]，如图 4-1 所示。在热电参数中，决定热电材料最优载流子浓度范围的因素主要是材料本征的电子能带结构。优化热电材料载流子浓度最有效的方法是利用异价元素掺杂，如通过施主或受主掺杂实现 N 型或 P 型热电材料载流子浓度的优化。异价元素掺杂通常为静态掺杂，即随着热电材料的工作温度升高，载流子浓度变化不大。然而，要想在整个工作温区实现高的热电转换效率，材料需要在每个温度具有最优载流子浓度 [22-25]。不同的热电材料由于受本征的电子能带结构、载流子有效质量等因素的影响，其最优载流子浓度也会不同。对于铅硫族化合物，由于其电子能带结构所决定的态密度有效质量随着温度升高而增加，所以其载流子浓度在整个温区的优化是最佳动态的，即动态掺杂。

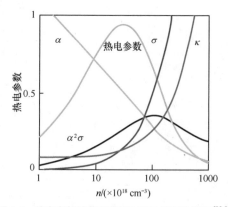

图 4-1　热电参数随载流子浓度增加的变化趋势 [26-28]

本章主要介绍铅硫族化合物中的载流子浓度优化策略,包括静态掺杂和动态掺杂,重点介绍动态掺杂对热电性能的影响和实现热电材料动态掺杂的几种有效方法。

4.2　铅硫族化合物的载流子浓度优化

根据第 2 章的介绍可知,铅硫族化合物具有相似的电输运特性。对于 3 种化合物(PbTe、PbSe、PbS),对应的 N 型和 P 型掺杂元素均可以通用,但不同的掺杂元素与基体元素的原子尺寸存在差别,掺杂效率略有不同。对于 N 型铅硫族化合物,通常可用低价阴离子(如卤族元素 Cl、Br、I)在 Te/Se/S 位置掺杂,或通过高价阳离子(如 Sb、Bi、La 等元素)在 Pb 位置掺杂。下面主要以 PbTe 为例介绍铅硫族化合物中的载流子浓度优化策略。

4.2.1　N 型掺杂优化载流子浓度

热电材料强耦合参数通过载流子浓度相互关联。载流子浓度的变化会引起电导率、泽贝克系数和热导率变化。所以,优化热电材料性能最重要的一步是调控材料的载流子浓度。对于 PbTe,N 型掺杂常用的掺杂元素为 I、La、Sb、Bi 等,如图 4-2(a)所示。在这些掺杂剂中,I 元素的掺杂效率最高,能在 0 ~ 1% 的掺杂范围内连续高效地调控电子浓度[29-33]。相对而言,Bi 和 Sb 元素的掺杂效率较低,需要较高的掺杂量才能实现目标载流子浓度[34-37]。热电材料中元素的掺杂效率与掺杂元素和基体元素之间的原子尺寸差相关。对于卤素掺杂的 N 型铅硫族化合物,I 与 Te 在元素周期表中位置相近,两原子尺寸差较小,所以掺杂效率更高。类似地,Br 在 N 型 PbSe 中的掺杂效率较高[38],Cl 在 N 型 PbS 中的掺杂效率较高[39, 40]。

热电材料的载流子浓度需要在最优范围内才能实现热电优值的最大化。对 N 型 PbTe 样品进行统计发现,最优载流子浓度的范围为 $4 \times 10^{18} \sim 4 \times 10^{19}$ cm^{-3},报道的 ZT$_{max}$ 值能达到 2.0 以上,如图 4-2(b)所示。其实,热电材料实现最优性能需要的载流子浓度与材料的本征载流子有效质量和工作温区相关,满足 $n \propto (Tm^*)^{3/2}$ [24, 41, 42]。由于 PbTe 中导带的有效质量较小,所以其需要的最优载流子浓度较低。

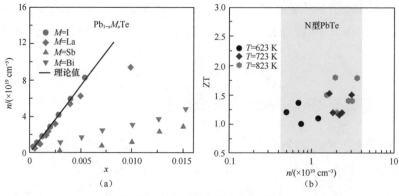

图 4-2　PbTe 载流子浓度与 ZT 值

（a）N 型 PbTe 中不同掺杂剂的掺杂效率 [9, 34]；（b）高性能 N 型 PbTe 的最优载流子浓度范围 [43]

4.2.2　P 型掺杂优化载流子浓度

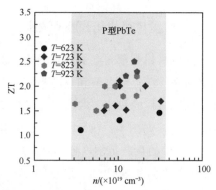

图 4-3　高性能 P 型 PbTe 的最优载流子浓度范围 [43]

对于 P 型铅硫族化合物体系，通常使用碱金属 Li、Na 或 K 元素在 Pb 位掺杂 [44-46]。由于 P 型双价带的有效质量高于 N 型单导带的有效质量，所以 P 型铅硫族化合物的最优载流子浓度往往高于 N 型体系。在众多高效的 P 型 PbTe 中，最优载流子浓度为 $3\times10^{19} \sim 4\times10^{20}$ cm^{-3}，比 N 型 PbTe 的最优载流子浓度高近一个数量级，如图 4-3 所示。正是 P 型 PbTe 具有较高的载流子有效质量和载流子浓度导致其 ZT$_{max}$ 值远远高于 N 型 PbTe 体系的 ZT$_{max}$ 值 [47]。

4.3　缺陷能级动态优化载流子浓度

4.3.1　PbTe 中 In 掺杂缺陷能级

PbTe 是一种性能非常优异的中温区热电材料，P 型 PbTe 体系的 ZT 值普遍大于 2.0 [46, 48-51]，其报道的 ZT$_{max}$ 甚至大于 2.5 [47, 52]。为获得与 P 型 PbTe 性能匹配的高效 N 型 PbTe 体系，研究者提出了通过优化全温区载流子浓度的方式实现宽温区内的高效热电性能 [22-25]。从载流子浓度、载流子有效质量和温度的关系式 $n \propto (Tm^*)^{3/2}$ 可知，热电材料中的最优载流子浓度不仅与载流子有效质量相关，还与工作温度相关。

　　为了在全温区获得最佳的热电性能，要求热电材料的载流子浓度在整个温区达到最优，需在整个温区动态调控载流子浓度。Zhang 等人 [24] 报道可以通过在 PbTe 基体中引入缺陷能级，动态优化全温区载流子浓度。图 4-4（a）所示为用单带 Kane 模型计算得到的 N 型 PbTe 中功率因子与载流子浓度的关系。可以看出，在不同工作温度条件下，N 型 PbTe 所需要的最优载流子浓度变化明显，高温下需要更高的载流子浓度。图 4-4（b）所示为不同载流子浓度条件下功率因子与温度的关系。为在 N 型 PbTe 中获得全温区最大功率因子，需要在不同温度下均处于最优载流子浓度范围内。在铅硫族化合物热电材料中，通过单带模型拟合可得到最优载流子浓度应满足的关系式 $n \propto (Tm^*)^{3/2}$，如图 4-4（c）所示。由于铅硫族化合物的带隙随着温度增高而变大，载流子有效质量随着温度上升而明显增加 [53]，如图 4-4（c）中插图所示，这使得最优载流子浓度不仅受温度影响，还受载流子有效质量变化的影响。In 元素掺杂可以有效调控 PbTe 的载流子浓度，且可在基体禁带中形成一个新的缺陷能级 [54-61]。在 In 缺陷能级的作用下，N 型 PbTe 的载流子浓度可以在全温区实现优化，电输运性能得到大幅度提升。如图 4-4（d）所示，随着 In 元素掺杂量的增加，N 型 PbTe 中载流子浓度的动态变化趋势更加明显，其中 In 掺杂量为 0.0035 的样品中的载流子浓度最接近理论最优载流子浓度。

　　图 4-5 所示为引入 In 缺陷能级后的 N 型 PbTe 的电输运性能。可见，少量 In 掺杂后，PbTe 的电导率显著下降，电导率从 $PbTe_{0.996}I_{0.004}$ 的 4000 $S \cdot cm^{-1}$ 持续下降到 $Pb_{0.995}In_{0.005}Te_{0.996}I_{0.004}$ 的 1000 $S \cdot cm^{-1}$ 左右，但所有的 In 掺杂样品仍保持稳定的简并半导体电输运性质，如图 4-5（a）所示。电导率的下降主要源于低温区载流子浓度的下降，但 In 掺杂样品中，载流子浓度随着温度增加持续上升，使得样品在高温区的电导率相对 $PbTe_{0.996}I_{0.004}$ 样品的下降趋势较慢，有助于在高温区获得较优的电输运性能。载流子浓度下降虽然能抑制电导率增加，但可以增大泽贝克系数（绝对值），如图 4-5（b）所示。在简并半导体热电材料中，泽贝克系数与载流子浓度的关系为 [27, 28]：

$$S = \frac{8\pi^2 k_B^2}{3eh^2} m^* T \left(\frac{\pi}{3n}\right)^{2/3} \tag{4-1}$$

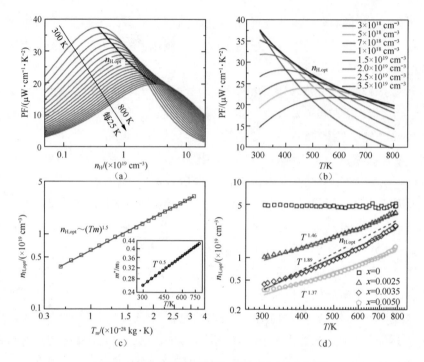

图 4-4　PbTe 中电输运性能与载流子浓度的关系 [24]

（a）不同温度条件下功率因子与载流子浓度的关系；（b）不同载流子浓度条件下功率因子与温度的关系；（c）最优载流子浓度与温度、载流子有效质量的关系，插图为载流子有效质量与温度的关系；（d）$Pb_{1-x}In_xTe_{0.996}I_{0.004}$（$x=0$，0.0025，0.0035，0.0050）中载流子浓度随温度变化的趋势

由式（4-1）可以看出，泽贝克系数与载流子浓度成反比关系。In 掺杂的 N 型 PbTe 样品中泽贝克系数的绝对值从 $PbTe_{0.996}I_{0.004}$ 的 $55\,\mu V \cdot K^{-1}$ 增加到 $Pb_{0.995}In_{0.005}Te_{0.996}I_{0.004}$ 的 $150\,\mu V\cdot K^{-1}$ 左右。最终，$Pb_{1-x}In_xTe_{0.996}I_{0.004}$（$x=0$，0.0025，0.0035，0.0050）的功率因子在 $300 \sim 600\,K$ 大幅度提升，并在高温区仍保持在较高水平，如图 4-5（c）所示。室温功率因子提升一倍左右，从 $PbTe_{0.996}I_{0.004}$ 的 $13\,\mu W \cdot cm^{-1} \cdot K^{-2}$ 提升到 $Pb_{0.9965}In_{0.0035}Te_{0.996}I_{0.004}$ 的 $26\,\mu W \cdot cm^{-1} \cdot K^{-2}$，最大功率因子从 $PbTe_{0.996}I_{0.004}$ 的 $23\,\mu W \cdot cm^{-1} \cdot K^{-2}$ 提升到 $Pb_{0.9975}In_{0.0025}Te_{0.996}I_{0.004}$ 的 $28\,\mu W \cdot cm^{-1} \cdot K^{-2}$。通过与各个温度点上理论预测的功率因子对比发现，$Pb_{1-x}In_xTe_{0.996}I_{0.004}$（$x=0$，0.0025，0.0035，0.0050）在高温区已实现最优载流子浓度，低温区还未达到最理想的载流子浓度，如图 4-5（d）所示，若想获得最优电输运性能，还需要进一步优化其室温附近的载流子浓度。

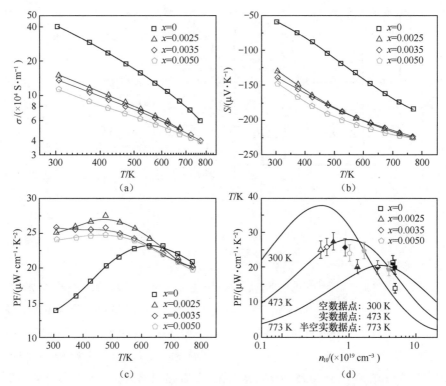

图 4-5　$Pb_{1-x}In_xTe_{0.996}I_{0.004}$（$x$ = 0，0.0025，0.0035，0.0050）的电输运性能[24]

（a）电导率；（b）泽贝克系数；（c）功率因子；（d）功率因子与载流子浓度关系

　　另一个关于 In 缺陷能级的实例为 $Ag_nPb_mIn_nTe_{2n+m}$ 体系，被命名为 LIST[25]。与其他固溶体热电材料命名方式一样，如 $Ag_nPb_mSb_nTe_{2n+m}$ 体系被命名为 LAST[62-64]，$GeTe$-$AgSbTe_2$ 被命名为 TAGS[65-67]，$Na_{1-x}Pb_mSb_yTe_{m+2}$ 被命名为 SLAT[68-70]。LIST 可以看作 PbTe 与 $AgInTe_2$ 形成的固溶体。LIST 为少量 Ag 和 In 共掺的 PbTe，所以其仍为 PbTe 基化合物。图 4-6（a）所示为 LIST 样品的粉末 X 射线衍射（X-ray diffractometer，XRD）图谱，在 XRD 的检测极限下，其均表现为 PbTe 立方相结构，所有的 LIST 样品中未见杂峰。随着 n 值的增加，LIST 的晶格常数略微降低，如图 4-6（b）所示。

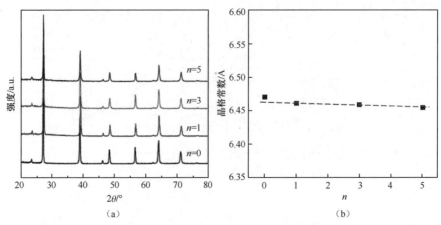

图4-6 $Ag_nPb_{100}In_nTe_{100+2n}$ 体系（LIST）的物相分析[25]
（a）粉末 XRD 图谱；（b）晶格常数

图4-7（a）所示为 LIST 的电导率。传统掺杂的 N 型 PbTe 的电输运受到以声学声子为主的散射，电导率随着温度上升在整个温区都呈现出下降趋势，呈现出简并半导体电输运性质。但 LIST 样品的电导率随温度上升呈现出先降低后增加的趋势，如 $AgPb_{100}InTe_{102}$ 的电导率随着温度的升高，在中温区（300～473 K）从 297 S·cm^{-1} 下降到 180 S·cm^{-1}，然后随着温度升高（473～873 K）增加到 284 S·cm^{-1}。这种特殊的电输运性能也体现在变温泽贝克系数上，如图4-7（b）所示。$AgInTe_2$ 固溶 PbTe 后使得原本具有 P-N 转变的 PbTe 基体完全转变为电子输运占主导的 N 型半导体。同时随着温度上升，LIST 中泽贝克系数的绝对值先增加后减小，与电导率随温度的变化趋势同步。由图4-7（b）中插图可见，LIST 中泽贝克系数的绝对值在整个温区保持在 210 μV·K^{-1} 以上，这再次表明在 LIST 材料中的载流子输运机制与以前报道的 PbTe 材料中的不同，这一特殊载流子输运性质将在后文具体分析。这种特殊的电导率和泽贝克系数使其功率因子在整个温区保持在较高的水平，如图4-7（c）所示，最大功率因子在 $AgPb_{100}InTe_{102}$ 中达到 18 μW·cm^{-1}·K^{-2}。

室温霍尔测试发现，LIST 具有较低的载流子浓度，仅在 1×10^{18} cm^{-3} 量级范围，如图4-7（d）所示。随着 Ag 和 In 的含量增加，LIST 的载流子浓度从 3.26×10^{18} cm^{-3} 增加到 4.3×10^{18} cm^{-3}，但其载流子迁移率从 532 cm^2·V^{-1}·s^{-1} 迅速下降到 217 cm^2·V^{-1}·s^{-1}。载流子迁移率的迅速下降源于 LIST 中 Ag 和

In 引入的缺陷结构增强了载流子散射，这也是电导率和功率因子随着掺杂量上升而下降的原因。图 4-7（e）所示为 LIST 的总热导率和晶格热导率，最小总热导率从未掺杂的 PbTe 的 1.4 W·m^{-1}·K^{-1} 降到 Ag$_3$Pb$_{100}$In$_3$Te$_{106}$ 的 1.1 W·m^{-1}·K^{-1}，特别是高温下的晶格热导率从未掺杂的 PbTe 的 1.34 W·m^{-1}·K^{-1} 下降到 AgPb$_{100}$InTe$_{102}$ 的 0.79 W·m^{-1}·K^{-1}，这是缺陷对声子的散射和载流子工程抑制双极扩散共同作用的结果。相对高的功率因子和低热导率使 AgPb$_{100}$InTe$_{102}$ 样品在 823 K 下的 ZT$_{max}$ 值达到 1.2，如图 4-7（f）所示。LIST 中特殊的电输运特性使其与 I 或 Sb 单掺杂的 N 型 PbTe 体系相比，表现出更优异的热电性能。

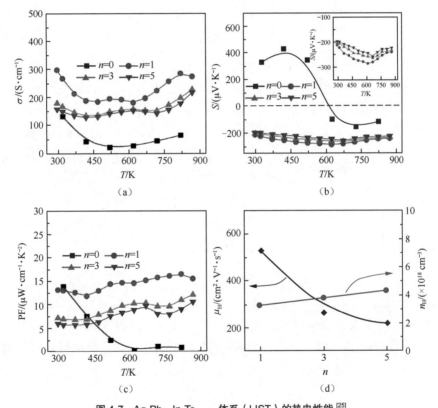

图 4-7　Ag$_n$Pb$_{100}$In$_n$Te$_{100+2n}$ 体系（LIST）的热电性能[25]

（a）电导率；（b）泽贝克系数，插图为 LIST 样品的泽贝克系数的放大图；

（c）功率因子；（d）室温载流子浓度和载流子迁移率

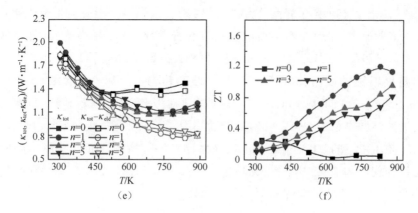

图 4-7 $Ag_nPb_{100}In_nTe_{100+2n}$ 体系（LIST）的热电性能（续）
（e）总热导率和晶格热导率；（f）ZT 值

变温霍尔测试显示 LIST 中 $AgPb_{100}InTe_{102}$ 的载流子浓度从 323 K 时的 $3.1 \times 10^{18}\,cm^{-3}$ 提升到 820 K 时的 $2.4 \times 10^{19}\,cm^{-3}$，如图 4-8（a）所示。PbTe 属于窄带隙半导体热电材料，其在高温区容易诱发本征激发，发生双极扩散，使霍尔测试的载流子浓度在高温区增加。为了研究 LIST 中载流子浓度随温度升高而增加的原因，$AgPb_{100}InTe_{102}$ 和 PbTe 样品的变温载流子浓度如图 4-8（a）所示。结果显示，LIST 中载流子浓度在低温区就显示出上升的趋势，且在高温区载流子浓度的上升趋势明显高于传统 N 型 PbTe。这说明 LIST 中可能存在一种不同的机制作用在高温区，从而增加了载流子浓度。使用以下关系可以拟合 LIST 样品中高温区自由载流子的活化能 E_a[71-73]：

$$n \propto g_A e^{-E_a/(k_B T)} \tag{4-2}$$

式中 n 为载流子浓度；g_A 表示简并因子；E_a 是活化能；k_B 是玻耳兹曼常数；T 是绝对工作温度。拟合出的活化能 E_a 为 0.20 eV，如图 4-8（a）中插图所示。LIST 中载流子活化能 E_a 小于 PbTe 的带隙 0.30 eV，这进一步证明 LIST 中载流子浓度的升高不是源于电子从价带向导带的跃迁，而是源于更低能量位置的激发。

如图 4-8（b）所示，通过第一性原理可计算得到 $AgPb_{25}InTe_{27}$ 的能带结构，可以发现，与 PbTe 基体相比，$AgPb_{25}InTe_{27}$ 在禁带中出现了一个新的能级。这个新的能级是由 In、Pb 和 Te 这 3 种元素的电子轨道杂化引起的，被称为缺陷能级。此类缺陷能级在禁带中形成，被视为"动态电子储存器"。其在室温条件下可以捕获自由载流子，在受到热激发后可以缓慢释放自由载流子，从而提高高温区的载流子浓度，如图 4-8（c）所示。缺陷能级对载流子的贡献可以通过以下关系式表示[74]：

$$f_D(E_f) = \cfrac{1}{1 + \cfrac{1}{2}\exp\left(\cfrac{E_D - E_f}{k_B T}\right)}$$ （4-3）

式中 $f_D(E_f)$ 为电子占据施主能级的概率；E_D 为缺陷能级的能量位置；E_f 为费米能级。缺陷能级的电离浓度用 $n_D = N_D[1-f_D(E_f)]$ 来估算，其中 N_D 表示施主浓度，$[1-f_D(E_f)]$ 表示从缺陷能级中激活自由载流子的概率。随着温度上升，缺陷能级释放出的自由载流子增多，高温区载流子浓度随之提升。

由于半导体中载流子浓度与测试的光学带隙密切相关，所以当体系载流子浓度上升时，光学带隙也随之升高，其遵循以下关系式[75-78]：

$$E_g = E_{g0} + \Delta E_g^{BM}$$ （4-4）

$$\Delta E_g^{BM} = \frac{h^2}{2m_{VC}^*}\left(3\pi^2 n\right)^{2/3}$$ （4-5）

式中 E_g 为考虑载流子浓度的有效带隙（光学带隙）；E_{g0} 为体系能带结构中的本征带隙；ΔE_g^{BM} 为莫斯–布尔斯坦效应引起的能带变化量；m_{VC}^* 为导带和价带中的简约有效质量；n 为载流子浓度。当体系中载流子浓度增加，费米能级会上升至更高能量处，导致光学带隙增大。图 4-8（d）和图 4-8（e）所示分别为 AgPb$_{100}$InTe$_{102}$ 和 PbTe 的变温红外带隙测试结果，可以看出 N 型 PbTe 和 AgPb$_{100}$InTe$_{102}$ 的带隙均随温度升高而增大。PbTe 的带隙随温度升高而增大的现象是由于 Pb 原子在高温下强烈振动偏离了自身的平衡位置，导致很大的晶格膨胀，从而影响电子能带结构。另外，高温下强烈的晶格热振动会影响载流子的输运，从而影响电子能带结构。根据红外带隙测试拟合得到的带隙如图 4-8（f）所示，AgPb$_{100}$InTe$_{102}$ 的变温带隙比 PbTe 的带隙大，这就是 AgPb$_{100}$InTe$_{102}$ 样品中载流子浓度升高引起的 Moss-Burstein 效应[78, 79]。在高温区增加的带隙会有效抑制 PbTe 体系中的双极扩散效应，降低高温区的总热导率。值得注意的是，AgPb$_{100}$InTe$_{102}$ 的带隙增加源于载流子浓度提升引起的光学带隙增加，其本征电子带隙不发生变化，而通过能带结构调控体系，带隙的增加源于本征电子带隙的增大[80-83]。载流子浓度增加导致的 Moss-Burstein 效应也是 LIST 在高温区晶格热导率大大降低的原因之一。

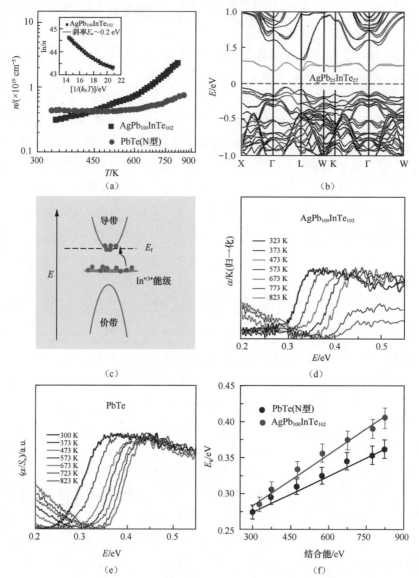

图 4-8　PbTe 和 AgPb₁₀₀InTe₁₀₂（LIST）的电输运性能 [25]

（a）变温载流子浓度；（b）AgPb₂₅InTe₂₇ 的能带结构；（c）缺陷能级的示意；（d）AgPb₁₀₀InTe₁₀₂ 的
变温带隙测试；（e）PbTe 的变温带隙测试；（f）AgPb₁₀₀InTe₁₀₂ 和 PbTe 的变温带隙对比

利用 X 射线光电子谱可以检测 LIST 中各元素的价态，如图 4-9 所示。

LIST 样品中的 Pb、Te 和 Ag 元素分别表现出 +2、-2 和 +1 价，分别如图4-9(a)、图4-9（b）和图4-9（c）所示。对于 In 元素，X 射线光电子谱可以拟合出两对峰，分别对应 In^+ 和 In^{3+} 两种价态，如图4-9（d）所示。研究者认为，这种多价态 In 元素与 LIST 中的动态载流子掺杂现象直接相关，即 In 元素在室温下部分表现出 +1 价，随着温度升高其会逐渐转换为 +3 价，同时释放出 2 个自由电子，最终提升高温区载流子浓度。In 元素在 LIST 中随温度变化表现出的双重价态特征源于缺陷能级对载流子浓度的影响。

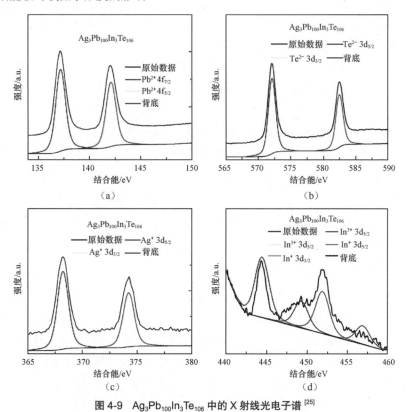

图 4-9　$Ag_3Pb_{100}In_3Te_{106}$ 中的 X 射线光电子谱[25]

（a）Pb^{2+} $4f_{7/2}$ 和 $4f_{5/2}$ 的电子态；（b）Te^{2-} $3d_{5/2}$ 和 $3d_{3/2}$ 的电子态；（c）Ag^+ $3d_{5/2}$ 和 $3d_{3/2}$ 的电子态；
（d）In^{3+} $3d_{5/2}$、$3d_{3/2}$ 的电子态和 In^+ $3d_{5/2}$、$3d_{3/2}$ 的电子态

为了进一步增强电声协同调控，提高 LIST 的热电性能，研究者将额外的 Ag 原子掺杂引入 $AgPb_{100}InTe_{102}$ 样品中。图 4-10（a）所示为 $Ag_{1+x}Pb_{100}InTe_{102}$（$x=0$，1，2，3，4，5，6）的粉末 XRD 图谱，XRD 图谱中的主峰均属于 PbTe 物相，在所有的 XRD 图谱中未见明显的额外峰。由于 XRD 具有一定的检测

极限，体系中如果第二相的成分含量低于 5%，则在粉末衍射峰中很难被分辨出。$Ag_{1+x}Pb_{100}InTe_{102}$（$x = 0$，1，2，3，4，5，6）的晶格常数随着 Ag 含量增加保持不变，如图 4-10（b）所示，说明 Ag 元素没有完全固溶到 LIST 晶格中，内部会存在含 Ag 的第二相。内部微观结构的观察将会在后文中讨论。

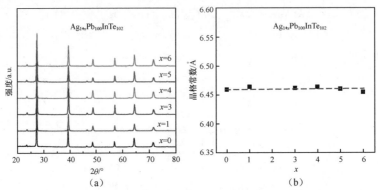

图 4-10　Ag 掺杂的 $AgPb_{100}InTe_{102}$ 的物相分析[25]

（a）粉末 XRD 图谱；（b）晶格常数

　　图 4-11（a）所示为 $Ag_{1+x}Pb_{100}InTe_{102}$（$x = 0$，1，2，3，4，5，6）的电导率，随着 Ag 掺杂量的增加，LIST 样品的电导率在整个温区有小幅提高。室温下，电导率从 $AgPb_{100}InTe_{102}$ 中的 296 S · cm^{-1} 提高到 $Ag_7Pb_{100}InTe_{102}$ 中的 407 S · cm^{-1}。泽贝克系数随着 Ag 掺杂量的增加基本不变，如图 4-11（b）所示。提高的电导率和基本不变的泽贝克系数，使 $Ag_{1+x}Pb_{100}InTe_{102}$（$x = 0$，1，2，3，4，5，6）的功率因子在整个温区有较大提升，如图 4-11（c）所示。最大功率因子从 $AgPb_{100}InTe_{102}$ 中的 16.6 μW · cm^{-1} · K^{-2} 提高到样品 $Ag_7Pb_{100}InTe_{102}$ 中的 18.5 μW · cm^{-1} · K^{-2}。室温霍尔测试显示，掺杂 Ag 后，$Ag_{1+x}Pb_{100}InTe_{102}$（$x = 0$，1，2，3，5，6）的载流子浓度在 3.1×10^{18} cm^{-3} 附近波动，显示出较小变化，如图 4-11（d）所示。理论上，额外的 Ag 掺杂可为体系提供额外载流子，使体系载流子浓度增加。但在 LIST 中，由于 In 缺陷能级存在，Ag 额外提供的载流子被 In 缺陷能级捕获，使得载流子浓度保持不变。In 元素的这种性质被称为费米能级"钉扎效应"[84-86]。值得注意的是，Ag 掺杂使 LIST 中的载流子迁移率大幅提升，在室温条件下从 $AgPb_{100}InTe_{102}$ 中的 531 cm^2 · V^{-1} · s^{-1} 提高到 $Ag_7Pb_{100}InTe_{102}$ 中的 683 cm^2 · V^{-1} · s^{-1}。一般情况下，掺杂或固溶均会在体系中引入缺陷，缺陷会增强载流子散射，降低载流子迁移率，但在 Ag 掺杂的 LIST 中，载流子迁移率呈增加的趋势。这种载流子迁移率增加的现象

在 Ag 或 Cu 掺杂的铅硫族化合物中都有报道，如 Ag 掺杂 PbTe[23]、Cu 掺杂 PbTe[11, 87-89]、Cu 掺杂 PbSe[1, 42, 90-92] 和 Cu 掺杂 PbS[93]。Ag 在 LIST 中造成载流子迁移率增加的原因尚未完全研究透彻，后期需要进行实验研究。下面列举几种可能导致 LIST 中载流子迁移率增加的原因。第一，Ag 弥补了 LIST 中的点缺陷，降低了对载流子的散射作用，与 PbTe-Cu$_2$Te 体系中 Cu 的作用类似[11]。第二，Ag 和 Cu 离子在体系中为可移动的状态，存在"类液态"的离子导体行为，贡献了额外的离子迁移率[94-97]。第三，Ag 或 Cu 原子的引入减弱了体系中晶格的应变场，从而减小了载流子散射[98-100]。图 4-11（e）所示为 LIST 的变温载流子迁移率，Ag 掺杂 LIST 不仅提高了室温载流子迁移率，而且在整个温区均表现出较高的载流子迁移率。载流子在整个温区主要受声学声子主导的散射的影响，遵循 $\mu_H \propto T^{-3/2}$ 关系曲线。图 4-11（f）所示为 LIST 的变温载流子浓度，Ag 掺杂对 LIST 的载流子浓度变化趋势无影响。这也证明 Ag 原子对 LIST 中载流子浓度升高无影响，Ag 原子在 LIST 中的作用与在 PbTe-Ag 体系中的完全不同[23]。

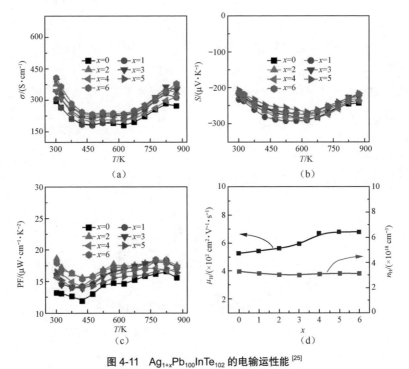

图 4-11　Ag$_{1+x}$Pb$_{100}$InTe$_{102}$ 的电输运性能[25]

（a）电导率；（b）泽贝克系数；（c）功率因子；（d）室温载流子浓度和载流子迁移率

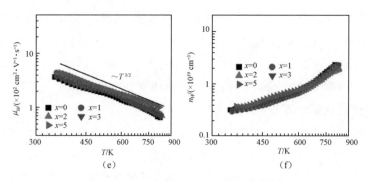

图 4-11 $Ag_{1+x}Pb_{100}InTe_{102}$ 的电输运性能（续）

（e）变温载流子迁移率；（f）变温载流子浓度

图 4-12（a）所示为 $Ag_{1+x}Pb_{100}InTe_{102}$（$x=0$，1，2，3，4，5，6）的总热导率，所有样品的总热导率均随温度升高而下降。$Ag_7Pb_{100}InTe_{102}$ 样品的总热导率比 $AgPb_{100}InTe_{102}$ 样品的高，这源于 Ag 提高了体系的电导率，导致 LIST 中电子热导率提高，如图 4-12（b）所示。图 4-12（c）所示为晶格热导率（$\kappa_{tot}-\kappa_{ele}$）与温度的关系曲线。在高温区，LIST 样品与纯 PbTe 样品均表现出较低的晶格热导率，这是由于高温区 LIST 中载流子浓度提升有效地抑制了体系中的双极扩散。额外的 Ag 掺杂同时也使 LIST 样品中的最低晶格热导率从 $AgPb_{100}InTe_{102}$ 中的 0.79 W·m⁻¹·K⁻¹ 降低至 $Ag_6Pb_{100}InTe_{102}$ 中的 0.40 W·m⁻¹·K⁻¹。图 4-12（c）中橙色实线为 PbTe 中未考虑双极扩散的晶格热导率计算值，可见 Ag 掺杂的 LIST 样品的晶格热导率与计算值一致，说明 Ag 掺杂的 LIST 样品中的双极扩散被完全抑制。$Ag_{1+x}Pb_{100}InTe_{102}$（$x=0$，1，2，3，4，5，6）中的双极扩散热导率如图 4-12（d）所示。LIST 中双极扩散被抑制是由于载流子浓度在高温区大量增加使光学带隙增加，这与前文对 LIST 的带隙测试分析结果一致。

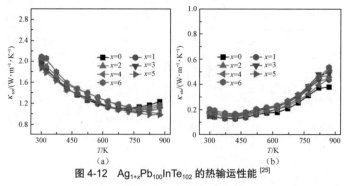

图 4-12 $Ag_{1+x}Pb_{100}InTe_{102}$ 的热输运性能[25]

（a）总热导率；（b）电子热导率

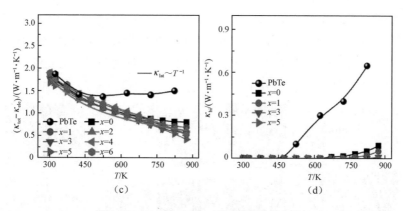

图 4-12　$Ag_{1+x}Pb_{100}InTe_{102}$ 的热输运性能（续）

（c）晶格热导率；（d）双极扩散热导率

为了揭示 $Ag_6Pb_{100}InTe_{102}$ 中较低的晶格热导率，利用球差扫描透射电子显微镜（scanning transmission electron microscope，STEM）观察其内部的微观结构。图 4-13（a）所示为通过低分辨 TEM 图像观察到了样品中存在的多尺度纳米沉淀相。通过能量色散 X 射线谱（X-ray energy dispersive spectrum，EDS），在像差校正的 STEM 结果中发现这些沉淀的组成成分是 Ag_2Te，如图 4-13（d1）、图 4-13（d2）和图 4-13（e1）～图 4-13（e4）所示。沉淀的形态为纺锤形，纵横比范围是 4 ～ 8，宽度范围从数纳米至数百纳米。然而，这些大的沉淀很少，低于粉末 XRD 测试仪的检测极限，所以在 XRD 图谱中未见明显的 Ag_2Te 特征峰。观察不同区域的沉淀的 TEM 衍射斑点可以发现，衍射斑点有重叠现象，如图 4-13（b）、图 4-13（c1）～图 4-13（c3）所示。衍射斑点的重叠反映了基体与 Ag_2Te 内部结构取向的相关性。不同的沉淀可以显示不同的衍射斑点，反映真实空间中沿不同方向排列的 Ag，如图 4-13（c1）～图 4-13（c3）所示。

为了详细表征纺锤形 Ag_2Te 沉淀的结构，特别是它们与 PbTe 基体的界面结构，研究者采用了原子分辨的 STEM 暗场像和明场像成像模式。图 4-13（f）所示是沿 [100] 晶带轴获得的 STEM 暗场像，其聚焦于纺锤形 Ag_2Te 沉淀的头部，"主轴"的长度方向是 <100>。纺锤形沉淀从中部区域向头部收缩，其表面沿 [100] 晶带轴变短。沉淀的几何相位分析（geometric phase analysis，GPA）应力分布如图 4-13（g1）和图 4-13（g2）所示，沿长度方向 ε_{xx} 表现出的应变场比宽度方向 ε_{yy} 明显。研究者除了观察到了纳米尺寸的 Ag_2Te 沉淀，还利用超高分辨球差 STEM 直接观察到了体系中的间隙原子。利用具有强对比度的

STEM 明场像来观察间隙原子，如图 4-13（h）所示。图 4-13（i）和图 4-13（j）分别为图 4-13（h）沿 [110] 和 [100] 晶带轴的区域放大晶格图像，可以清晰看到大量的间隙原子。这些原子尺寸的点缺陷在高温区对声子产生强烈散射，这对降低晶格热导率具有重要贡献。

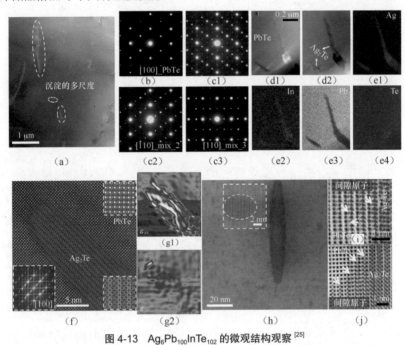

图 4-13　Ag$_6$Pb$_{100}$InTe$_{102}$ 的微观结构观察[25]

（a）低分辨 TEM 图像，显示多尺度纳米沉淀相；（b）沿 PbTe [110] 晶带轴的电子衍射斑点；（c1）～（c3）为（a）中标注的 3 个区域沿 PbTe [110] 晶带轴的电子衍射斑点；（d1）、（d2）分别为沉淀相的低分辨 STEM 暗场像和明场像；（e1）～（e4）分别为沉淀相中 Ag、In、Pb 和 Te 的元素分布；（f）沿 [100] 晶带轴的原子分辨 STEM 暗场像；（g1）、（g2）为（f）中沿 ε_{xx} 和 ε_{yy} 方向的 GPA 应变场分布；（h）沉淀相的高分辨 STEM 明场像放大图；（i）、（j）分别为沉淀相中沿 [110] 和 [100] 晶带轴的原子分辨 STEM 明场像，图中显示了大量的间隙原子

　　LIST 中特殊的电输运性能，使 Ag$_6$Pb$_{100}$InTe$_{102}$ 的 ZT$_{max}$ 值在 873 K 下达到 1.5，如图 4-14（a）所示。LIST 获得 ZT$_{max}$ 值的温度高于其他的 N 型 PbTe 基热电材料，例如 PbTe-I-Cu（723 K[111]）、PbTe-I（725 K[29]）、PbTe-Ga（750 K[22]）、PbTe-Sb-Ge（623 K[101]），如图 4-14（b）所示。由于 PbTe 基热电材料在高温区很容易发生双极扩散，因而其 ZT 值在高温区降低，相比之下，LIST 中的双极扩散效应在整个工作温区被有效地抑制，因此 ZT 值随着温度升高不降反升。

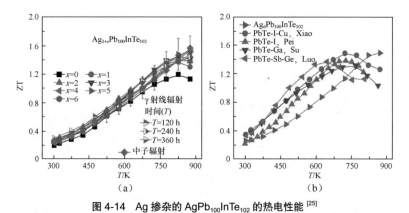

图 4-14　Ag 掺杂的 AgPb$_{100}$InTe$_{102}$ 的热电性能 [25]

（a）ZT 值；（b）LIST 的 ZT 值与其他 N 型 PbTe 基热电材料的 ZT 值的对比

在高温下具有高性能的热电材料可以用于太空探索中的放射性同位素热电发电系统（radioisotope thermoelectric generator，RTG）[102, 103]。为了测试 LIST 的辐射稳定性，进行了 γ 射线和中子辐射实验。γ 射线辐射使用 Co-60 放射源（半衰期为 5.26 年），剂量率为 1.43×10^4 Gy/h，研究其在不同辐射时间（120 h、240 h 和 360 h）下的性能稳定性。使用 Cf-252 作为中子源（半衰期为 2.645 年）进行中子辐射，辐射率为 3×10^8 n/s，中子辐射时间为 432 h。图 4-15 所示为 Ag$_6$Pb$_{100}$InTe$_{102}$ 经过 γ 射线和中子辐射后的热电性能的对比，包括电导率、泽贝克系数、功率因子、总热导率、晶格热导率和 ZT 值。辐射后的热电性能与原始数据对比无明显变化，这说明 LIST 在 γ 射线和中子辐射下具有较强的稳定性，在放射性同位素热电发电系统中具有很好的应用前景。

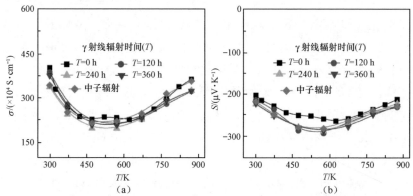

图 4-15　Ag$_6$Pb$_{100}$InTe$_{102}$ 经过 γ 射线和中子辐射后的热电性能对比 [25]

（a）电导率；（b）泽贝克系数

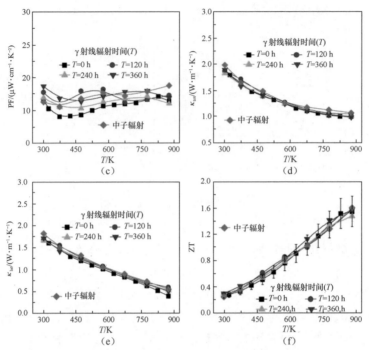

图 4-15　Ag₆Pb₁₀₀InTe₁₀₂ 经过 γ 射线和中子辐射后的热电性能对比（续）

$$\text{图 4-15　Ag}_6\text{Pb}_{100}\text{InTe}_{102}\text{ 经过 γ 射线和中子辐射后的热电性能对比（续）}$$

（c）功率因子；（d）总热导率；（e）晶格热导率；（f）ZT 值

4.3.2　PbTe 中 Ga 掺杂缺陷能级

Ga 原子与 In 原子电子结构相似，最外层电子结构均为 s^2p^1，共 3 个价电子。Ga 原子外层分布的 3 个电子在室温区能形成 +1 和 +3 价的混合价态，这种混合价态在温度激发下可以从低价态持续向高价态转变，实现载流子浓度的动态调控，图 4-16 所示为 Ga 元素在 N 型 PbTe 中的价态分布。与 Ga_2Te_3 化合物中的 Ga 特征峰相比，$Pb_{0.98}Ga_{0.02}Te$ 化合物在 1117.8 eV 能量附近的 Ga $2p_{3/2}$ 特征峰呈现不对称分布，证明了 Ga 元素混合价态的存在。与之对应，在 1144.7 eV 能量附近的 Ga $2p_{1/2}$ 特征峰也存在类似的凸起。通过计算分析，$Pb_{0.98}Ga_{0.02}Te$ 化合物中存在 Ga^{3+} 和 Ga^+ 混合价态，其中 Ga^{3+} 对应的结合能为 1117.6 eV 和 1144.5 eV，Ga^+ 对应的结合能为 1118.8 eV 和 1145.7 eV。由各价态对应的峰强可知，$Pb_{0.98}Ga_{0.02}Te$ 化合物中 Ga 元素主要以 Ga^{3+} 为主，少量为 Ga^+。与 In 元素类似，Ga 的混合价态也可以在 N 型 PbTe 中形成缺陷能级。

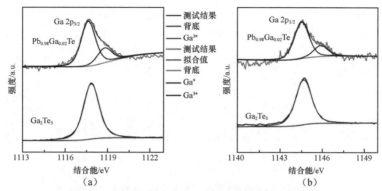

图 4-16 Ga 掺杂 PbTe 的 X 射线光电子谱测试结果 [22]

（a）Ga 2p$_{3/2}$ 特征峰；（b）Ga 2p$_{1/2}$ 特征峰

通过第一性原理计算，对比 PbTe 与 Ga 掺杂 PbTe 体系的电子能带结构，如图 4-17（a）和图 4-17（b）所示，Ga 掺杂 PbTe 体系的禁带中费米能级附近出现额外的缺陷能级。从态密度分布可知，缺陷能级是由 Ga 原子外层 4s、4p 电子与 Pb 6p、Te 5p 电子的杂化导致的，如图 4-17（c）所示。PbTe 中 Te 原子外层电子分布为 s^2p^4，需要吸引额外两个电子才能使能量达到最低，所以 1 个 Ga 原子对应形成 Ga^{2+} 离子。由于 Ga^{2+} 离子外层电子不稳定，所以 2 个 Ga^{2+} 离子会等效形成 1 个 Ga$^+$ 和 1 个 Ga^{3+} 混合价态。图 4-17（d）显示霍尔系数的对比情况，与 La 或 I 掺杂的 N 型 PbTe 相比，Ga 掺杂 PbTe 的霍尔系数绝对值随着温度上升而减小的幅度更大，说明 Ga 混合价态在 N 型 PbTe 中形成的缺陷能级使得载流子浓度在高温区有明显上升。

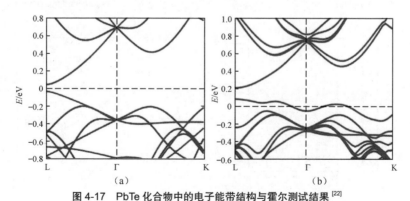

图 4-17 PbTe 化合物中的电子能带结构与霍尔测试结果 [22]

（a）PbTe 的电子能带结构；（b）Ga 掺杂 PbTe 的电子能带结构

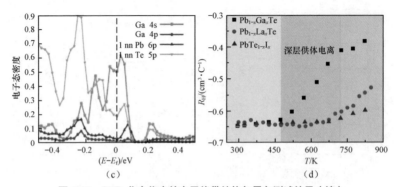

图 4-17　PbTe 化合物中的电子能带结构与霍尔测试结果（续）

（c）电子态密度；（d）Ga、La 和 I 掺杂 PbTe 的霍尔系数对比

　　粉末 XRD 图谱显示，Ga 在 PbTe 中具有较大的固溶度。在 3%Ga 元素掺杂的 PbTe 基体中未见明显杂峰，如图 4-18（a）所示。在固溶度内，随着 Ga 掺杂量增加，计算得到的晶格常数持续降低，同时证明 Ga 元素能有效进入 PbTe 晶格中。在 $Pb_{0.965}Ga_{0.035}Te$ 样品中，晶格常数突然上升，这是由于在样品中形成了新化合物 $PbGa_6Te_{10}$，导致 Ga 元素在 PbTe 基体中的固溶度降低，如图 4-18（b）所示。图 4-18（c）所示的红外带隙测试结果显示，Ga 掺杂后，N 型 PbTe 的带隙变化较小，在 0.26 ~ 0.28 eV 的范围内波动。室温霍尔测试结果显示，随着 Ga 掺杂量增加，Ga 掺杂 PbTe 的载流子浓度先线性增加，然后达到一个饱和值，最大载流子浓度在 1×10^{19} cm^{-3} 左右，如图 4-18（d）所示。Ga 元素的混合价态在 N 型 PbTe 中形成了特殊的缺陷能级态，缺陷能级在低温区可以俘获自由电子，从而使载流子浓度在 Ga 含量持续增加的情况下不再增加。

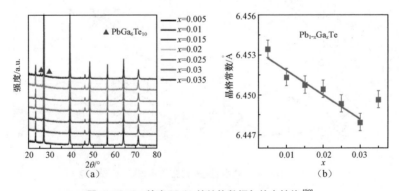

图 4-18　Ga 掺杂 PbTe 的结构数据与热电性能 [22]

（a）粉末 XRD 图谱；（b）晶格常数

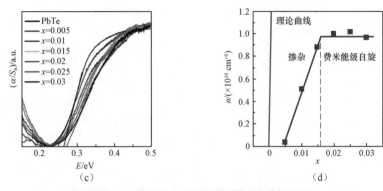

图 4-18　Ga 掺杂 PbTe 的结构数据与热电性能（续）

（c）红外带隙；（d）室温载流子浓度

图 4-19（a）所示的变温载流子浓度显示，Ga 在 N 型 PbTe 中形成的缺陷能级能有效地动态优化载流子浓度，样品的最优载流子浓度从室温的 $1×10^{19}$ cm^{-3} 提升到 823 K 的 $1.5×10^{19}$ cm^{-3}。与 I 或 La 掺杂的 N 型 PbTe 样品相比，Ga 掺杂的 PbTe 在高温区的载流子浓度明显提升，符合 PbTe 中最优动态载流子浓度的变化趋势，如图 4-19（b）所示。由于 Ga 掺杂的 PbTe 样品在低温区的载流子浓度较低，所以样品在低温区能获得非常优异的载流子迁移率，室温载流子迁移率均能达到 1000 cm^2·V^{-1}·s^{-1} 以上。随着温度升高，载流子浓度急剧下降，在 823 K 下载流子迁移率小于 100 cm^2·V^{-1}·s^{-1}，如图 4-19（c）所示。与 Sb 或 Bi 掺杂的 N 型 PbTe 材料相比，Ga 掺杂 PbTe 的载流子迁移率在室温附近具有明显优势，如图 4-19（d）所示。

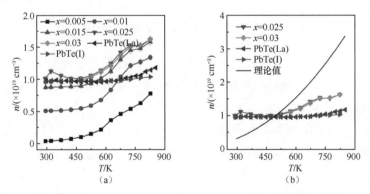

图 4-19　Ga 掺杂 PbTe（Pb$_{1-x}$Ga$_x$Te）的载流子迁移率与载流子浓度[22]

（a）变温载流子浓度；（b）变温载流子浓度对比

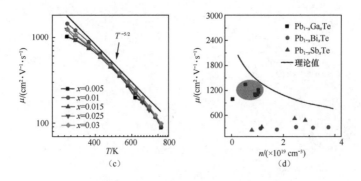

图 4-19　Ga 掺杂 PbTe（Pb$_{1-x}$Ga$_x$Te）的载流子迁移率与载流子浓度（续）

（c）变温载流子迁移率；（d）室温载流子迁移率对比

从图 4-20（a）所示的室温电导率和泽贝克系数的关系同样可以看出，Ga 掺杂 PbTe 样品比 Sb 或 Bi 掺杂的 PbTe 拥有更大的载流子迁移率。基于单抛物带模型和声学声子主导的载流子散射机制，泽贝克系数和电导率满足以下关系式[22]：

$$S = \frac{k_B}{e} \times \left[\left(r + \frac{5}{2} \right) - \eta \right] \tag{4-6}$$

$$\sigma = 2e \left(\frac{2\pi m_e k_B T_0}{h^2} \right)^{3/2} \left(\frac{T}{T_0} \right)^{3/2} \left(\frac{m^*}{m_e} \right)^{3/2} \mu \exp(\eta) \tag{4-7}$$

式中 r 为散射因子；T_0 为参考温度；m^* 为载流子有效质量；η 为约化费米能级。通过上面两个式子可以获得泽贝克系数与电导率的关系[22]：

$$S = -\frac{k_B}{e} \times \left[C + \frac{3}{2} \ln \left(\frac{T}{T_0} \right) + \ln(U) - \ln(\sigma) \right] \tag{4-8}$$

式中 $C = 17.71 + r$，与散射因子相关；U 为加权载流子迁移率；$\sigma = (m^*/m_e)\mu$。基于此关系式，对泽贝克系数求电导率的偏微分（$\partial S/\partial \ln\sigma$），对应的值为 $k_B/e \approx 86.2\,\mu V \cdot K^{-1}$。从图 4-20（a）所示结果可以看出，Ga、Sb 和 Bi 掺杂的 N 型 PbTe 样品的斜率均小于理论值 $86.2\,\mu V \cdot K^{-1}$，表明所有掺杂均会导致载流子额外散射。与 Sb 和 Bi 掺杂 PbTe 的样品相比，Ga 掺杂 PbTe 能保持相对较高的载流子迁移率，尤其在低温区，因此功率因子也维持在非常高的水平。室温附近最大功率因子能达到 $34.9\,\mu W \cdot cm^{-1} \cdot K^{-2}$，远高于其他样品，如图 4-20（b）所示。

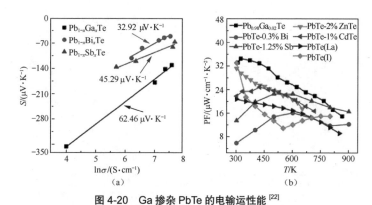

图 4-20 Ga 掺杂 PbTe 的电输运性能 [22]

（a）室温泽贝克系数与电导率的关系；（b）功率因子对比

　　同时，Ga 元素能有效提升 N 型 PbTe 的载流子浓度，使电子热导率大幅增加，全温区的总热导率明显提升，如图 4-21（a）所示。计算得到的晶格热导率曲线说明，Ga 掺杂引入点缺陷，在低温附近可增强声子散射，降低晶格热导率。在高温区，Ga 元素的动态掺杂可以增强 N 型 PbTe 中多子（电子）的载流子浓度，抑制基体的双极扩散，有效降低高温区的热导率，使最低晶格热导率达到 0.8 W·m⁻¹·K⁻¹，如图 4-21（b）所示。Ga 元素的混合价态不仅能优化 N 型 PbTe 的电输运特性，还能大幅抑制全温区的晶格热导率提升，最后协同提升 N 型 PbTe 的热电性能。大部分 Ga 掺杂的 N 型 PbTe 样品的室温 ZT 值大于 0.4，ZT_{max} 值在 773 K 能达到约 1.4，在 300 ～ 873 K 的 ZT_{ave} 值获得大幅提升，高于其他部分 N 型 PbTe 材料，如图 4-21（c）和图 4-21（d）所示。

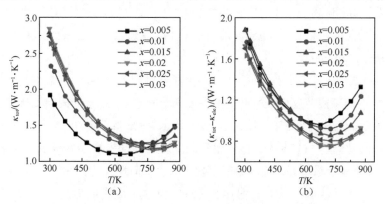

图 4-21 Ga 掺杂 PbTe（Pb₁₋ₓGaₓTe）的热导率与热电优值 [22]

（a）总热导率；（b）晶格热导率

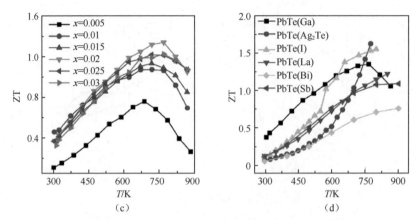

图 4-21 Ga 掺杂 PbTe（$Pb_{1-x}Ga_xTe$）的热导率与热电优值（续）

（c）ZT 值；（d）ZT 值对比

4.4 间隙原子动态优化载流子浓度

4.4.1 PbTe 中间隙 Cu 原子动态掺杂

热电材料中常用的掺杂方法是通过异价元素进行置换原子掺杂，可为基体提供额外电子或空穴，实现载流子浓度的调控。对于 N 型热电材料，还可以通过形成小尺度的金属间隙原子来为基体提供自由电子。由于材料中间隙原子的固溶度往往较小，所以很难大幅度提升材料的载流子浓度。值得注意的是，基体材料随着温度上升，其晶格发生膨胀，间隙原子的固溶度会随着温度的上升大幅度增加，导致高温区的载流子浓度提升，从而在整个温区内实现载流子浓度的动态调控。

图 4-22（a）所示为 Cu 在 PbTe 中的间隙固溶相图。室温附近，Cu 在 PbTe 中的间隙固溶度较低，随着温度上升，间隙 Cu 原子的固溶度持续上升，在 700 K 附近能达到 5‰。图 4-22（b）所示为 Cu 掺杂 PbTe 的电导率。在间隙 Cu 原子掺杂的 PbTe 中，电导率随着温度的上升先增大后减小，且随着间隙 Cu 原子掺杂量增加，电导率随着温度的上升而增大的幅度越大。电导率随温度的变化拐点（a～e）与图 4-22（a）所示的 Cu 原子在不同固溶度处的温

度相对应。

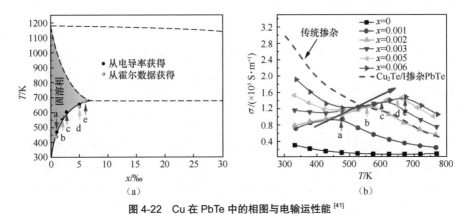

（a）　　　　　　　　　　　　（b）

图 4-22　Cu 在 PbTe 中的相图与电输运性能 [41]

（a）Cu 在 PbTe（PbCu$_x$Te，$x = 0$，0.001，0.002，0.003，0.005，0.006）
中的固溶度随温度变化趋势；（b）Cu 掺杂 PbTe 的电导率

图 4-23 所示为间隙 Cu 原子掺杂 PbTe 的变温载流子浓度。图 4-23 列出的所有样品中含有过量的 Pb 元素，所以在纯 PbTe 样品中保持以电子为主导的 N 型电输运性能。随着间隙 Cu 原子掺杂量增加，室温附近的载流子浓度明显提升。在所有间隙 Cu 原子掺杂的样品中，载流子浓度随着温度上升持续增大。当间隙 Cu 原子完全固溶在 PbTe 基体中，载流子浓度达到饱和。对于间隙 Cu 原子固溶度为 2‰、5‰ 和 6‰ 的 PbTe 样品，其饱和载流子浓度分别能达到 3.0×10^{19} cm^{-3}、4.0×10^{19} cm^{-3} 和 5.5×10^{19} cm^{-3}。同时，通过各样品的变温载流子浓度的变化曲线可以拟合出间隙 Cu 原子在 PbTe 基体中的形成能 [26, 27]，

拟合得到的间隙原子形成能分别为 0.18 eV、0.27 eV 和 0.32 eV。与 PbTe 中的其他间隙原子形成能相比，如 Pb（0.55eV）[28] 或 Ag（0.23 eV）间隙原子 [28]，Cu 原子的形成能较小。间隙原子的形成能与元素在基体晶格中的离子尺寸息息相关，Pb^{2+}、Ag$^+$ 和 Cu$^+$ 的离子尺寸分别为 1.19 Å、1.0 Å 和 0.6 Å。可见，Cu$^+$ 的尺

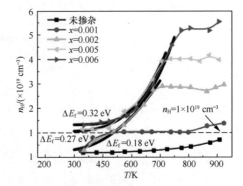

图 4-23　间隙 Cu 原子掺杂 PbTe（PbCu$_x$Te）的变温载流子浓度 [41]

寸最小，这导致其在 PbTe 中的形成能最小，证明 Cu 原子是在 PbTe 基体中进行间隙原子掺杂的最有效元素。

由于间隙 Cu 原子的有效动态掺杂，动态变化的载流子浓度导致样品中的电导率呈现"低温区先降低、中温区随后增加、高温区再降低"的 3 个阶段，如图 4-22（b）所示。影响电导率变化的主要因素为：随着温度上升，低温区声子对电子的散射增加，载流子迁移率下降，导致电导率下降；中温区载流子浓度随着温度上升持续增大，导致电导率上升；高温区间隙 Cu 原子完全固溶，载流子浓度达到饱和，载流子在高温区受到声子和电子的散射增强，导致电导率降低。Cu 原子的动态掺杂使 N 型 PbTe 基体表现出超高的电输运性能。功率因子在低温区达到最大值，随着温度上升缓慢减小，与理论估计的最优功率因子一致，如图 4-24（a）所示。间隙 Cu 原子掺杂 N 型 PbTe 的最大功率因子在低温区能达到 $37\ \mu\mathrm{W}\cdot\mathrm{cm}^{-1}\cdot\mathrm{K}^{-2}$，在 773 K 达到 $23\ \mu\mathrm{W}\cdot\mathrm{cm}^{-1}\cdot\mathrm{K}^{-2}$，最后在整个工作温区内（$300\sim773\ \mathrm{K}$）的平均功率因子达到 $29\ \mu\mathrm{W}\cdot\mathrm{cm}^{-1}\cdot\mathrm{K}^{-2}$，超越了大部分高性能 N 型 PbTe 样品，如图 4-24（b）所示。

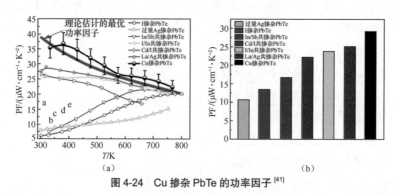

图 4-24　Cu 掺杂 PbTe 的功率因子 [41]

（a）Cu 掺杂 N 型 PbTe 的功率因子与其他高性能 N 型 PbTe 样品功率因子的对比；（b）平均功率因子对比

Cu 原子除了动态掺杂特性，还可以优化 PbTe 中的微缺陷。由于 PbTe 材料中存在本征 Pb 空位，小尺寸的 Cu 原子掺杂能有效进入 PbTe 晶格中的 Pb 空位处，从而有效改善载流子迁移率。当 Cu 原子掺杂量增加时，Cu 原子会形成大量的间隙原子和间隙原子团簇等亚纳米尺寸结构，这些特殊的微观结构不仅能动态优化载流子浓度，还能大幅增强声子散射，降低晶格热导率。图 4-25 所示为 Cu 原子掺杂后 N 型 PbTe 的载流子浓度和载流子迁移率的变化趋势。室温霍尔测试结果显示，PbTe-x%Cu$_2$Te 体系仍然表现出电子主导的电输运性能，且表现出较高的电子浓度（$1 \times 10^{19} \sim 2 \times 10^{19}$）cm^{-3}。在 PbTe-$x$%Cu$_2$Te 体系中，如果 Cu 原子进入 Pb 空位，将会实现 P 型掺杂，理论上会使 PbTe-x%Cu$_2$Te 体系表现出 P 型传导特性。然而，PbTe-x%Cu$_2$Te 中的 N 型传导特性表明，体系中的 Cu 原子并不会大量进入 PbTe 晶格的 Pb 空位，而主要是以填补空穴和间隙原子的形式出现。图 4-25（a）中，PbTe-x%Cu$_2$Te 的载流子浓度随着 Cu$_2$Te 含量的增加先小幅度降低再增加。同时，室温载流子迁移率随着 Cu$_2$Te 含量的增加大幅提升，随后达到饱和，保持在 1000 cm$^2 \cdot$ V$^{-1} \cdot$ s^{-1} 左右，如图 4-25（b）所示。这一特殊的载流子浓度和载流子迁移率的变化趋势源于：Cu 原子先填补 PbTe 中本征 Pb 空位，大幅增加了载流子迁移率，随后进入间隙位置增加载流子浓度，同时载流子迁移率达到饱和。

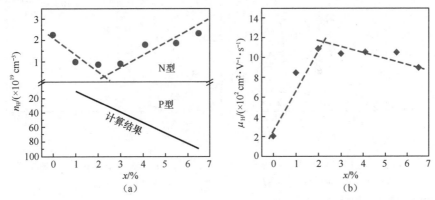

图 4-25　N 型 PbTe-x%Cu$_2$Te（x = 0，1，2，3，4.1，5.5，6.5）样品的室温霍尔测试结果 [11]
（a）载流子浓度；（b）载流子迁移率

Cu 原子在 N 型 PbTe-x%Cu$_2$Te 基体中的多重作用能大幅度优化其电输运性能，图 4-26 所示为 N 型 PbTe-x%Cu$_2$Te 样品的电输运性能。随着 Cu 的加入，基体的电导率持续增加，室温电导率从 PbTe 中的 500 S $\cdot$ cm^{-1} 增加到 PbTe-6.5%Cu$_2$Te 中的 4200 S $\cdot$ cm^{-1}，如图 4-26（a）所示。由于间隙 Cu 原子导致 N 型 PbTe-x%Cu$_2$Te 基体的室温载流子浓度先减小后增大，所以泽贝克系数绝对值也相应先增大后减小，如图 4-26（b）所示。最后，低温区的功率因子获得大幅提升，最大功率因子在室温能达到 37 μW $\cdot$ cm$^{-1} \cdot$ K^{-2}。同时整个温区的平均功率因子与部分性能优异的 N 型 PbTe 基热电材料相比具有非常大的优势，如图 4-26（c）和图 4-26（d）所示。

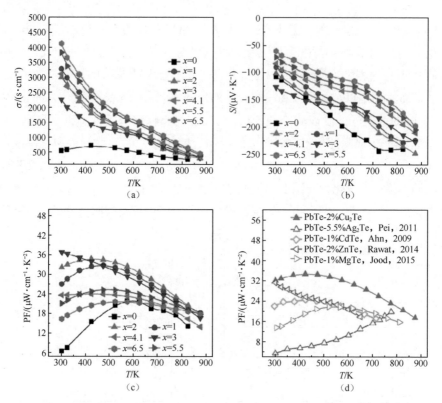

图 4-26 N 型 PbTe-x%Cu₂Te（x = 0，1，2，3，4.1，5.5，6.5）样品的电输运性能 [11]

（a）电导率；（b）泽贝克系数；（c）功率因子；（d）与其他样品的功率因子对比

　　间隙 Cu 原子不仅会对 N 型 PbTe 的电输运产生非常大的影响，同时也会在基体中形成各种尺度的微缺陷，在热输运中发挥重要作用。关于间隙 Cu 原子对热传导的贡献将主要在第 7 章中介绍。Cu 原子在 N 型 PbTe 中的多重效应，协同优化了电声输运，在降低晶格热导率的同时大幅度优化了其电输运性能，最终使 N 型 PbTe-x%Cu₂Te 样品的 ZT 值大幅度提升。其室温 ZT$_{max}$ 值能达到 0.4，ZT$_{max}$ 值在 723 K 下达到 1.5，如图 4-27（a）所示。在 300 ~ 873 K，PbTe-x%Cu₂Te 样品的 ZT$_{ave}$ 值能达到 1.02，远高于其他一些高效 N 型 PbTe 基体系，如 PbTe-5.5%Ag₂Te[23]、PbTe-1%CdTe[4]、PbTe-2%ZnTe[10] 和 PbTe-1%MgTe[5]，如图 4-27（b）所示。

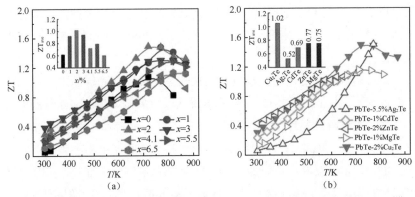

图 4-27　N 型 PbTe-x%Cu$_2$Te（x = 0，1，2，3，4.1，5.5，6.5）样品的热电性能 [11]
（a）ZT 值及 ZT$_{ave}$ 值；（b）与其他样品的 ZT 值及 ZT$_{ave}$ 值对比

4.4.2　PbSe 中间隙 Cu/Zn/Ni 原子动态掺杂

与在 PbTe 中引入小尺寸 Cu 原子一样 [11]，为了补偿 PbSe 中的本征 Pb 空位，研究者向基体中引入一系列具有小原子半径的金属元素 M（M = Cu/Zn/Ni），研究这些原子对 PbSe 热电性能的影响。通过熔融法制备的多晶样品 Pb$M_{0.01}$Se（M = Cu/Zn/Ni）的粉末 XRD 图谱如图 4-28 所示，从图中可以看出，所有样品的衍射峰均与标准面心立方结构的衍射峰一一对应，未发现杂质相存在。

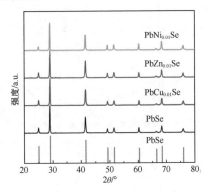

图 4-28　Pb$M_{0.01}$Se（M = Cu/Zn/Ni）样品的 XRD 图谱 [104]

研究结果表明，引入的金属元素会首先补偿 PbSe 的本征 Pb 空位，然后形成间隙原子。无论这些元素在 PbSe 晶格中的位置如何，都会提高 N 型 Pb$M_{0.01}$Se 的载流子浓度，如图 4-29（a）所示。值得注意的是，PbZn$_{0.01}$Se 和 PbNi$_{0.01}$Se 样品的载流子浓度相近，且几乎不随温度的变化而改变，而 PbCu$_{0.01}$Se 样品在温度低于 673 K 时，其载流子浓度约为前两个样品的一半。然而，当温度达到 673 K 后，PbCu$_{0.01}$Se 样品的载流子浓度突然开始随着温度的升高而增加，而当温度达到 873 K 时，PbCu$_{0.01}$Se 样品的载流子浓度已接近 PbZn$_{0.01}$Se 和 PbNi$_{0.01}$Se 样品的载流子浓度。这进一步证明了 Cu 原子作为掺杂剂，可以在 N 型 PbSe 中对高温区的载流子浓度进行动态调控。另外，如图 4-29（b）所示，由于本征 Pb 空位得到补偿，PbSe 样品的载流子迁移率也得到改善。

通过分析载流子迁移率随温度的变化关系，可以得到样品中主要的载流子散射机制。空位散射是本征 PbSe 在低温区的主要散射机制，随着温度的升高，空位散射逐渐转变为声学声子散射。引入金属元素后，PbSe 中的本征 Pb 空位得到了补偿。因此，在 PbM$_{0.01}$Se 样品中声学支声子散射在整个温度范围内均占主导地位。需要注意的是，PbCu$_{0.01}$Se 样品的载流子迁移率在高温时表现出异常行为，这表明此时声学声子散射已不再是 PbCu$_{0.01}$Se 样品的主要散射机制。此外，在 673 K 下观察到 PbCu$_{0.01}$Se 样品的载流子迁移率和载流子浓度同时增加，这意味着样品中的电声耦合较弱，这可能导致对洛伦兹常数的估算过高，相关内容将在后文进行详细讨论。

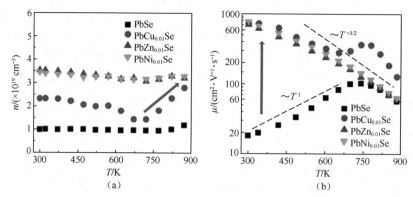

图 4-29　PbM$_{0.01}$Se（M = Cu/Zn/Ni）样品的电输运性能 [104]
（a）载流子浓度；（b）载流子迁移率

PbCu$_{0.01}$Se 样品的特殊输运性能源于不同温度下 Cu 原子具有不同的稳定价态，即 +1 价和 +2 价。Cu 原子的价电子结构为 3d^{10}4s^1，Zn 和 Ni 的价电子结构分别为 3d^{10}4s^2 和 3d^{8}4s^2。由于金属原子 Cu、Zn 和 Ni 的原子核对 4s 轨道电子的电荷引力较弱，因此在较低的温度下很容易失去 4s 电子，从而在 N 型 PbM$_{0.01}$Se 样品中表现为电子供体。由于 Zn 原子和 Ni 原子在 4s 轨道有两个电子，而 Cu 原子只有一个 4s 电子，因此 PbM$_{0.01}$Se 样品在低温热激发后，含 Cu 样品释放的载流子浓度比含 Zn 和含 Ni 样品释放的载流子浓度小，其遵循以下方程式：

$$PbSe + Cu \rightarrow PbSe + Cu^+ + e^- \tag{4-9}$$

$$PbSe + Zn \rightarrow PbSe + Zn^{2+} + 2e^- \tag{4-10}$$

$$PbSe + Ni \rightarrow PbSe + Ni^{2+} + 2e^- \tag{4-11}$$

然而，由于 Cu 原子次外层的 3d 电子刚刚充满，核电荷还没有大到足以牢固地吸引住所有次外层的 3d 电子，因此 3d 电子还很不稳定。同时 Cu 原子的 3d 轨道与 4s 轨道能量相差很小，在一定条件下，3d 轨道还可以再失去一个电子，形成 Cu^{2+} 的化合物。因此，通过式（4-9）获得的 Cu^+ 离子在温度升高到一定程度后还会进一步氧化，发生以下反应：

$$PbSe + Cu^+ \rightarrow PbSe + Cu^{2+} + e^- \tag{4-12}$$

这解释了为何在温度升高到 673 K 以后，$PbCu_{0.01}Se$ 样品的载流子浓度会突然开始增加。另外，此前在其他含 Cu 化合物（例如 Cu_2Se 和 Cu_7PSe_6）中观察到，间隙 Cu^+ 或 Cu^{2+} 离子还可能在 PbSe 晶格中发生迁移，这进一步加剧了 $PbCu_{0.01}Se$ 样品的复杂性。在这种电子和离子混合的导电体系中，对其电输运和热输运性能的评估和解释会有相当大的挑战。为了进一步理解 Cu 的复杂行为，计算了 PbSe-Cu 体系的缺陷形成能。当在 PbSe 基体中引入 Cu 原子后，这些缺陷如 Pb 空位（V_{Pb}）、Cu 占据 Pb 晶格位置（Cu_{Pb}）和间隙 Cu 原子（Cu_i）等，很可能会同时存在于体系中。在富 Pb 和富 Se 条件下，这些缺陷的形成能可以作为费米能级的函数，如图 4-30 所示。

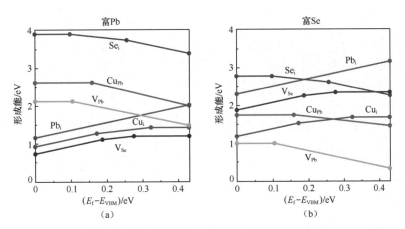

图 4-30　PbSe-Cu 体系中带电和中性点缺陷的形成能（E_{VBM} 为价带顶能量）[104]

（a）富 Pb 条件；（b）富 Se 条件

可见，在富 Pb 条件下，Cu_i 的形成能明显低于 Cu_{Pb} 的形成能，而在富 Se 的条件下，当费米能级进入导带后，Cu_i 的形成能要高于 Cu_{Pb} 的形成能，这表明在 N 型 PbSe 中，Cu 原子会优先补偿 Pb 空位，然后形成间隙 Cu 原子。另外，在折线上的节点处，元素在不同电荷态之间发生了能级跃迁，无论是在富 Pb 还是在富 Se 的条件下，Cu^+ 的形成能都低于 Cu^{2+} 的，表明 Cu 原子会优先形成 +1 价，然后显示 +2 价，与前面分析的 $PbCu_{0.01}Se$ 样品在低于 673 K 时载流子浓度的变化趋势相符。

样品 $PbM_{0.01}Se$（M = Cu/Zn/Ni）的电导率随温度的变化关系如图 4-31（a）所示，随着温度的升高，$PbM_{0.01}Se$ 样品的电导率逐渐降低，这与重掺杂半导体的行为一致。此外，在引入 1% 的金属元素后，PbSe 样品的电导率得到了明显提升。室温下样品 $PbM_{0.01}Se$ 的各热电参数如表 4-1 所示，在 300 K 时，$PbZn_{0.01}Se$ 和 $PbNi_{0.01}Se$ 的电导率分别可以达到 4155 S·cm^{-1} 和 3920 S·cm^{-1}，这与原始 PbSe 样品的电导率 29 S·cm^{-1} 相比，提升了两个数量级。另外，$PbCu_{0.01}Se$ 样品的室温电导率仅为 2807 S·cm^{-1}，约为 $PbZn_{0.01}Se$ 和 $PbNi_{0.01}Se$ 电导率的一半。但是，当温度升高到 673 K 后，由于 Cu 原子的动态掺杂作用，$PbCu_{0.01}Se$ 样品的电导率下降至一定程度后趋于稳定，而 $PbZn_{0.01}Se$ 和 $PbNi_{0.01}Se$ 样品的电导率依然随着温度的升高而降低。因此，当温度高于 673 K 后，$PbCu_{0.01}Se$ 样品的电导率开始高于 $PbZn_{0.01}Se$ 和 $PbNi_{0.01}Se$ 样品的电导率，这是 $PbCu_{0.01}Se$ 样品的载流子浓度和载流子迁移率协同调控的结果。

表4-1　样品$PbM_{0.01}Se$（M = Cu/Zn/Ni）在室温下的热电参数[104]

样品	$n_H/$ ($\times 10^{19} cm^{-3}$)	$\mu_H/$ ($cm^2 \cdot V^{-1} \cdot s^{-1}$)	$\sigma/$ ($S \cdot cm^{-1}$)	$S/$ ($\mu V \cdot K^{-1}$)	$\kappa_{lat}/$ ($W \cdot m^{-1} \cdot K^{-1}$)	$\rho_d/$ ($g \cdot cm^{-3}$)	ZT_{max}
PbSe	0.97	18	29	−174	2.00	8.003	0.76
$PbCu_{0.01}Se$	2.30	716	2807	−73	1.32	7.903	1.63
$PbZn_{0.01}Se$	3.50	693	4155	−64	0.96	7.983	1.50
$PbNi_{0.01}Se$	3.43	756	3920	−66	1.03	7.952	1.37

注：n_H 为载流子浓度；μ_H 为载流子迁移率；σ 为电导率；S 为泽贝克系数；κ_{lat} 为晶格热导率；ρ_d 为密度。

样品 $PbM_{0.01}Se$（M = Cu/Zn/Ni）的泽贝克系数随温度的变化曲线如图 4-31（b）所示，可以看到 $PbZn_{0.01}Se$ 和 $PbNi_{0.01}Se$ 样品的泽贝克系数绝对值随温度的升高呈线性增大，这和简并半导体的行为一致。而 $PbCu_{0.01}Se$ 样品的泽贝克系数绝对值刚开始随着温度的升高而逐渐增加，当温度达到 673 K 后，泽贝克系数趋于稳定，这是由于 $PbCu_{0.01}Se$ 样品载流子浓度增加。计算得到的 $PbM_{0.01}Se$ （M = Cu/Zn/Ni）样品的功率因子随温度的变化关系如图 4-31（c）所示，可以看到，引入原子半径较小的金属元素后，PbSe 样品的功率因子得到大幅度提高。在 523 K 时，$PbZn_{0.01}Se$ 和 $PbCu_{0.01}Se$ 样品的功率因子分别可以达到 $26.2\ \mu W \cdot cm^{-1} \cdot K^{-2}$ 和 $24.7\ \mu W \cdot cm^{-1} \cdot K^{-2}$，这是载流子浓度和载流子迁移率协同动态调控后的结果。为了进一步分析样品电输运性能，通过单抛物带模型并在假设声学声子散射的条件下计算了载流子有效质量 $m^* = 0.36m_e$ 时 N 型 PbSe 的理论 Pisarenko 曲线，如图 4-31（d）中黑线所示。从图中可以看出，$PbM_{0.01}Se$（M = Cu/Zn/Ni）样品的泽贝克系数与理论 Pisarenko 曲线吻合良好，这表明引入原子半径较小的金属元素后，PbSe 的能带结构未发生明显变化。

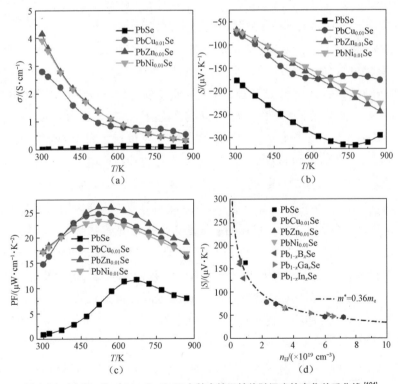

图 4-31　$PbM_{0.01}Se$（M = Cu/Zn/Ni）的电输运性能随温度的变化关系曲线[104]
（a）电导率；（b）泽贝克系数；（c）功率因子；（d）PbSe 的理论 Pisarenko 曲线

样品 $PbM_{0.01}Se$（$M = Cu/Zn/Ni$）的热输运性能随温度的变化关系如图 4-32 所示。样品的总热导率通过公式 $\kappa_{tot} = Dc_p\rho_d$ 计算，式中 D 为热扩散系数，如图 4-32（a）所示；c_p 为通过杜隆-珀蒂定律计算的样品质量定压热容，如图 4-32（b）所示；ρ_d 为样品密度，如表 4-1 所示。从图 4-32（c）可以看出，样品 $PbZn_{0.01}Se$ 和 $PbNi_{0.01}Se$ 的总热导率接近，且明显高于 $PbCu_{0.01}Se$ 样品的总热导率。样品的总热导率是由电子热导率 κ_{ele} 和晶格热导率 κ_{lat} 组成的，而电子热导率可以根据维德曼-弗兰兹定律进行计算[105, 106]，即 $\kappa_{ele} = L\sigma T$，式中 L 为洛伦兹常数[107, 108]。样品 $PbM_{0.01}Se$（$M = Cu/Zn/Ni$）的洛伦兹常数随温度的变化关系如图 4-32（d）所示。在 673 K 时，$PbCu_{0.01}Se$ 样品的载流子浓度和载流子迁移率同时增大，另外，Cu^+ 或 Cu^{2+} 可能在 PbSe 晶格中移动，这导致 $PbCu_{0.01}Se$ 样品的洛伦兹常数在 673 K 以上时接近常数，相似的趋势在泽贝克系数随温度的变化关系曲线中也可以观察到。因此，通过维德曼-弗兰兹定律计算的 $PbCu_{0.01}Se$ 样品在 673 K 以上的电子热导率也几乎为常数，如图 4-32（e）所示。电子热导率对总热导率的贡献非常大。

$PbM_{0.01}Se$（$M = Cu/Zn/Ni$）的晶格热导率是用总热导率直接减去电子热导率计算得到的，如图 4-32（f）所示。可以看到 $PbCu_{0.01}Se$ 样品的晶格热导率在 773 K 时已达到负值，这在理论上是不可能实现的。因此，这意味着维德曼-弗兰兹定律的强电声耦合假设不适用于高温下（673 K 以上）的 $PbCu_{0.01}Se$ 样品，这表明高温下 $PbCu_{0.01}Se$ 样品的电输运和热输运之间的耦合较弱。这一结果表明，在许多热电材料中，维德曼-弗兰兹定律在弱电声耦合系统中的应用导致电子对热导率的贡献被高估，从而导致计算出的晶格热导率极低。虽然高温下 $PbCu_{0.01}Se$ 样品的晶格热导率很难准确计算，但结果依然表明，引入小原子半径的金属元素后，可以明显降低 PbSe 样品的晶格热导率，尤其是在低温范围内。如在 300 K 时，晶格热导率从原始 PbSe 样品的 2.0 $W\cdot m^{-1}\cdot K^{-1}$ 降低到 $PbZn_{0.01}Se$ 样品的 0.96 $W\cdot m^{-1}\cdot K^{-1}$，相当于降低了 50% 以上，这源于引入的小原子半径金属原子在补偿完本征 Pb 空位后会形成间隙原子团簇。此外，晶格畸变产生的应变也会对声子进行强烈散射，从而大幅度降低 PbSe 的晶格热导率。

为了从显微结构上揭示 $PbCu_{0.01}Se$ 样品异常电输运和热输运性能的起源，通过 STEM 对 $PbCu_{0.01}Se$ 样品和 $PbZn_{0.01}Se$ 样品进行了缺陷表征。

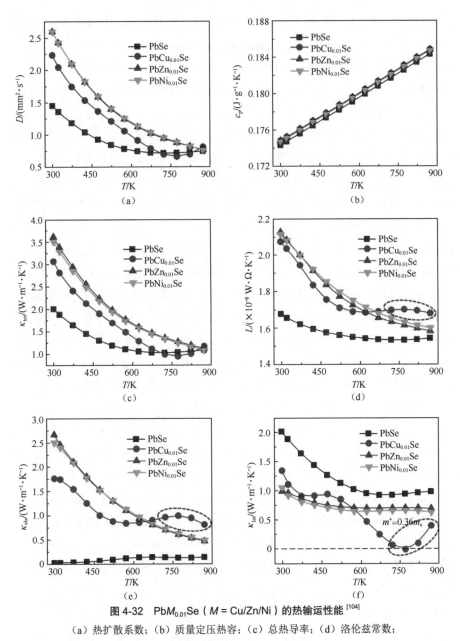

图 4-32　$PbM_{0.01}Se$（M = Cu/Zn/Ni）的热输运性能 [104]

（a）热扩散系数；（b）质量定压热容；（c）总热导率；（d）洛伦兹常数；

（e）电子热导率；（f）晶格热导率

扫描透射电子显微镜高角环形暗场（scanning transmission electron microscope-high angle annular dark field，STEM-HAADF）图像显示的衬度可由质量厚度

（原子数目）或原子序数衬度进行解释，而扫描透射电子显微镜环形明场（scanning transmission electron microscope-annular bright field，STEM-ABF）图像对原子序数衬度依赖性较弱，但对应变很敏感。这两种技术广泛应用于各种尺度的结构缺陷表征，特别是对点缺陷的表征。与在其他铅硫族化合物中掺杂原子半径较小的金属元素类似，Cu、Zn 和 Ni 在填充完本征 Pb 空位后都会进入晶格间隙位置形成间隙原子团簇。图 4-33（a）所示和图 4-33（b）所示为 $PbCu_{0.01}Se$ 样品的显微结构，图 4-33（d）和图 4-33（e）所示为 $PbZn_{0.01}Se$ 样品的显微结构。从图中可以看出 $PbCu_{0.01}Se$ 样品中间隙原子团簇的密度比 $PbZn_{0.01}Se$ 样品的低得多，约为 1/6，这些间隙原子团簇在较低的分辨率下表现为盘状纳米结构。这些纳米结构的细节可以在图 4-33（b）、图 4-33（c1）、图 4-33（c2）和图 4-33（e）中清楚地显示，纳米结构是由具有应变场的有序排列的间隙原子团簇构成的，应变场的方向与间隙原子团簇所在平面垂直。这些间隙原子处于具有岩盐结构的 PbSe 基体的四面体间隙位置。从这些间隙原子的密度来看，它们很可能是沿着观察方向排列。此外，这些有序排列的间隙原子团簇在与 PbSe 基体的界面处发生了强烈的晶格畸变。图 4-33（f）是基于图 4-33（e）进行几何相位分析后得到的样品内应变场分布图谱，从图中可以看到这些由间隙原子引起的应变具有各向异性，应变场的方向主要在垂直于间隙原子团簇所在的平面方向进行分布，表现为间隙原子周围较暗的衬度。结果表明，在低分辨率下观察到的纳米结构实际上是由两层间隙原子的应变场引起的。如图 4-33（g）和图 4-33（h）所示，当沿 [110] 晶带轴方向观察 $PbZn_{0.01}Se$ 样品时，以上这些纳米结构呈椭圆状。图 4-33（f）和图 4-33（h）为具有较高分辨率的 STEM-ABF 图像，从图中可以看出，在纳米结构的中心位置存在盘状的核心结构，相应的应变场分析结果如图 4-33（i）所示，在盘状核心位置有很大的应变场分布。这种有序分布的原子级的间隙原子团簇可以对声子进行强烈散射。低温下观察的 $PbCu_{0.01}Se$ 样品中间隙原子团簇的密度较低，这意味着对声子的散射较弱，因此，其比 $PbZn_{0.01}Se$ 样品和 $PbNi_{0.01}Se$ 样品的晶格热导率更高。然而，从式（4-12）可以看出，引入的 Cu 原子可以在高温下进一步向 PbSe 基体释放电子，动态优化基体载流子浓度，提高高温区的载流子浓度，使 N 型 PbSe 具有更高的电输运性能。

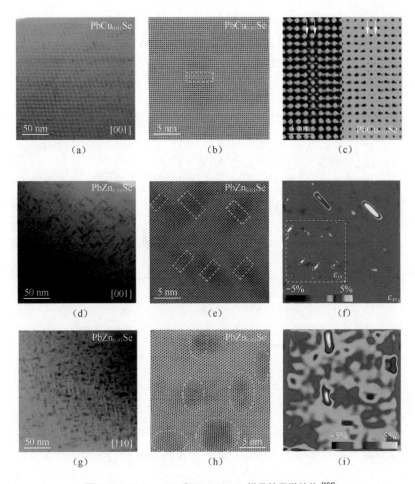

图 4-33　$PbCu_{0.01}Se$ 和 $PbZn_{0.01}Se$ 样品的显微结构 [104]

（a）$PbCu_{0.01}Se$ 样品沿 [001] 晶带轴方向观察的低分辨 STEM-ABF 图像；（b）$PbCu_{0.01}Se$ 样品沿 [001] 晶带轴方向观察的高分辨 STEM-ABF 图像；（c1）、（c2）为聚焦于图（b）中间隙原子团簇位置同时获得的具有原子分辨率的 STEM-HAADF 和 STEM-ABF 图像；（d）$PbZn_{0.01}Se$ 样品沿 [001] 晶带轴方向观察的低分辨 STEM 图像；（e）$PbZn_{0.01}Se$ 样品沿 [001] 晶带轴方向观察的高分辨 STEM-ABF 图像；（f）为图（e）的几何相位分析应变场分布图谱；（g）$PbZn_{0.01}Se$ 样品沿 [110] 晶带轴方向观察的低分辨 STEM 图像；（h）$PbZn_{0.01}Se$ 样品沿 [110] 晶带轴方向观察的高分辨 STEM-ABF 图像；（i）为图（h）的应变场分析结果

　　由于 Cu 原子在 PbSe 基体中存在特殊的动态变化过程，少量额外的 Cu 原子可以大幅度提高功率因子，降低晶格热导率，使 PbSe 样品的热电性能得到明显提升。如图 4-34（a）所示，在 773 K 时，$PbCu_{0.01}Se$ 样品的 ZT_{max} 值可以

达到 1.6，而在 873 K 时，PbZn$_{0.01}$Se 样品的 ZT$_{max}$ 可以达到 1.5。从图 4-34（b）可以看出，PbCu$_{0.01}$Se 样品和 PbZn$_{0.01}$Se 样品在 300 ～ 873 K 的 ZT$_{ave}$ 值分别可以达到 0.96 和 0.84，比未引入金属原子的初始 PbSe 样品（ZT$_{ave}$ 值约为 0.44）提升很多。

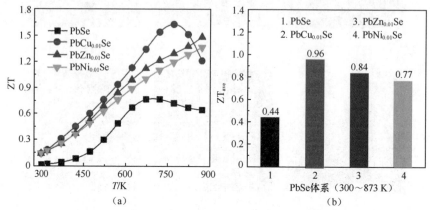

图 4-34　样品 PbM$_{0.01}$Se（M = Cu/Zn/Ni）的热电性能 [104]
（a）ZT 值；（b）ZT$_{ave}$ 值

4.5　本章小结

　　载流子浓度优化是热电材料性能优化的第一步，铅硫族化合物热电材料分别通过施主掺杂和受主掺杂很容易实现 N 型和 P 型载流子浓度的优化。基于最优的载流子浓度再进行能带结构以及微观结构优化可以进一步优化铅硫族化合物热电材料的性能。然而，电子能带和微观结构调控往往会影响铅硫族化合物的载流子浓度范围，导致载流子浓度偏离最优范围，影响电输运性能。所以，在采用多种策略优化铅硫族化合物热电材料性能时，需要多次优化其载流子浓度，以实现载流子浓度与有效质量的最佳匹配。动态掺杂是优化铅硫族化合物热电材料全温域热电性能的一种非常有效的方法，但目前只能在 N 型体系中实现，P 型体系中的载流子动态调控策略需要进一步探索。载流子迁移率对铅硫族化合物热电材料的热电性能至关重要，小尺寸的间隙原子掺杂能大幅优化载流子迁移率。但目前对间隙原子与载流子迁移率之间的关系缺乏深入细致的研究。

4.6 参考文献

[1] ZHOU C, YU Y, LEE Y L, et al. Exceptionally high average power factor and thermoelectric figure of merit in n-type PbSe by the dual incorporation of Cu and Te [J]. Journal of the American Chemical Society, 2020, 142(35): 15172-15186.

[2] DING G, SI J, YANG S, et al. High thermoelectric properties of n-type Cd-doped PbTe prepared by melt spinning [J]. Scripta Materialia, 2016, 122: 1-4.

[3] YANG L, CHEN Z G, HONG M, et al. n-type Bi-doped PbTe nanocubes with enhanced thermoelectric performance [J]. Nano Energy, 2017, 31: 105-112.

[4] AHN K, HAN M-K, HE J, et al. Exploring resonance levels and nanostructuring in the PbTe-CdTe system and enhancement of the thermoelectric figure of merit [J]. Journal of the American Chemical Society, 2010, 132(14): 5227-5235.

[5] JOOD P, OHTA M, KUNII M, et al. Enhanced average thermoelectric figure of merit of n-type $PbTe_{1-x}I_x$-MgTe [J]. Journal of Materials Chemistry C, 2015, 3(40): 10401-10408.

[6] COHEN I, KALLER M, KOMISARCHIK G, et al. Enhancement of the thermoelectric properties of n-type PbTe by Na and Cl co-doping [J]. Journal of Materials Chemistry C, 2015, 3(37): 9559-9564.

[7] POPESCU A, DATTA A, NOLAS G S, et al. Thermoelectric properties of Bi-doped PbTe composites [J]. Journal of Applied Physics, 2011, 109(10): 103709.

[8] AHN K, LI C, UHER C, et al. Improvement in the thermoelectric figure of merit by La/Ag cosubstitution in PbTe [J]. Chemistry of Materials, 2009, 21(7): 1361-1367.

[9] PEI Y, GIBBS Z M, GLOSKOVSKII A, et al. Optimum carrier concentration in n-type PbTe thermoelectrics [J]. Advanced Energy Materials, 2014, 4(13): 1400486.

[10] RAWAT P K, PAUL B, BANERJI P. Exploration of Zn resonance levels and thermoelectric properties in I-doped PbTe with ZnTe nanostructures [J]. ACS Applied Materials & Interfaces, 2014, 6(6): 3995-4004.

[11] XIAO Y, WU H, LI W, et al. Remarkable roles of Cu to synergistically optimize

phonon and carrier transport in n-type PbTe-Cu$_2$Te [J]. Journal of the American Chemical Society, 2017, 139(51): 18732-18738.

[12] XIAO Y, WANG D, ZHANG Y, et al. Band sharpening and band alignment enable high quality factor to enhance thermoelectric performance in n-type PbS [J]. Journal of the American Chemical Society, 2020, 142(8): 4051-4060.

[13] XIAO Y, WANG D, QIN B, et al. Approaching topological insulating states leads to high thermoelectric performance in n-type PbTe [J]. Journal of the American Chemical Society, 2018, 140(40): 13097-13102.

[14] XIAO Y, WU H, CUI J, et al. Realizing high performance n-type PbTe by synergistically optimizing effective mass and carrier mobility and suppressing bipolar thermal conductivity [J]. Energy & Environmental Science, 2018, 11(9): 2486-2495.

[15] WANG S, XIAO Y, CHEN Y, et al. Hierarchical structures lead to high thermoelectric performance in Cu$_{m+n}$Pb$_{100}$Sb$_m$Te$_{100}$Se$_{2m}$ (CLAST) [J]. Energy & Environmental Science, 2021, 14(1): 451-461.

[16] WANG D, QIN Y, WANG S, et al. Synergistically enhancing thermoelectric performance of n‐type PbTe with indium doping and sulfur alloying [J]. Annalen der Physik, 2019, 523(11): 1900421.

[17] QIN Y, HONG T, QIN B, et al. Contrasting Cu roles lead to high ranged thermoelectric performance of PbS [J]. Advanced Functional Materials, 2021, 31(34): 2102185.

[18] QIAN X, XIAO Y, CHANG C, et al. Synergistically optimizing electrical and thermal transport properties of n-type PbSe [J]. Progress in Natural Science: Materials International, 2018, 28(3): 275-280.

[19] QIAN X, ZHENG L, XIAO Y, et al. Enhancing thermoelectric performance of n-type PbSe via additional meso-scale phonon scattering [J]. Inorganic Chemistry Frontiers, 2017, 4(4): 719-726.

[20] QIAN X, WU H, WANG D, et al. Synergistically optimizing interdependent thermoelectric parameters of n-type PbSe through alloying CdSe [J]. Energy & Environmental Science, 2019, 12(6): 1969-1978.

[21] WANG H, PEI Y Z, LALONDE A D, et al. Heavily doped p-type PbSe with high

thermoelectric performance: an alternative for PbTe [J]. Advanced Materials, 2011, 23(11): 1366-1370.

[22] SU X, HAO S, BAILEY T P, et al. Weak electron phonon coupling and deep level impurity for high thermoelectric performance $Pb_{1-x}Ga_xTe$ [J]. Advanced Energy Materials, 2018, 8(21): 1800659.

[23] PEI Y, MAY A F, SNYDER G J. Self-tuning the carrier concentration of PbTe/Ag_2Te composites with excess Ag for high thermoelectric performance [J]. Advanced Energy Materials, 2011, 1(2): 291-296.

[24] ZHANG Q, SONG Q, WANG X, et al. Deep defect level engineering: a strategy of optimizing the carrier concentration for high thermoelectric performance [J]. Energy & Environmental Science, 2018, 11(4): 933-940.

[25] XIAO Y, WU H, WANG D, et al. Amphoteric indium enables carrier engineering to enhance the power factor and thermoelectric performance in n-type $Ag_nPb_{100}In_nTe_{100+2n}$ (LIST) [J]. Advanced Energy Materials, 2019, 9(17): 1900414.

[26] SNYDER G J, TOBERER E S. Complex thermoelectric materials [J]. Nature Materials, 2008, 7(2): 105-114.

[27] TAN G, ZHAO L D, KANATZIDIS M G. Rationally designing high-performance bulk thermoelectric materials [J]. Chemical Reviews, 2016, 116(19): 12123-12149.

[28] SHI X L, ZOU J, CHEN Z-G. Advanced thermoelectric design: from materials and structures to devices [J]. Chemical Reviews, 2020, 120(15): 7399-7515.

[29] LALONDE A D, PEI Y, SNYDER G J. Reevaluation of $PbTe_{1-x}I_x$ as high performance n-type thermoelectric material [J]. Energy & Environmental Science, 2011, 4(6): 2090-2096.

[30] XIAO Y, LI W, CHANG C, et al. Synergistically optimizing thermoelectric transport properties of n-type PbTe via Se and Sn co-alloying [J]. Journal of Alloys and Compounds, 2017, 724: 208-221.

[31] YANG M M, ZHU H Y, LI H T, et al. Electrical transport and thermoelectric properties of $PbTe_{1-x}I_x$ synthesized by high pressure and high temperature [J]. Journal of Alloys and Compounds, 2017, 696: 161-165.

[32] RAWAT P K, PAUL B, BANERJI P. Impurity-band induced transport phenomenon

and thermoelectric properties in Yb doped $PbTe_{1-x}I_x$ [J]. Physical Chemistry Chemical Physics, 2013, 15(39): 16686-16692.

[33] BALI A, CHETTY R, SHARMA A, et al. Thermoelectric properties of In and I doped PbTe [J]. Journal of Applied Physics, 2016, 120(17): 175101.

[34] TAN G, STOUMPOS C C, WANG S, et al. Subtle roles of Sb and S in regulating the thermoelectric properties of n-type PbTe to high performance [J]. Advanced Energy Materials, 2017, 7(18): 1700099.

[35] LEE M H, YUN J H, KIM G, et al. Synergetic enhancement of thermoelectric performance by selective charge anderson localization–delocalization transition in n-type Bi-doped $PbTe/Ag_2Te$ nanocomposite [J]. ACS Nano, 2019, 13(4): 3806-3815.

[36] DOW H S, OH M W, KIM B S, et al. Effect of Ag or Sb addition on the thermoelectric properties of PbTe [J]. Journal of Applied Physics, 2010, 108(11): 113709.

[37] LEE Y, LO S H, CHEN C, et al. Contrasting role of antimony and bismuth dopants on the thermoelectric performance of lead selenide [J]. Nature Communications, 2014, 5: 3640.

[38] WANG H, PEI Y, LALONDE A D, et al. Weak electron–phonon coupling contributing to high thermoelectric performance in n-type PbSe [J]. Proceedings of the National Academy of Sciences, 2012, 109(25): 9705-9709.

[39] WANG H, SCHECHTEL E, PEI Y, et al. High thermoelectric efficiency of n-type PbS [J]. Advanced Energy Materials, 2013, 3(4): 488-495.

[40] HOU Z, QIU Y, REN D, et al. Enhancing thermoelectric transport properties of n-type PbS through introducing CaS/SrS [J]. Journal of Solid State Chemistry, 2019, 280:130-138.

[41] YOU L, ZHANG J, PAN S, et al. Realization of higher thermoelectric performance by dynamic doping of copper in n-type PbTe [J]. Energy & Environmental Science, 2019, 12(10): 3089-3098.

[42] YOU L, LIU Y, LI X, et al. Boosting the thermoelectric performance of PbSe through dynamic doping and hierarchical phonon scattering [J]. Energy & Environmental Science, 2018, 11(7): 1848-1858.

106

[43]　XIAO Y, ZHAO L D. Charge and phonon transport in PbTe-based thermoelectric materials [J]. Nature Partner Journals Quantum Materials, 2018, 3(1): 55.

[44]　QIN Y, WANG D, HOU Z, et al. Thermoelectric transport properties of PbS and its contrasting electronic band structures [J]. Scripta Materialia, 2020, 185: 76-81.

[45]　HOU Z, WANG D, WANG J, et al. Contrasting thermoelectric transport behaviors of p-type PbS caused by doping Alkali metals (Li and Na) [J]. Research, 2020, 2020: 4084532.

[46]　WU D, ZHAO L D, TONG X, et al. Superior thermoelectric performance in PbTe-PbS pseudo-binary: extremely low thermal conductivity and modulated carrier concentration [J]. Energy & Environmental Science, 2015, 8(7): 2056-2068.

[47]　TAN G, SHI F, HAO S, et al. Non-equilibrium processing leads to record high thermoelectric figure of merit in PbTe-SrTe [J]. Nature Communications, 2016, 7: 12167.

[48]　ZHAO L D, WU H J, HAO S Q, et al. All-scale hierarchical thermoelectrics: MgTe in PbTe facilitates valence band convergence and suppresses bipolar thermal transport for high performance [J]. Energy & Environmental Science, 2013, 6(11): 3346-3355.

[49]　PEI Y, TAN G, FENG D, et al. Integrating band structure engineering with all-scale hierarchical structuring for high thermoelectric performance in PbTe system [J]. Advanced Energy Materials, 2016, 7(3): 1601450.

[50]　WU H J, ZHAO L D, ZHENG F S, et al. Broad temperature plateau for thermoelectric figure of merit ZT>2 in phase-separated $PbTe_{0.7}S_{0.3}$ [J]. Nature Communications, 2014, 5: 4515.

[51]　BISWAS K, HE J, BLUM I D, et al. High-performance bulk thermoelectrics with all-scale hierarchical architectures [J]. Nature, 2012, 489(7416): 414-418.

[52]　WU Y, CHEN Z, NAN P, et al. Lattice strain advances thermoelectrics [J]. Joule, 2019, 3(5): 1276-1288.

[53]　SKELTON J M, PARKER S C, TOGO A, et al. Thermal physics of the lead chalcogenides PbS, PbSe, and PbTe from first principles [J]. Physical Review B, 2014, 89(20): 205203.

[54]　KAĬDANOV V, RAVICH Y I. Deep and resonance states in $A^{IV} B^{VI}$

semiconductors [J]. Physics-Uspekhi, 1985, 28(1): 31-53.

[55] SKIPETROV E, SKIPETROVA L, KNOTKO A, et al. Scandium resonant impurity level in PbTe [J]. Journal of Applied Physics, 2014, 115(13): 133702.

[56] AHMAD S, HOANG K, MAHANTI S D. Ab initio study of deep defect states in narrow band-gap semiconductors: group Ⅲ impurities in PbTe [J]. Physical Review Letters, 2006, 96(5): 056403.

[57] HOANG K, MAHANTI S, JENA P. Theoretical study of deep-defect states in bulk PbTe and in thin films [J]. Physical Review B, 2007, 76(11): 115432.

[58] JOVOVIC V, THIAGARAJAN S, HEREMANS J, et al. Low temperature thermal, thermoelectric, and thermomagnetic transport in indium rich $Pb_{1-x}Sn_xTe$ alloys [J]. Journal of Applied Physics, 2008, 103(5): 053710.

[59] ZHANG Q, CHERE E K, WANG Y, et al. High thermoelectric performance of n-type $PbTe_{1-y}S_y$ due to deep lying states induced by indium doping and spinodal decomposition [J]. Nano Energy, 2016, 22: 572-582.

[60] XIONG K, LEE G, GUPTA R, et al. Behaviour of group ⅢA impurities in PbTe: implications to improve thermoelectric efficiency [J]. Journal of Physics D: Applied Physics, 2010, 43(40): 405403.

[61] BALI A, WANG H, SNYDER G J, et al. Thermoelectric properties of indium doped $PbTe_{1-y}Se_y$ alloys [J]. Journal of Applied Physics, 2014, 116(3): 033707.

[62] HSU K F, LOO S, GUO F, et al. Cubic $AgPb_mSbTe_{2+m}$: bulk thermoelectric materials with high figure of merit [J]. Science, 2004, 303(5659): 818-821.

[63] ZHOU M, LI J F, KITA T. Nanostructured $AgPb_mSbTe_{m+2}$ system bulk materials with enhanced thermoelectric performance [J]. Journal of the American Chemical Society, 2008, 130(13): 4527-4532.

[64] QUAREZ E, HSU K F, PCIONEK R, et al. Nanostructuring, compositional fluctuations, and atomic ordering in the thermoelectric materials $AgPb_mSbTe_{2+m}$. The myth of solid solutions [J]. Journal of the American Chemical Society, 2005, 127(25): 9177-9190.

[65] LEVIN E, BUD'KO S, SCHMIDT‐ROHR K. Enhancement of thermopower of TAGS‐85 high‐performance thermoelectric material by doping with the rare earth Dy [J]. Advanced Functional Materials, 2012, 22(13): 2766-2774.

[66]　RODENKIRCHEN C, CAGNONI M, JAKOBS S, et al. Employing interfaces with metavalently bonded materials for phonon scattering and control of the thermal conductivity in TAGS-x thermoelectric materials [J]. Advanced Functional Materials, 2020, 30(17): 1910039.

[67]　LEVIN E M, COOK B A, HARRINGA J L, et al. Analysis of Ce- and Yb-doped TAGS-85 materials with enhanced thermoelectric figure of merit [J]. Advanced Functional Materials, 2011, 21(3): 441-447.

[68]　POUDEU P F, D'ANGELO J, DOWNEY A D, et al. High thermoelectric figure of merit and nanostructuring in bulk p-type $Na_{1-x}Pb_mSb_yTe_{m+2}$ [J]. Angewandte Chemie International Edition, 2006, 45(23): 3835-3839.

[69]　SLADE T J, GROVOGUI J A, HAO S, et al. Absence of nanostructuring in $NaPb_mSbTe_{m+2}$: solid solutions with high thermoelectric performance in the intermediate temperature regime [J]. Journal of the American Chemical Society, 2018, 140(22): 7021-7031.

[70]　SOOTSMAN J R, CHUNG D Y, KANATZIDIS M G. New and old concepts in thermoelectric materials [J]. Angewandte Chemie International Edition, 2009, 48(46): 8616-8639.

[71]　LUO Y, YANG J, JIANG Q, et al. Progressive regulation of electrical and thermal transport properties to high‐performance $CuInTe_2$ thermoelectric materials [J]. Advanced Energy Materials, 2016, 6(12): 1600007.

[72]　ZHOU Y C, LI W, WU M H, et al. Influence of defects on the thermoelectricity in SnSe: a comprehensive theoretical study [J]. Physical Review B, 2018, 97(24): 245202.

[73]　MA J, WEI S H, GESSERT T A, et al. Carrier density and compensation in semiconductors with multiple dopants and multiple transition energy levels: case of Cu impurities in CdTe [J]. Physical Review B, 2011, 83(24): 245207.

[74]　ZHU Y, LIU Y, WOOD M, et al. Synergistically optimizing carrier concentration and decreasing sound velocity in n-type $AgInSe_2$ thermoelectrics [J]. Chemistry of Materials, 2019, 31(19): 8182-8190.

[75]　ZACHARY M G, AARON L, SNYDER G J. Optical band gap and the Burstein-Moss effect in iodine doped PbTe using diffuse reflectance infrared Fourier

transform spectroscopy [J]. New Journal of Physics, 2013, 15(7): 075020.

[76]   KAISER W, FAN H Y. Infrared absorption of indium antimonide [J]. Physical Review, 1955, 98(4): 966-968.

[77]   XU B, AGNE M T, FENG T L, et al. Nanocomposites from solution-synthesized PbTe-BiSbTe nanoheterostructure with unity figure of merit at low-medium temperatures (500-600 K) [J]. Advanced Materials, 2017, 29(10): 1605140.

[78]   CHARACHE G W, DEPOY D M, RAYNOLDS J E, et al. Moss–Burstein and plasma reflection characteristics of heavily doped n-type $In_xGa_{1-x}As$ and $InPyAs_{1-y}$ [J]. Journal of Applied Physics, 1999, 86(1): 452-458.

[79]   PALIK E, MITCHELL D, ZEMEL J. Magneto-optical studies of the band structure of PbS [J]. Physical Review, 1964, 135(3A): A763-A778.

[80]   PEI Y, SHI X, LALONDE A, et al. Convergence of electronic bands for high performance bulk thermoelectrics [J]. Nature, 2011, 473(7345): 66-69.

[81]   CHEN X, WU H, CUI J, et al. Extraordinary thermoelectric performance in n-type manganese doped Mg_3Sb_2 Zintl: high band degeneracy, tuned carrier scattering mechanism and hierarchical microstructure [J]. Nano Energy, 2018, 52: 246-255.

[82]   TAN G, SHI F, HAO S, et al. Codoping in SnTe: enhancement of thermoelectric performance through synergy of resonance levels and band convergence [J]. Journal of the American Chemical Society, 2015, 137(15): 5100-5112.

[83]   ZHAO L D, ZHANG X, WU H, et al. Enhanced thermoelectric properties in the counter-doped SnTe system with strained endotaxial SrTe [J]. Journal of the American Chemical Society, 2016, 138(7): 2366-2373.

[84]   GELBSTEIN Y, DASHEVSKY Z, DARIEL M P. High performance n-type PbTe-based materials for thermoelectric applications [J]. Physica B: Condensed Matter, 2005, 363(1): 196-205.

[85]   KOMISARCHIK G, FUKS D, GELBSTEIN Y. High thermoelectric potential of n-type $Pb_{1-x}Ti_xTe$ alloys [J]. Journal of Applied Physics, 2016, 120(5): 055104.

[86]   WANG Z, WANG G, WANG R, et al. Ga-doping-induced carrier tuning and multiphase engineering in n-type PbTe with enhanced thermoelectric performance [J]. ACS Applied Materials & Interfaces, 2018, 10(26): 22401-22407.

[87]   XIAO Y, WU H, SHI H, et al. High-ranged ZT value promotes thermoelectric

cooling and power generation in n-type PbTe [J]. Advanced Energy Materials, 2022, 12(16): 2200204.

[88]　XIAO Y, WU Y, NAN P, et al. Cu interstitials enable carriers and dislocations for thermoelectric enhancements in n-PbTe$_{0.75}$Se$_{0.25}$ [J]. Chem, 2020, 6(2): 523-537.

[89]　QIN C, CHENG L, XIAO Y, et al. Substitutions and dislocations enabled extraordinary n-type thermoelectric PbTe [J]. Materials Today Physics, 2021, 17: 100355.

[90]　XIAO Y, XU L, HONG T, et al. Ultrahigh carrier mobility contributes to remarkably enhanced thermoelectric performance in n-type PbSe [J]. Energy & Environmental Science, 2022, 15(1): 346-355.

[91]　YOU L, LI Z, MA Q, et al. High thermoelectric performance of Cu-Ddoped PbSe-PbS system enabled by high-throughput experimental screening [J]. Research, 2020, 2020: 1736798.

[92]　ZHOU C, YU Y, LEE Y K, et al. High-performance n-type PbSe-Cu$_2$Se thermoelectrics through conduction band engineering and phonon softening [J]. Journal of the American Chemical Society, 2018, 140(45): 15535-15545.

[93]　LIU Z, HONG T, XU L, et al. Lattice expansion enables interstitial doping to achieve a high average ZT in n-type PbS [J]. Interdisciplinary Materials, 2022: 1-10.

[94]　LIU H L, SHI X, XU F F, et al. Copper ion liquid-like thermoelectrics [J]. Nature Materials, 2012, 11(5): 422-425.

[95]　YU B, LIU W, CHEN S, et al. Thermoelectric properties of copper selenide with ordered selenium layer and disordered copper layer [J]. Nano Energy, 2012, 1(3): 472-478.

[96]　YANG L, CHEN Z-G, HAN G, et al. High-performance thermoelectric Cu$_2$Se nanoplates through nanostructure engineering [J]. Nano Energy, 2015, 16: 367-374.

[97]　ZHAO K, QIU P, SHI X, et al. Recent advances in liquid-like thermoelectric materials [J]. Advanced Functional Materials, 2020, 30(8): 1903867.

[98]　HE J, GUEGUEN A, SOOTSMAN J R, et al. Role of self-organization, nanostructuring, and lattice strain on phonon transport in NaPb$_{18-x}$Sn$_x$BiTe$_{20}$

thermoelectric materials [J]. Journal of the American Chemical Society, 2009, 131(49): 17828-17835.

[99] KRASAVIN S. Electron scattering due to dislocation wall strain field in GaN layers [J]. Journal of Applied Physics, 2009, 105(12): 126104.

[100] BISWAS K, HE J, ZHANG Q, et al. Strained endotaxial nanostructures with high thermoelectric figure of merit [J]. Nature Chemistry, 2011, 3(2): 160-166.

[101] LUO Z-Z, ZHANG X, HUA X, et al. High thermoelectric performance in supersaturated solid solutions and nanostructured n-type PbTe-GeTe [J]. Advanced Functional Materials, 2018, 28(31): 1801617.

[102] LIU W, BAI S. Thermoelectric interface materials: a perspective to the challenge of thermoelectric power generation module [J]. Journal of Materiomics, 2019, 5(3): 321-336.

[103] CUI P, LI X, ZHANG N, et al. The development of radioisotope thermoelectric generator in USSR & Russia [J]. Chinese Journal of Power Sources, 2004, 28(12): 803-806.

[104] QIAN X, WANG D, ZHANG Y, et al. Contrasting roles of small metallic elements M (M = Cu, Zn, Ni) in enhancing the thermoelectric performance of n-type Pb$M_{0.01}$Se [J]. Journal of Materials Chemistry A, 2020, 8(11): 5699-5708.

[105] ZHAO L D, DRAVID V P, KANATZIDIS M G. The panoscopic approach to high performance thermoelectrics [J]. Energy & Environmental Science, 2014, 7(1): 251-268.

[106] PEI Y L, CHANG C, WANG Z, et al. Multiple converged conduction bands in $K_2Bi_8Se_{13}$: a promising thermoelectric material with extremely low thermal conductivity [J]. Journal of the American Chemical Society, 2016, 138(50): 16364-16371.

[107] MORI H, USUI H, OCHI M, et al. Temperature-and doping-dependent roles of valleys in the thermoelectric performance of SnSe: a first-principles study [J]. Physical Review B, 2017, 96(8): 085113.

[108] PEI Y, LALONDE A D, HEINZ N A, et al. Stabilizing the optimal carrier concentration for high thermoelectric efficiency [J]. Advanced Materials, 2011, 23(47): 5674-5678.

第5章 态密度有效质量优化策略

5.1 引言

第 4 章介绍了对于一种给定的热电材料，通常通过优化载流子浓度实现其热电性能的提升。优化载流子浓度主要是为了改善材料的电导率，但从计算 ZT 值的公式可知，热电材料的 ZT 值与泽贝克系数的平方成正比，因此增大泽贝克系数比提高电导率更加有效。根据之前的研究，在载流子浓度不变的情况下，材料的热电性能可以通过品质因子 B 表示，其计算公式如下 [1-3]：

$$B = 9\frac{\mu_{\mathrm{w}}}{\kappa_{\mathrm{lat}}}\left(\frac{T}{300}\right)^{5/2} \tag{5-1}$$

式中 μ_{w} 是加权迁移率，单位为 $\mathrm{cm^2 \cdot V^{-1} \cdot s^{-1}}$，可以通过以下公式得到 [4-7]：

$$\mu_{\mathrm{w}} = \mu\left(\frac{m_{\mathrm{d}}^*}{m_{\mathrm{e}}}\right)^{3/2} \tag{5-2}$$

式中 μ 是载流子迁移率；m_{d}^* 是态密度有效质量；m_{e} 是电子有效质量。根据玻耳兹曼输运理论，材料的态密度有效质量 m_{d}^* 与单带有效质量 m_{d}^*、能带简并度 N_{v} 有关，具体表达式如下 [8-11]：

$$m_{\mathrm{d}}^* = N_{\mathrm{v}}^{2/3} m_{\mathrm{b}}^* \tag{5-3}$$

上述表明在载流子浓度不变的情况下，如果想进一步获得更高的热电性能，可以从提高态密度有效质量、提升载流子迁移率和降低晶格热导率入手。本章重点介绍通过提高态密度有效质量来提高材料泽贝克系数的优化策略，主要从多能带简并、能带扁平化、共振能级和能量过滤效应4个方面进行介绍。

5.2 多能带简并

能带简并指的是费米能级进入半导体材料的导带或价带的状态，此时载流子的输运不再需要跨越带隙，从而会极大地降低半导体材料的电阻率，因此简并半导体一般具有良好的电输运性能[12-14]。能带简并度 N_v 指的是材料中导带的等效简并谷数或价带的等效简并峰数。根据式（5-3）可知，m_d^* 与 $N_v^{2/3}$ 成正比，通过调控能带结构增大 N_v 是一种非常有效的提升热电性能的方式[15-18]。许多具有高度对称晶体结构的热电材料存在轻带和重带，当两个能带之间的能量差较小时，就会发生能带收敛；当通过掺杂使费米能级进入重带时，两个能带将同时参与载流子输运，从而提高能带简并度[19-21]。由于轻带和重带的能量差较小，此时载流子在轻带和重带之间跃迁将不再需要跨越很高的能量势垒，从而可以降低谷间散射，保持较高的载流子迁移率[22-23]。一般通过合金化的方法实现多个能带收敛简并，这是提高热电材料的态密度有效质量、获得高功率因子常用的优化策略。

5.2.1 PbTe-MgTe 中的价带简并

具有立方岩盐结构的 PbTe 热电材料，其布里渊区结构如图 5-1（a）所示[19, 24]。从图中可以明显地看出，PbTe 的 L 带的能带简并度 N_v= 4，Σ 带的能带简并度 N_v = 12[19]。一般情况下，L 带与 Σ 带之间存在能量差 $\Delta E_{L-\Sigma}$，$\Delta E_{L-\Sigma}$ 很大会导致载流子很难进入 Σ 带进行输运[10, 25]。图 5-1（b）所示为 PbTe 的能带结构示意，PbTe 的带隙约为 0.3 eV，两个导带（conduction band，C 带）之间的能量差 $\Delta E_{L-\Sigma}$ 高达 0.45 eV，因此电子很难进入 Σ 带。但是 PbTe 价带的 $\Delta E_{L-\Sigma}$ 只有 0.15 eV，随着温度升高，PbTe 的 L 带和 Σ 带会逐渐靠近[19]，很容易实现双价带简并，即空穴载流子可以在 L 带和 Σ 带同时输运，此时 PbTe 的能带简并度 N_v 可以大于 12，从而提高了 PbTe 的态密度有效质量，实现功率因子的提升[26]。

相比通过升高温度实现双价带简并，在 PbTe 基体中进行合金化可以调节 L 带和 Σ 带的相对能量，从而提供一种更加可控的价带收敛的方法。将 IIA 族元素碲化物（MgTe、CaTe、SrTe 和 BaTe）在 PbTe 基体中进行合金化可以形成纳米级沉淀，这些纳米级沉淀可以对声子进行强烈散射。另外，由于它们均具有立方结构，可以与 PbTe 基体形成外延晶界，从而减少对载流子的散射，保持较高的载流子迁移率，最终提升材料的热电性能[27, 28]。图 5-2（a）是 Pb$_{0.98}$Na$_{0.02}$Te-xMgTe（x = 0，1%，2%，4%，5%，6%，8%）样品的粉末 XRD 图谱，可以看到 MgTe 的含量达到 8% 时，仍然只存在单一的 NaCl 结构，在检测范围内没有观察到 MgTe 相或其他杂相。如图 5-2（b）所示，随着 MgTe 含量的增加，PbTe 的晶格常数逐渐降低，这是 Mg^{2+} 的离子半径（0.86 Å）

小于 Pb^{2+} 的离子半径（1.19 Å）造成的。当 MgTe 的含量达到 4% 以后，晶格常数的变化可以忽略不计。图 5-2（c）表明，随着 MgTe 含量增加，未掺杂 Na 的 PbTe-xMgTe（x = 0，1%，2%，4%，5%，6%，8%）样品的红外吸收边向高能方向移动。从图 5-2（d）可以看出，当 MgTe 的含量从 0 增加到 4% 时，PbTe 的带隙从 0.30 eV 增加到 0.38 eV。通常来说，如果 MgTe 与 PbTe 形成固溶体，则 PbTe 的带隙将会随着 MgTe 含量的增加而增加，符合维加德定律。当 MgTe 的含量超过 4% 时，带隙的变化就不再明显。晶格常数和带隙的变化均表明，MgTe 在 PbTe 中的固溶度极限为 4%。

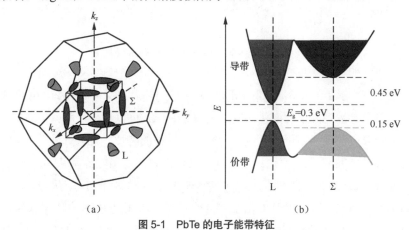

（a）　　　　　　　　　　　　　　　　（b）

图 5-1　PbTe 的电子能带特征

（a）布里渊区结构示意[19]；（b）能带结构示意

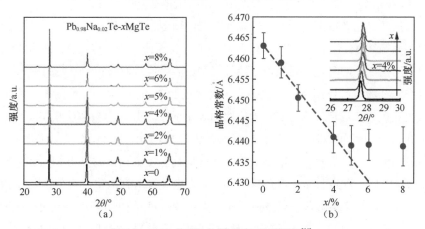

（a）　　　　　　　　　　　　　　　　（b）

图 5-2　PbTe 体系的物相结构和光学带隙[11]

（a）$Pb_{0.98}Na_{0.02}Te$-xMgTe（x = 0，1%，2%，4%，5%，6%，8%）样品的粉末 XRD 图谱；

（b）晶格常数

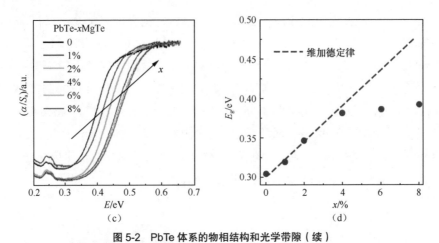

图 5-2 PbTe 体系的物相结构和光学带隙（续）

（c）PbTe-xMgTe（$x = 0$、1%、2%、4%、6%、8%）样品的红外吸收光谱；（d）光学带隙

图 5-3 所示是 Pb$_{0.98}$Na$_{0.02}$Te-xMgTe（$x = 0$、1%、2%、4%、5%、6%、8%）样品的热电参数随温度的变化曲线。从图 5-3（a）可以看出，所有样品的电导率均随着温度的升高而降低，表现为简并半导体的特性。此外，随着 MgTe 含量的增加，PbTe 的电导率也逐渐降低。具体来说，室温电导率从 Pb$_{0.98}$Na$_{0.02}$Te 的 2406 S·cm^{-1} 降低到 Pb$_{0.98}$Na$_{0.02}$Te-8%MgTe 的 984 S·cm^{-1}。从表 5-1 中还可以看出，MgTe 的含量从 0 增加到 4% 时，载流子迁移率降低得很少，但 MgTe 的含量从 4% 增加到 8% 的过程中，载流子迁移率显著降低。同时载流子浓度随 MgTe 含量的增加也表现出逐渐降低的趋势。图 5-3（b）表明，所有样品的泽贝克系数都是正的，表现为 P 型电输运行为。值得注意的是，室温泽贝克系数随 MgTe 含量的增加而升高。很容易看出，Pb$_{0.98}$Na$_{0.02}$Te 的泽贝克系数大约在 750 K 时达到最大值。泽贝克系数的峰值是双极扩散开始的标志，此时在本征激发的作用下，少数载流子会穿过 PbTe 的带隙，从而会降低泽贝克系数并扩大热导率。当 MgTe 含量增加到 4% 时，PbTe 的带隙从 0.30 eV 增加到 0.38 eV，这可以抑制双极扩散行为。从图 5-3（b）中可以看出，随着 MgTe 含量的增加，泽贝克系数的最大值逐渐向更高温度移动，并且当 MgTe 的含量超过 4% 后，样品的泽贝克系数在 923 K 下也没有达到饱和，这个结果与带隙 E_g、最大泽贝克系数 S_{max} 以及最大泽贝克系数所对应的温度 T_{max} 之间的关系相对应，即 $E_g = 2eS_{max}T_{max}$，式中 e 是电子电荷量[29, 30]，说明合金化 MgTe 的确可以扩大 PbTe 的带隙，从而抑制双极扩散效应。

表5-1　实验测得的$Pb_{0.98}Na_{0.02}$Te-xMgTe的热电参数[11]

样品组分	n_H/ ($\times 10^{20}$ cm^{-3})	R_H	μ_H/ ($cm^2 \cdot$ $V^{-1} \cdot s^{-1}$)	S/ ($\mu V \cdot$ K^{-1})	σ/ (S $\cdot$ cm^{-1})	m_d^*/ (m_e)	κ_{lat}(室温)/ (W $\cdot$ $m^{-1} \cdot$ K^{-1})	κ_{lat} (923 K)/ (W $\cdot$ $m^{-1} \cdot K^{-1}$)	ZT_{max}
$Pb_{0.98}Na_{0.02}$Te	1.21	1.05	95	74	2406	0.85	2.83	1.38	1.1
$Pb_{0.98}Na_{0.02}$Te -1%MgTe	1.11	1.06	93	80	1981	0.98	2.62	1.05	1.4
$Pb_{0.98}Na_{0.02}$Te -2%MgTe	1.02	1.06	90	88	1785	1.15	2.51	0.78	1.6
$Pb_{0.98}Na_{0.02}$Te -4%MgTe	1.01	1.06	91	95	1477	1.20	2.27	0.68	1.7
$Pb_{0.98}Na_{0.02}$Te -5%MgTe	0.92	1.07	86	100	1267	1.19	1.90	0.61	1.8
$Pb_{0.98}Na_{0.02}$Te -6%MgTe	0.87	1.09	82	111	1142	1.18	1.74	0.54	2.0
$Pb_{0.98}Na_{0.02}$Te -8%MgTe	0.88	1.09	70	120	984	1.21	1.50	0.53	1.9

注：n_H 为载流子浓度；R_H 为霍尔系数；μ_H 为载流子迁移率；S 为泽贝克系数；σ 为电导率；m_d^* 为态密度有效质量；κ_{lat} 为晶格热导率。

　　从图 5-3（c）可以看出，随着温度的升高，$Pb_{0.98}Na_{0.02}$Te 的功率因子出现了先升高后降低的趋势，在 600 K 达到峰值，约为 28 μW $\cdot$ $cm^{-1} \cdot K^{-2}$，当温度升高到 923 K 时，功率因子降低到 20 μW $\cdot$ $cm^{-1} \cdot K^{-2}$。而通过引入 MgTe，显著提高了 PbTe 在高温区的功率因子，$Pb_{0.98}Na_{0.02}$Te-2%MgTe 的功率因子在 923 K 达到了 25 μW $\cdot$ $cm^{-1} \cdot K^{-2}$。不仅高温区的电输运性能得到明显改善，从图 5-3（d）可以看出，总热导率 κ_{tot} 在全温度范围内大幅度降低，这是电子热导率和晶格热导率同时降低的结果。如图 5-3（e）所示，室温晶格热导率从 $Pb_{0.98}Na_{0.02}$Te 的 2.83 W $\cdot$ $m^{-1} \cdot K^{-1}$ 降低到 $Pb_{0.98}Na_{0.02}$Te-8%MgTe 的 1.50 W $\cdot$ $m^{-1} \cdot K^{-1}$。晶格热导率的显著降低是点缺陷和良好分散的纳米结构对声子散射的结果。功率因子的提升以及显著降低的热导率，使得 $Pb_{0.98}Na_{0.02}$Te-6%MgTe 的 ZT 值在 823 K 达到了 2.0，如图 5-3（f）所示。

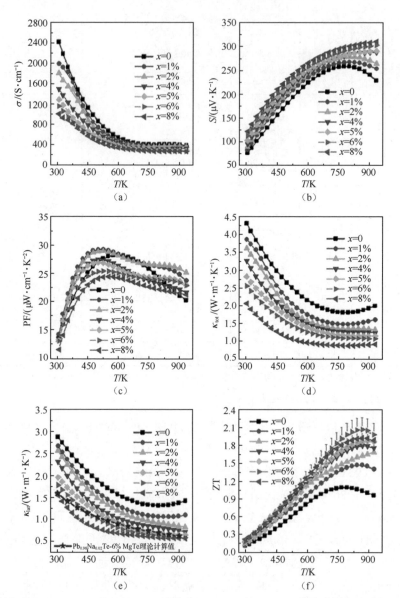

图 5-3 Pb$_{0.98}$Na$_{0.02}$Te-xMgTe（x = 0，1%，2%，4%，5%，6%，8%）体系的热电参数随温度的变化关系 [11]

（a）电导率；（b）泽贝克系数；（c）功率因子；（d）总热导率；（e）晶格热导率；（f）ZT 值

为了分析 MgTe 合金化改善 PbTe 电输运性能的方法，通过基于密度泛函理论（density functional theory，DFT）的第一性原理计算研究了 MgTe 合金化对 PbTe 中导带和价带（L 带和 Σ 带）的影响。从图 5-4（a）可以看出，随着 MgTe 含量的增加，PbTe 的导带几乎没有变化，但两个价带却逐渐向更低的能量方向移动，导致 L 带相对导带的能量差 ΔE_{C-L} 和 Σ 带相对导带的能量差 $\Delta E_{C-\Sigma}$ 均逐渐增大，且 ΔE_{C-L} 增大的速度比 $\Delta E_{C-\Sigma}$ 更快，这使得 L 带和 Σ 带之间的能量差 $\Delta E_{L-\Sigma}$ 逐渐降低 [见图 5-4（b）]。图 5-4（c）所示是 $Pb_{0.98}Na_{0.02}Te$-xMgTe 的霍尔系数（R_H）测试结果，从图中可以看出，霍尔系数的峰值逐渐向低温移动，而 R_H 的极大值是两个价带（L 带和 Σ 带）收敛的标志，这进一步验证了 MgTe 合金化有利于促进 PbTe 价带收敛简并，从而提高其泽贝克系数。通过泽贝克系数与载流子浓度之间建立的 Pisarenko 曲线 [31]，可以很好地分析实验数据。图 5-4（d）中的黑色实线是考虑 P 型 PbTe 价带结构的理论 Pisarenko 曲线 [32-33]，可以看到在相同载流子浓度的情况下，实验测量的 PbTe-MgTe 的泽贝克系数高于 Pisarenko 曲线上的理论值，说明 MgTe 合金化提高了 PbTe 的态密度有效质量和泽贝克系数。这是因为 MgTe 合金化使 PbTe 的两个价带更加靠近，从而降低了 L 带和 Σ 带的收敛温度，使得合金化 MgTe 的样品在低温区的态密度有效质量相比 $Pb_{0.98}Na_{0.02}Te$ 样品有较大幅度增加，即引入 MgTe 促进了 PbTe 的多价带简并。

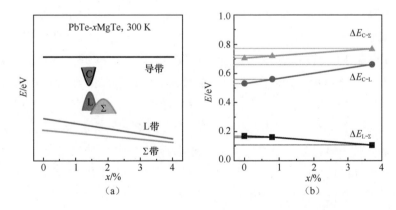

图 5-4　$Pb_{0.98}Na_{0.02}Te$-xMgTe（x = 0，1%，2%，4%，5%，6%，8%）体系的能带结构和热电性能 [11]

（a）能带结构示意；（b）导带、L 带和 Σ 带之间的能量差

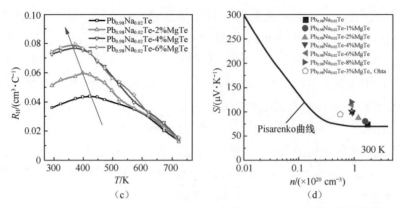

图 5-4　$Pb_{0.98}Na_{0.02}Te$-xMgTe（x = 0，1%，2%，4%，5%，6%，8%）体系的能带结构和热电
性能（续）

（c）霍尔系数随温度的变化关系；（d）泽贝克系数绝对值与载流子浓度的关系，黑色实线是 P 型
PbTe 的理论 Pisarenko 曲线

5.2.2　PbSe-CdSe 中的价带简并

PbSe 与 PbTe 具有相似的晶体结构和能带结构，室温下 PbSe 的带隙（约为 0.26 eV）比 PbTe 的略小 [34-35]，但是两个价带之间的能量差 $\Delta E_{L-\Sigma}$（约为 0.25 eV）却比 PbTe 的大 [36]，这意味着需要更高的载流子浓度才能实现双价带输运，因此通过合金化实现价带收敛是一种提高 PbSe 热电性能非常有效的方式 [37]。Cai 等人通过在掺杂 2% K 的 PbSe 中引入过量的 CdSe，系统地研究了 CdSe 合金化对 PbSe 热电性能的影响机理 [38]。从图 5-5（a）和图 5-5（b）中可以看出，随着 CdSe 含量的增加，PbSe-xCdSe（x = 0，2%，3%，4%，6%，8%，10%）的红外吸收边逐渐向更高的能量方向移动，材料的带隙也从 PbSe 的 0.26 eV 增大到 PbSe-8%CdSe 的 0.41 eV，PbSe-10%CdSe 的带隙略低于 PbSe-8% CdSe 的带隙，红外吸收光谱的形状也与其他样品不同，表明已经达到 CdSe 的固溶度极限，产生了 CdSe 第二相。

为了分析 CdSe 合金化是如何修饰 PbSe 的电子能带边缘位置，Cai 等人在室温条件下对样品做了空气中光电发射产额谱测试，通过拟合光电发射产额谱的线性区域就可以确定样品的功函数 [38]。对于未掺杂的 PbSe-xCdSe，其具有较低的载流子浓度，功函数基本上反映了 L 带顶相对真空层的位置，因此将测量的带隙与功函数相加就确定了导带的位置。未掺杂的 PbSe-xCdSe 和 $Pb_{0.98}K_{0.02}Se$-xCdSe 的功函数如图 5-5（c）所示，结果表明 PbSe 带隙的扩大源于价带边缘向更高的能量方向移动（从纯 PbSe 的 5.03 eV 增大到 PbSe-8%CdSe 的

5.10 eV），导带向更低的能量方向移动。几个掺 K 样品的功函数能量略有增加，表明 L 带顶移动得略慢一些。假设 Σ 带的位置不变，可以估算 L 带和 Σ 带之间的能量差 $\Delta E_{L-\Sigma}$，其从 0.25 eV 降低到了 0.19 eV，如图 5-5（d）所示，这个值已经接近 PbTe 两个价带的能量差（0.15 eV）。

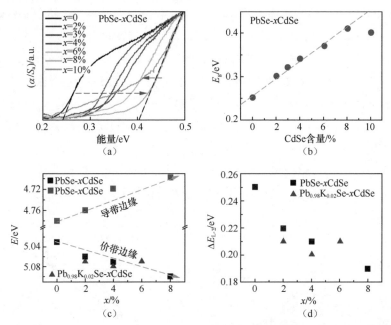

图 5-5　PbSe-xCdSe（x = 0，2%，3%，4%，6%，8%，10%）体系的光学带隙及能带结构 [38]
（a）红外吸收光谱；（b）PbSe 带隙随 CdSe 含量的变化关系；（c）导带边缘和价带边缘的能量随
CdSe 含量的变化；（d）估算的 PbSe 的 L 带与 Σ 带的能量差随 CdSe 含量的变化

　　图 5-6（a）和图 5-6（b）所示的分别是 $Pb_{0.98}K_{0.02}Se$-xCdSe（x = 0，1%，2%，3%，4%，6%，8%，10%）的电导率和泽贝克系数随温度变化的关系曲线，从图中可以看出，所有样品都表现出简并半导体的特性，其中电导率随着温度的升高逐渐降低。在温度较低（300 ~ 500 K）时，主要是以晶界对载流子的散射作用为主，此时晶格振动对载流子的散射很小 [39]。随着温度逐渐升高，材料的晶格振动逐渐增强，载流子的主要散射机制逐渐变为声子散射，此时电导率（σ）一般与温度的倒数（1/T）成正比。另外，$Pb_{0.98}K_{0.02}Se$-xCdSe 在室温的电导率随着 CdSe 含量的增加而逐渐降低，从 $Pb_{0.98}K_{0.02}Se$ 的 3100 S·cm^{-1} 降低到了 $Pb_{0.98}K_{0.02}Se$-6%CdSe 的 950 S·cm^{-1}。而泽贝克系数刚好相反，随着 CdSe 含量的增加，$Pb_{0.98}K_{0.02}Se$-xCdSe 的泽贝克系数逐渐增大，如图 5-6（b）

所示，$Pb_{0.98}K_{0.02}Se$-6%CdSe 的最大泽贝克系数在 923 K 可以达到 290 μV·K^{-1}。所有样品的泽贝克系数都是正的，表明材料为 P 型简并半导体。

为了更好地理解电子能带结构的改变对泽贝克系数的影响机理，Cai 等人[38]通过密度泛函理论计算了 $Pb_{27-n}Cd_nSe_{27}$（n=0，1，2）的能带结构，如图 5-6（c）所示。从图中可以看出，相比纯 PbSe，合金化 CdSe 以后发生了两个重要变化。首先，L 带和 Σ 带的能量差 $\Delta E_{L-\Sigma}$ 下降。其次，增加 Cd 含量以后，PbSe 的 L 带变得扁平化，这也会大幅增加 PbSe 的单带有效质量，在 5.3 节会进行详细介绍，以上两种能带结构的变化使得 PbSe 的态密度有效质量大幅增加。此外，密度泛函理论计算结果表明 Cd 原子取代 Pb 后会导致 Cd 处于不稳定的八面体环境中，Cd 会倾向从八面体中心偏离晶格位置以降低体系的能量。过量的 Cd 引入 PbSe 中会产生 CdSe 纳米级沉淀，其会对声子进行强烈散射，从而大幅降低晶格热导率，最终 $Pb_{0.98}K_{0.02}Se$-6%CdSe 的 ZT_{max} 值可以达到 1.4，如图 5-6（d）所示，400 ～ 923 K 的 ZT_{ave} 值可以达到 0.83。

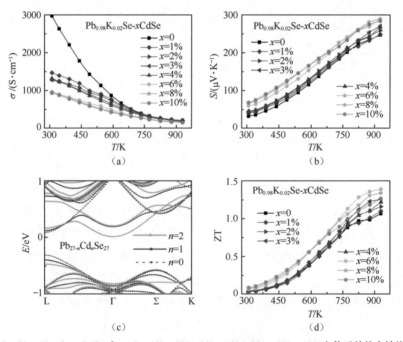

图 5-6　$Pb_{0.98}K_{0.02}Se$-xCdSe（x = 0，1%，2%，3%，4%，6%，8%，10%）体系的热电性能随温度的变化关系及能带结构[38]

（a）电导率；（b）泽贝克系数；（c）能带结构；（d）ZT 值

除了 CdSe 以外，还有很多化合物可以使 PbSe 的价带收敛，实现双价带输运。如 Slade 等人[21]通过在 PbSe 中引入 NaSbSe$_2$，使得 PbSe 的 L 带和 Σ 带之间的能量差 $\Delta E_{L-\Sigma}$ 从 0.25 eV 降低到 PbSe-9%NaSbSe$_2$ 的 0.16 eV，最终合金化 NaSbSe$_2$ 的 PbSe 的 ZT$_{max}$ 值在 873 K 就可以达到 1.4。Wang 等人[14]通过在 Na 掺杂的 PbSe 中引入 SrTe，不仅降低了 L 带、Σ 带之间的能量差 $\Delta E_{L-\Sigma}$，还降低了两个价带发生收敛的温度，使得 Σ 带更早地参与载流子的输运过程，从而提高了 PbSe 的简并度和态密度有效质量，最终合金化 8%SrTe 的 PbSe 样品的 ZT$_{max}$ 值在 900 K 可以达到 1.5。Tan 等人[13]发现在 PbSe 中合金化 15%PbTe 后，随着温度的升高，L 带、Σ 带的能量差 $\Delta E_{L-\Sigma}$ 下降的速度明显加快，即 PbTe 的合金化可以加快温度升高引起的能带收敛速度。在此基础上，通过在 PbSe$_{0.85}$Te$_{0.15}$ 的 Pb 位掺杂 3%Cd，可以在全温区降低 $\Delta E_{L-\Sigma}$，进一步提高了泽贝克系数。另外，Cd 过量后，CdSe$_{1-y}$Te$_y$ 沉淀会析出，此第二相的价带与 Na 掺杂的 PbSe$_{0.85}$Te$_{0.15}$ 基体的价带对齐，从而可以在增强声子散射的同时保持较高的载流子迁移率，最终 Pb$_{0.95}$Na$_{0.02}$Cd$_{0.03}$Se$_{0.85}$Te$_{0.15}$ 的 ZT$_{max}$ 值在 900 K 可以达到 1.7，400 ~ 900 K 的 ZT$_{ave}$ 值可以达到 1.0，这比 Pb$_{0.98}$Na$_{0.02}$Se 的 ZT 值提高了 70%，ZT$_{ave}$ 值提高了 50%。

以上实例表明，通过合金化的方式降低多个导带或价带之间的能量差，促使多个价带发生收敛简并，的确可以提高半导体材料的态密度有效质量和泽贝克系数，从而获得更高的功率因子和电输运性能。促进能带收敛、实现多能带简并的优化策略已经被应用到其他多种热电材料体系（如 SnTe、SnSe 和 SnS 等）中。铅硫族化合物热电材料优化策略的研究，将为探索其他环境友好型、储量丰富的热电材料提供重要的理论指导和方法借鉴。

5.3　能带扁平化

根据式（5-3），半导体材料的态密度有效质量 m_d^* 与能带简并度 $N_v^{2/3}$ 以及单带有效质量 m_b^* 成正比。因此，要想提高态密度有效质量 m_d^*，除了通过多能带简并提高 N_v 外，还可以通过增大 m_b^* 来实现。单带有效质量 m_b^* 的定义式如下[31,40]：

$$m_b^* = \hbar^2 \left[\frac{\partial^2 E(k)}{\partial^2 k} \right]^{-1} \tag{5-4}$$

式中 $\hbar$ 是约化普朗克常量；$E(\boldsymbol{k})$ 和 $\boldsymbol{k}$ 分别表示倒易空间的能量色散函数和波矢。从式（5-4）可以看出，m_{b}^{*} 与能带的曲率有关，因此可以通过改变能带的形状来增加 m_{b}^{*}，一般通过增大费米能级附近的态密度来实现，主要包括两种常用的方法，即能带扁平化[38, 41]和引入共振能级[42, 43]，本节先介绍能带扁平化，引入共振能级的方法在5.4节进行介绍。

5.3.1　PbTe-MnTe 中的能带扁平化

能带工程被看作一种调控热电材料性能的有效手段，考虑到 N 型 PbTe 的导带结构为单带模型，所以尝试利用元素固溶调整导带形状来改变态密度有效质量，达到优化体系电输运性能的目的。通过熔融法制备的 PbTe-xMnTe（$x = 0$，1%，2%，3%，4%，5%，6%），其粉末 XRD 图谱如图 5-7（a）所示。固溶 Mn 后的 PbTe 样品表现为单相，随着 Mn 含量的增加，样品的衍射峰逐渐向高角度偏移，这是因为 Mn^{2+} 的离子半径（0.8 Å）小于 Pb^{2+} 的离子半径（1.2 Å），因此 PbTe-xMnTe 的晶格常数随着 MnTe 含量的升高而逐渐降低，这与理论计算值的变化趋势保持一致，表明 Mn 已经完全固溶到 PbTe 基体中，如图 5-7（b）所示。

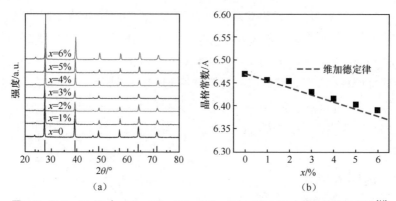

图 5-7　PbTe-xMnTe（$x = 0$，1%，2%，3%，4%，5%，6%）体系的物相结构[41]
（a）粉末 XRD 图谱；（b）晶格常数

从图 5-8（a）可以看出，随着 MnTe 含量的增加，PbTe-xMnTe（$x = 0$，1%，2%，3%，4%，5%，6%）的电导率逐渐降低，室温电导率从 PbTe 中的 2536 S·cm^{-1} 降低到 PbTe-6%MnTe 的 657 S·cm^{-1}。电导率的降低源于合金化 MnTe 后，引入的点缺陷增强了对载流子的散射作用。与此同时，PbTe 的载流子浓度也有所降低，表现为泽贝克系数的绝对值随着 MnTe 含量的增加而逐渐增大，如图 5-8（b）所示。由电导率和泽贝克系数可以计算出功率因子，如图 5-8（c）所示，固溶 1%、2%、3%、4%MnTe 的样品，其功率因子得到大幅提升，尤其在高温区更为明显，最大功率因子从 PbTe 的 19.7 μW·cm^{-1}·K^{-2} 增加到 PbTe-3%MnTe 的 23.7 μW·cm^{-1}·K^{-2}。图 5-8（d）所示的是不同态密度有效质量对应的 N 型 PbTe 的理论 Pisarenko 曲线，可以看到，合金化 MnTe 的 N 型 PbTe 的态密度有效质量均高于理论值（$m_d^* = 0.3m_e$）。相比其他 N 型 PbTe 体系，PbTe-MnTe 的最大态密度有效质量（$0.45m_e$）比合金化 PbS 的 N 型 PbTe[44]（$0.32m_e$）和 La$_2$Te$_3$ 掺杂的 N 型 PbTe[45]（$0.25m_e$）要高很多，说明合金化 MnTe 后，PbTe 的能带结构发生了一定的变化。

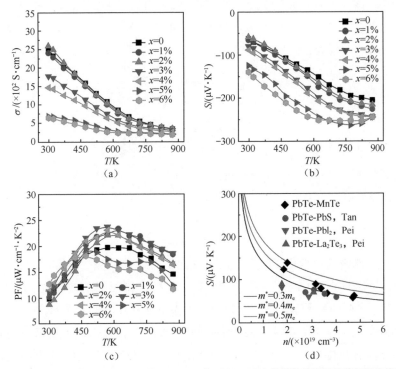

图 5-8　PbTe-xMnTe（x = 0，1%，2%，3%，4%，5%，6%）体系的电输运性能随温度的变化关系[41]

（a）电导率；（b）泽贝克系数；

（c）功率因子；（d）不同态密度有效质量的 N 型 PbTe 对应的理论 Pisarenko 曲线

图 5-9（a）所示的室温霍尔测试结果显示，PbTe-MnTe 体系中，载流子浓度随着 Mn 含量的增加呈下降趋势，而态密度有效质量逐渐上升。载流子浓

度从 PbTe 中的 4.77×10^{19} cm^{-3} 下降到 PbTe-6%MnTe 中的 2.03×10^{19} cm^{-3}，态密度有效质量从 PbTe 中的 $0.32m_e$ 提高到 PbTe-6%MnTe 中的 $0.45m_e$。图 5-9（b）所示的是通过高温霍尔测试得到的样品载流子浓度随温度的变化曲线，可以看到 PbTe-MnTe 的载流子浓度随温度的升高基本保持不变，说明载流子通过单一的导带进行输运，并且 PbTe-xMnTe 的载流子浓度在整个温区均小于 PbTe 的载流子浓度。图 5-9（c）所示的是载流子迁移率随温度的变化关系曲线，PbTe-xMnTe 的载流子浓度随 MnTe 含量的增加而逐渐降低，这主要是引入 MnTe 后，态密度有效质量的增加导致载流子迁移率降低。在整个测量温度范围内，所有的载流子迁移率与温度的关系大致遵循 $\mu \sim T^{-3/2}$，表明在 PbTe-MnTe 体系中，载流子散射机制主要是声学声子散射 [46-48]。

为了定量描述态密度有效质量随温度的变化规律，这里通过单抛物带模型来做计算，计算公式如下 [49-52]：

$$S = \pm \frac{k_B}{e} \left[\frac{(r+5/2)F_{r+2/3}(\eta)}{(r+3/2)F_{r+1/2}(\eta)} - \eta \right] \qquad (5\text{-}5)$$

$$n = 4\pi \left(\frac{2m_d^* k_B T}{h^2} \right)^{3/2} F_{1/2}(\eta) \qquad (5\text{-}6)$$

式中 η 为简约费米能级；r 为散射因子，假设在声学声子散射条件下，$r = -1/2$。费米积分公式为：

$$F_n(\eta) = \int_0^\infty \frac{x^n}{1+e^{x-\eta}} \, dx \qquad (5\text{-}7)$$

费米能级可以通过拟合泽贝克系数得到，结合实验测得的相应温度下的载流子浓度，通过式（5-5）～式（5-7）可以拟合得出态密度有效质量与温度的关系，如图 5-9（d）所示。对于 N 型 PbTe，态密度有效质量从 300 K 下的 $0.32m_e$ 增加到 773 K 下的 $0.42m_e$。对于 Mn 固溶 PbTe 的样品，态密度有效质量同样随温度的升高而增加，在整个温区内 PbTe-MnTe 的态密度有效质量均高于纯 PbTe 的有效质量，且随着 MnTe 含量的增加，PbTe-MnTe 的有效质量进一步增加。

为进一步研究 Mn 固溶 PbTe 的样品中态密度有效质量增加的原因，通过第一性原理计算，获得了 PbTe 随着 MnTe 含量变化的能带结构。首先创建了一个 $3 \times 3 \times 3$ 的 PbTe 超胞，其中含有 54 个原子（含 27 个 Pb 原子和 27 个 Te

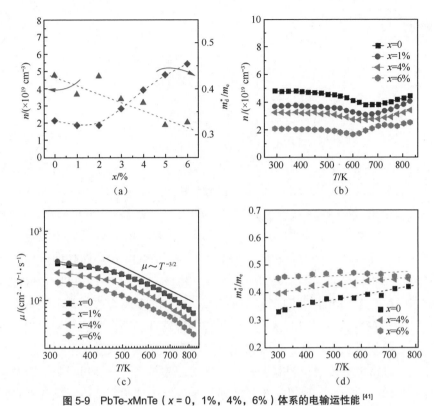

图 5-9　PbTe-xMnTe（x = 0，1%，4%，6%）体系的电输运性能[41]
（a）室温载流子浓度与态密度有效质量；（b）载流子浓度；（c）载流子迁移率；（d）态密度有效
质量

原子）。分别用 1 个和 2 个 Mn 原子取代 Pb 位，计算 Mn 原子对基体能带结构的影响。如图 5-10 所示，Mn 固溶 PbTe 导致体系的 L 带扁平化，MnTe 含量越高，导带形状越扁平。值得注意的是，通过第一性原理计算得到的能带结构中，PbTe-MnTe 的带隙随 MnTe 含量的增加不是单调增加的，这可能与计算时选择的 PbTe-MnTe 超胞有关。因为在超胞中不能完全考虑到多个 Mn 原子的相对位置，这使得计算出的带隙不能完全反映实验结果，这种情况在计算中是常见的，但不影响对实验结果的分析。

为了更清楚地研究 Mn 固溶对 PbTe 能带结构的影响，利用红外吸收光谱测试了 PbTe-MnTe 的光学带隙。随着 MnTe 含量的增加，PbTe-xMnTe 的光学带隙逐渐增大，如图 5-11（a）所示，从 PbTe 的 0.25 eV 增加到 PbTe-6%MnTe 的 0.35 eV。对 PbTe 材料体系而言，其带隙 E_g 与单带有效质量 m_b^* 密切相关，遵循以下关系式[45, 53]：

$$\frac{\hbar^2 k^2}{2m_{\mathrm{b}}^*} = E(\boldsymbol{k})\left[1 + \frac{E(\boldsymbol{k})}{E_{\mathrm{g}}}\right] \tag{5-8}$$

$$\left(\frac{\partial \ln m_{\mathrm{b}}^*}{\partial T}\right)_0 = \left(\frac{\partial \ln E_{\mathrm{g}}}{\partial T}\right)_0 \tag{5-9}$$

即增大带隙同时可以增加PbTe的单带有效质量，且带隙与单带有效质量随温度的变化趋势保持一致。对比室温测试的光学带隙和用泽贝克系数拟合得出的带隙（$E_{\mathrm{g}} = 2eS_{\max}T_{\max}$）发现，利用泽贝克系数拟合出的高温带隙均高于室温测试值，如图5-11（b）所示。这表明PbTe体系的带隙会随温度的升高而增加。因此，进一步测试了PbTe和PbTe-6%MnTe两个样品在300~673 K的带隙。结果如图5-11（c）和图5-11（d）所示，PbTe和PbTe-6%MnTe的带隙均随温度的升高而增大。这种与温度有关的带隙异常变化是Pb原子在高温下强烈的偏心振动引起的，这种振动会导致晶格有较大膨胀，使得载流子与晶格振动的相互作用增强。变温带隙测试也验证了PbTe体系中态密度有效质量随温度升高而增加的趋势，这与利用泽贝克系数拟合得到的结果一致。同时，带隙的增加也有助于抑制高温下产生的双极扩散效应，这将在后面具体讨论。

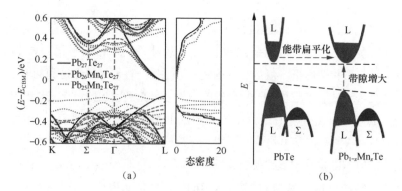

图 5-10　Mn 固溶 PbTe 样品的能带结构[41]

（a）通过第一性原理计算得到的能带结构和态密度，E_{CBM} 为导带底能量；

（b）能带结构变化示意

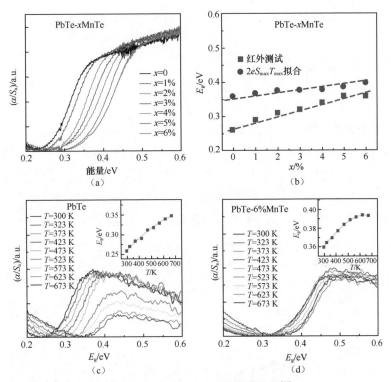

图 5-11 PbTe-xMnTe 体系的光学带隙 [41]

（a）室温下的红外吸收光谱；（b）室温带隙的实验测试结果与理论值对比；（c）PbTe 的变温红外吸收光谱，插图为拟合得到的变温带隙具体数值；（d）PbTe-6%MnTe 的变温红外吸收光谱，插图为拟合得到的变温带隙具体数值

图 5-12 所示为 PbTe-MnTe 的热输运性能随温度的变化曲线。从图 5-12（a）可以看出，Mn 固溶可以显著降低 PbTe 的总热导率，室温下的总热导率从 PbTe 的 3.89 W·m^{-1}·K^{-1} 降低到了 PbTe-6%MnTe 的 1.36 W·m^{-1}·K^{-1}。总热导率的降低主要源于晶格热导率的下降，如图 5-12（b）所示，最低晶格热导率从 PbTe 的 0.74 W·m^{-1}·K^{-1} 降低到了 PbTe-6%MnTe 的 0.49 W·m^{-1}·K^{-1}，这归因于大量的 Mn 替换 Pb 原子形成的点缺陷增强了声子散射。通过 Callaway 模型拟合室温晶格热导率，发现理论值与实验值吻合良好，如图 5-12（b）中插图所示。这说明 Mn 在 PbTe 晶格中形成了完全固溶体，没有额外的纳米析出物和第二相对声子产生散射。如果考虑双极扩散热导率 κ_{bi} 的影响，样品的总热导率可表示为：

$$\kappa_{tot} = \kappa_{ele} + \kappa_{lat} + \kappa_{bi} \tag{5-10}$$

　　为了显示高温区的双极扩散热导率，图 5-12（c）描绘了 $\kappa_{\text{tot}}-\kappa_{\text{ele}}$ 与 $1000/T$ 的关系曲线。理想情况下，如果体系在整个测试温区不出现双极扩散，则晶格热导率与温度之间应该遵循下面的关系 [11, 41]：

$$\kappa_{\text{lat}} = 3.5 \left(\frac{k_{\text{B}}}{h}\right)^3 \frac{M V^{1/3} \theta_{\text{D}}^3}{\gamma^2 T} \qquad (5\text{-}11)$$

式中 h 为普朗克常量，M 为平均原子质量，V 为平均原子体积，θ_{D} 和 γ 分别表示德拜温度和格林艾森参数。从公式中可以看出，理论晶格热导率与温度之间遵循 $\kappa_{\text{lat}} \propto T^{-1}$ 关系，即图5-12（c）中实验数据应为一条直线。但在高温区，$\kappa_{\text{tot}}-\kappa_{\text{ele}}$ 的数值高于晶格热导率的理论值，说明高温区有双极扩散现象产生。而随着MnTe含量的增加，双极扩散现象得到明显抑制，双极扩散热导率 κ_{bi} 显著降低，如图5-12（d）所示。

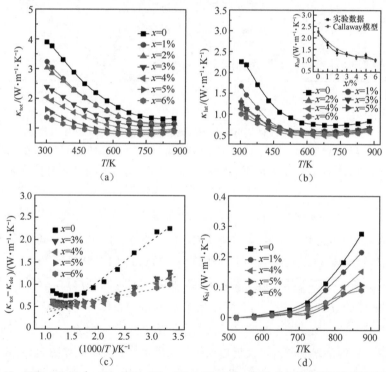

图 5-12　PbTe-xMnTe（$x = 0$, 1%, 2%, 3%, 4%, 5%, 6%）体系的热输运性能随温度的变化曲线 [41]

（a）总热导率；（b）晶格热导率，插图为室温晶格热导率与用 Callaway 模型计算的理论值对比；（c）$\kappa_{\text{tot}}-\kappa_{\text{ele}}$ 与 $1000/T$ 的关系；（d）双极扩散热导率

　　双极扩散热导率的具体数值可以通过表 5-2 中的相关参数计算得到。双极扩散热导率的降低主要是由于 Mn 元素增大了 PbTe 的带隙，带隙与双极扩散热导率遵循以下关系[11,41]：

$$\kappa_{bi} = F_{bi}T^p \exp\left(\frac{-E_g}{2k_BT}\right) \tag{5-12}$$

式中F_{bi}和p为调整参数；E_g为带隙；T为温度；k_B为玻耳兹曼常数。由此关系式可看出，带隙越大，双极扩散热导率越低，这与前文关于 PbTe-MnTe 体系的能带结构分析一致。最终，在 873 K 下，PbTe 中的双极扩散热导率从 0.29 W·m^{-1}·K^{-1}下降到 PbTe-6%MnTe 的 0.10 W·m^{-1}·K^{-1}。

表5-2　PbTe-xMnTe（x = 0，1%，2%，3%，4%，5%，6%）体系的热学相关参数[41]

样品组分	v_l/(m·s^{-1})	v_s/(m·s^{-1})	v_a/(m·s^{-1})	θ_D/K	γ
PbTe	2807	1559	1736	160	1.64
PbTe-1%MnTe	2801	1565	1742	161	1.62
PbTe-2%MnTe	2782	1543	1718	159	1.64
PbTe-3%MnTe	2792	1548	1724	160	1.65
PbTe-4%MnTe	2798	1540	1716	159	1.67
PbTe-5%MnTe	2794	1543	1719	160	1.66
PbTe-6%MnTe	2797	1540	1717	160	1.67

注：v_l为纵波声速；v_s为横波声速；v_a为平均声速；θ_D为德拜温度；γ为格林艾森参数。

　　为了揭示 PbTe-MnTe 体系具有低晶格热导率的原因，利用透射电子显微镜技术对 PbTe-4%MnTe 进行了微观结构表征。图 5-13（a）～图 5-13（c）所示为高分辨明场像和暗场像，图像表明在晶体内部均未发现杂相，晶界处也没有观察到纳米沉淀相。图 5-13（a）插图显示两个晶粒间存在 5°的微小相位差。由于 Pb 在合成过程中会蒸发，无论是在 P 型还是在 N 型 Pb 基材料中，片状沉淀一直被看作固有的纳米结构。所以，如此完整的内部微观结构在具有纳米结构的热电材料中非常少见[54-56]。这种缺陷极少的晶体内部微观结构会降低对声子的散射强度，也有利于保持基体中较高的载流子迁移率。进一步放大观察，如图 5-13（d）和图 5-13（e）所示，晶界处出现宽度为纳米级、长度为微米级的位错缺陷，这些位错缺陷形成一个应变网络，将有效地散射长波和中波声子，同时对载流子输运的影响不大[51]。然后，利用球差扫描透射电子显微镜可详细观察位错缺陷里面的原子排列情况。图 5-13（f）为位错缺陷处的低分辨暗场像，插图为同区域的明场像。图 5-13（g）和图 5-13（h）分别为高分辨 STEM 暗场像和明场像，插图分别为其对应的放大原子排列图，可以清晰地观察到原子错位排列形成的位错线，即晶体中出现的位错缺陷源于大量位错线聚集。图 5-13（i）和图 5-13（j）为图 5-13（h）标注区域的 GPA 应变场分布，可以看出，位错缺陷处有很强的应变场分布，且沿不同方向的应变场分布强度不同，具有很强的各向异性。

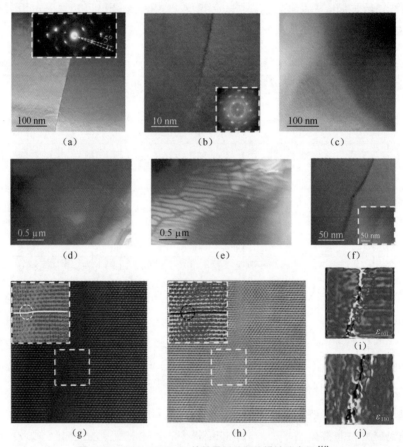

图 5-13　PbTe-4%MnTe 的晶界形貌和位错缺陷表征 [41]

（a）晶界的 TEM 图像，插图为电子衍射图谱；（b）晶界的高分辨 TEM 图像，插图为晶界处的电子衍射图谱；（c）TEM 的晶界图，显示晶界处无纳米沉淀相；（d）、（e）为高密度的位错缺陷；（f）为位错缺陷处的 STEM 暗场像，插图为同区域的明场像；（g）、（h）为高分辨 STEM 的暗场像和明场像，插图均为标注区域的放大图片；（i）、（j）为沿不同方向的 GPA 应变场分布利用球差扫描透射电子显微镜的超高分辨率，可进一步分析 PbTe-4%MnTe 中的点缺陷。图 5-14（a）和图 5-14（b）分别为沿 [001] 和 [110] 方向观察到的电子衍射图谱。可以发现在主衍射斑点周围出现了明显的漫反射，这意味着在基体的原子晶格里藏有局部微观结构。利用高分辨原子结构图像，在该区域的 STEM 暗场像即图 5-14（c）和明场像即图 5-14（d）中均发现了大量的间隙原子。图 5-14（e1）～图 5-14（h1）为图 5-14（d）中不同区域的放大图像，可以更直观地观察到高密度的间隙原子。这些间隙原子会造成严重的晶格畸变，形成应变场，如图 5-14（e2）～图 5-14（h2）。与 PbTe 中间隙 Cu 原子的情况类似[57]，PbTe-MnTe 中的间隙原子也能对晶格局部热振动产生显著影响，高温下对高频声子会产生强烈散射，有助于进一步降低体系晶格热导率[58]。

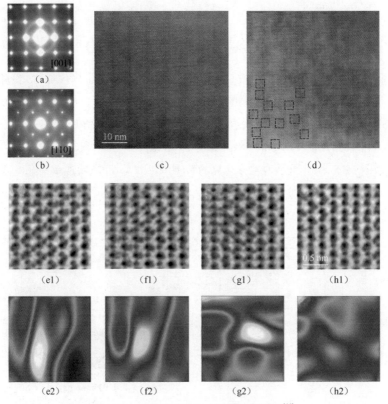

图 5-14　PbTe-4%MnTe 的间隙原子表征[41]

（a）、（b）分别为沿 [001] 和 [110] 方向观察到的电子衍射图谱；（c）高分辨 STEM 暗场像；
（d）高分辨 STEM 明场像；（e1）～（h1）为（d）中不同区域的放大图像；
（e2）～（h2）为（e1）～（h1）对应的 GPA 应变场分布

　　由于 PbTe-MnTe 体系中不存在纳米沉淀相，与其他具有纳米结构的 N 型 PbTe 体系相比，PbTe-MnTe 具有更高的载流子迁移率。图 5-15（a）所示为室温载流子迁移率对比。PbTe-MnTe 体系的室温载流子迁移率保持在 $200 \sim 350 \text{ cm}^2 \cdot \text{V}^{-1} \cdot \text{s}^{-1}$ 这一范围内，远远高于其他 N 型 PbTe 体系，如 PbTe-In-I[59]、PbTe-Pb 空位[60]、PbTe-Ag$_2$Te[61] 和 PbTe-Pb-Sb[62]。图 5-15（b）所示为不同体系的晶格热导率、载流子迁移率与晶格热导率比值的对比。与其他 N 型 PbTe 体系相比，PbTe-MnTe 虽然没有最低的晶格热导率，但其载流子迁移率与晶格热导率比值（μ/κ_{lat}）最高。这表明 Mn 在 PbTe-MnTe 体系内形成的微观结构对声子散射的强度高于载流子散射强度，有利于提升热电优值。为了综合衡量 MnTe 含量对 PbTe 热电性能的影响，这里引入品质因子 B，其计算如下[63]：

$$B = 4.3223 \times 10^{-6} \mu \left(\frac{m_d^*}{m_e} \right)^{3/2} \frac{T^{5/2}}{\kappa_{lat}} \qquad (5\text{-}13)$$

　　图 5-15（c）中插图为 PbTe-MnTe 体系的室温品质因子随 MnTe 含量的变化趋势。固溶 Mn 使 PbTe 体系的品质因子提升了近 90%，从 PbTe 的 1.0 提升到 PbTe-4%MnTe 的 1.9。品质因子的巨大提升使 ZT_{max} 值从 PbTe 的 1.0 提升到 PbTe-4%MnTe 的 1.6，$300 \sim 873 \text{ K}$ 的 ZT_{ave} 值从 0.6 提升到 1.05，如图 5-15（c）所示。图 5-15（d）所示为理论计算的转换效率[64]，最高转换效率在 573 K 的温差下能达到 15%。

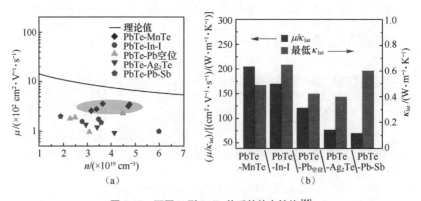

图 5-15　不同 N 型 PbTe 体系的热电性能[41]

（a）载流子迁移率与载流子浓度之间的关系；（b）载流子迁移率与晶格热导率的比值

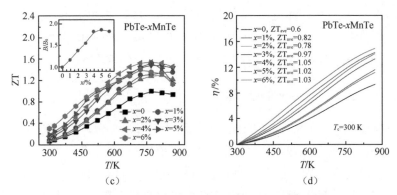

（c）　　　　　　　　　　　　　（d）

图 5-15　不同 N 型 PbTe 体系的热电性能[41]（续）

（c）PbTe-MnTe 体系的 ZT 值，插图为品质因子；（d）计算的转换效率和 ZT_{ave} 值

图 5-16 给出了 PbTe-MnTe 体系与其他通过纳米策略优化的 N 型 PbTe 体系（包括 PbTe-Sb[65]、PbTe-GeTe[66]、PbTe-InSb[67] 和 LAST-18[68]）热电性能对

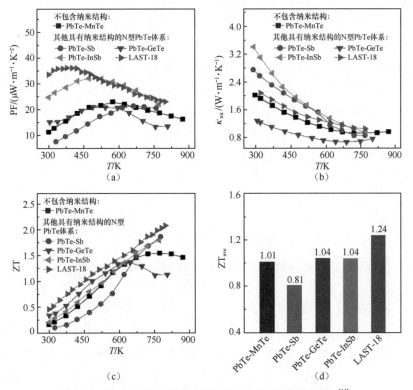

（a）　　　　　　　　　　　　　（b）

（c）　　　　　　　　　　　　　（d）

图 5-16　PbTe-MnTe 与其他 N 型 PbTe 体系的热电性能对比[41]

（a）功率因子；（b）总热导率；（c）ZT 值；（d）ZT_{ave} 值

比。从图中可以看出，PbTe-MnTe 可以在保持高功率因子的同时，仅通过引入点缺陷就获得相对较低的总热导率，最终实现在 $300 \sim 773$ K 的 ZT_{ave} 值达到 1.01，与其他 N 型 PbTe 体系具有相似的热电性能。

5.3.2 PbSe-CdSe 中的能带扁平化

与 PbTe 相比，PbSe 具有更低的有效质量和更小的带隙，因此具有更低的泽贝克系数和更高的双极扩散热导率。为了克服这些缺点，可通过在 1%Sb 掺杂的 N 型 PbSe 中引入 CdSe，协同调控 PbSe 的多个性能参数。与 PbSe 相比，CdSe 具有相似的晶体结构、更大的带隙、较高的固溶度，合金化 CdSe 有利于调整 PbSe 的能带结构。通过熔融法制备的 PbSe-xCdSe（$x = 0$，1%，2%，3%，4%）体系的粉末 XRD 图谱如图 5-17（a）所示，所有样品的衍射峰均与面心立方结构相对应，表明所制备的样品为单相[69]。此外，从 XRD 图谱的放大图中可以看出，样品的衍射峰有规律地向高角度方向偏移。这与样品晶格常数变化的趋势一致，如图 5-17（b）所示，随着 CdSe 含量的增加，样品的晶格常数逐渐降低。这是因为 Cd^{2+} 的离子半径（0.97 Å）小于 Pb^{2+} 的离子半径（1.20 Å），晶格常数的变化情况与维加德定律保持一致[70]。

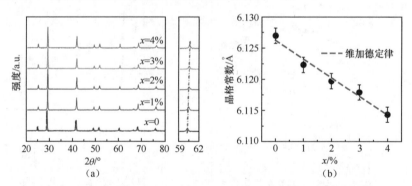

图 5-17　PbSe-xCdSe（$x = 0$，1%，2%，3%，4%）体系的物相结构[71]

（a）粉末 XRD 图谱；（b）晶格常数随 CdSe 含量的变化关系

图 5-18（a）和图 5-18（b）所示的分别是 PbSe-xCdSe（$x = 0$，1%，2%，3%，4%）体系的电导率和泽贝克系数随温度的变化关系曲线，从图中可以看出，所有样品的电导率都随着温度的升高逐渐降低，而泽贝克系数的绝对值随着温度的升高而升高，表现为简并半导体的特性。另外，随着 CdSe 含量的增加，PbSe-x CdSe 的电导率逐渐降低，泽贝克系数的绝对值逐渐增大，这是由

于 CdSe 与 PbSe 之间存在电负性差异，降低了 PbSe 的载流子浓度[72,73]。另外 Cd 替换 Pb 位会引入大量的点缺陷，从而对载流子具有轻微的散射作用，降低了 PbSe 的载流子迁移率。样品 PbSe-xCdSe 在室温下的热电参数如表 5-3 所示，计算的功率因子随温度的变化关系如图 5-18（c）所示，从图中可以看出，尽管合金化 CdSe 后，样品的载流子浓度和载流子迁移率都有所降低，但功率因子的变化却很小。为了探索其原因，基于单抛物带模型[74]，并假设声子散射为主要散射机制，计算了 N 型 PbSe 的态密度有效质量为 $0.27m_e$ 和 $0.36m_e$ 时的理论 Pisarenko 曲线[75,76]，并将实验数据与理论值以及其他 N 型 PbSe 体系[77-79]进行对比，如图 5-18（d）所示。PbSe-CdSe 的态密度有效质量明显高于理论值和其他单掺杂的 N 型 PbSe 体系，这些样品的态密度有效质量介于 $0.27m_e$ 和 $0.36m_e$ 之间。并且随着 CdSe 含量的增加，样品的载流子浓度逐渐降低，态密度有效质量逐渐增大。而从式（5-3）可以知道，态密度有效质量 m_d^* 主要由 N_v 和 m_b^* 决定[18]。而对 N 型 PbSe 来说，只有一个导带可以参与载流子输运，此时对应的 $N_v=4$。由此分析，单带有效质量 m_b^* 的增加导致态密度有效质量 m_d^* 的增加。

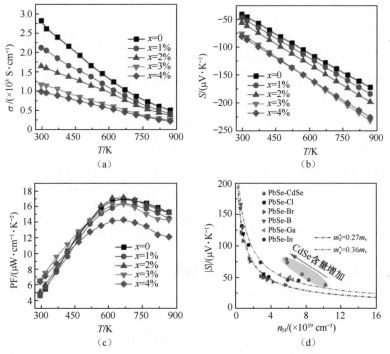

图 5-18　PbSe-xCdSe（x = 0，1%，2%，3%，4%）体系的电输运性能随温度的变化关系[71]
（a）电导率；（b）泽贝克系数；（c）功率因子；（d）理论 Pisarenko 曲线

表5-3　室温下实验测定样品PbSe-xCdSe的热电参数[71]

样品组分	$n_H/$ ($\times 10^{19}$ cm^{-3})	$\mu_H/$ (cm$^2 \cdot$ V$^{-1} \cdot$ s^{-1})	$\sigma/$ (S $\cdot$ cm^{-1})	$S/$ (μV $\cdot$ K^{-1})	$\kappa_{lat}/$ (W $\cdot$ m$^{-1} \cdot$ K^{-1})	ZT$_{max}$
PbSe	10.27	173	2838	−40	2.60	0.9
PbSe-1%CdSe	8.35	161	2145	−47	2.29	1.0
PbSe-2%CdSe	7.60	137	1667	−55	2.13	1.1
PbSe-3%CdSe	5.96	125	1187	−75	2.70	1.4
PbSe-4%CdSe	5.86	107	1005	−80	1.47	1.3

　　为了分析态密度有效质量增加的原因，基于 DFT 的第一性原理计算得到 $Pb_{27}Se_{27}$、$Pb_{63}CdSe_{64}$ 和 $Pb_{26}CdSe_{27}$ 的能带结构，如图 5-19（a）所示。从图中可以看出，$Pb_{27}Se_{27}$ 和 $Pb_{26}CdSe_{27}$ 的价带顶和导带底均位于 L 点，表现为直接半导体的输运特性，而 $Pb_{63}CdSe_{64}$ 的价带顶和导带底位于 Γ 点，这源于 $Pb_{63}CdSe_{64}$ 的晶体对称性较低。图 5-19（b）所示的是 $Pb_{1-x}Cd_xSe$ 的能带结构变化示意，首先比较明显的是 CdSe 合金化后 PbSe 的带隙逐渐增大，$Pb_{27}Se_{27}$、$Pb_{63}CdSe_{64}$ 和 $Pb_{26}CdSe_{27}$ 的带隙分别为 0.17 eV、0.19 eV 和 0.31 eV，与实验测量的带隙 0.25 eV、0.27 eV 和 0.32 eV 存在一定差异，这是由于理论计算选取了 0 K 时的能带结构，而实验测量的是 300 K 下的结果，而随着温度升高，PbSe 的带隙呈逐渐增大的趋势 [80, 81]。尽管存在一定的误差，但 CdSe 合金化后，带隙逐渐增大的趋势是一致的，这有利于抑制 PbSe 在高温下的双极扩散效应 [51]。另外，CdSe 合金化使 PbSe 的导带逐渐变得扁平化，这会增加 PbSe 的单带有效质量 m_b^*。理论计算显示，$Pb_{27}Se_{27}$、$Pb_{63}CdSe_{64}$ 和 $Pb_{26}CdSe_{27}$ 的单带有效质量分别为 $0.26m_e$、$0.33m_e$ 和 $0.37m_e$，这个结果与通过 Pisarenko 曲线得出的结论一致，从理论上证明了 CdSe 合金化的确可以提高 PbSe 的态密度有效质量和泽贝克系数。

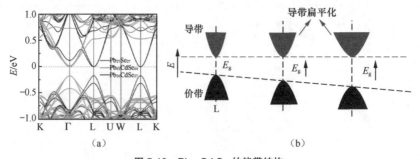

图 5-19　$Pb_{1-x}Cd_xSe$ 的能带结构

（a）基于 DFT 的第一性原理计算得到的 $Pb_{27}Se_{27}$、$Pb_{63}CdSe_{64}$ 和 $Pb_{26}CdSe_{27}$ 的能带结构，费米能级被设定在导带底位置；（b）$Pb_{1-x}Cd_xSe$ 的能带结构变化示意 [71]

PbSe-xCdSe（x = 0，1%，2%，3%，4%）体系的总热导率随温度的变化
关系如图 5-20（a）所示，正如预想的那样，引入 CdSe 以后，PbSe 样品的总
热导率大幅度降低。在 300 K 时，从原始 PbSe 的约 4.54 W·m^{-1}·K^{-1} 降低到
PbSe-4%CdSe 的约 2.08 W·m^{-1}·K^{-1}，而在 873 K 时，则从约 1.38 W·m^{-1}·K^{-1}
降低到约 0.82 W·m^{-1}·K^{-1}。样品总热导率的降低主要源于电子热导率 κ_{ele} 和
晶格热导率 κ_{lat} 同时降低。样品的电子热导率通过维德曼-弗兰兹定律（κ_{ele} =
$L\sigma T$）计算得到，式中 L 为洛伦兹常数 [82-84]。而样品的晶格热导率是通过将
总热导率直接减去电子热导率得到的，其结果如图 5-20（b）所示，样品的晶
格热导率极大地降低。在 300 K 时，从原始 PbSe 的 2.60 W·m^{-1}·K^{-1} 降低
到 PbSe-4%CdSe 的 1.47 W·m^{-1}·K^{-1}，而在 873 K 时，则从 0.62 W·m^{-1}·K^{-1}
降低到 0.48 W·m^{-1}·K^{-1}，这已经接近通过 Cahill 模型 [85] 计算得到的 PbSe 理论
最低晶格热导率（0.37 W·m^{-1}·K^{-1}）。图 5-20（c）所示为单元素掺杂的 PbSe-X
体系 [69, 78, 79] 的晶格热导率与 PbSe-4%CdSe 的晶格热导率对比，可以看到，引
入 CdSe 后，PbSe 的晶格热导率明显低于其他单元素掺杂的 PbSe-X 体系，这
表明样品的晶体结构中很可能存在缺陷。为了分析 PbSe 晶格热导率降低的原
因，我们通过将 300 K 时实验测量的晶格热导率与用 Callaway 模型 [86, 87] 计算
的理论晶格热导率进行对比，如图 5-20(d)所示，可以看到 CdSe 的含量在 2%
以内时，实验值与理论值匹配良好，而当 CdSe 的含量达到 3% 时，实验值明
显低于理论值，说明样品中还存在除了点缺陷以外的其他缺陷。

为了探索低晶格热导率背后潜在的附加声子散射机制，通过扫描透射电
子显微镜表征了 PbSe-3%CdSe 的微观结构。如图 5-21（a）所示，晶粒内部和
晶界处均有高密度的线缺陷阵列，这些线缺陷阵列可以进一步将微米级晶粒划
分为亚纳米级晶粒。值得注意的是，与之前广泛报道的纳米结构系统完全不
同 [88-90]，在这种材料体系中几乎观察不到纳米结构。图 5-21（b）所示是高分
辨 TEM 图像，从图中可以看出样品中含有一些尺寸约为 1.0 nm 的黑点，这些
黑点可能是纳米沉淀前驱体。几何相位分析表明样品内部应变场分布并不均
匀，这可能是这些细小的纳米沉淀前驱体引起的晶格畸变所致。图 5-21（c）
所示的是聚焦于线缺陷阵列的 STEM-HAADF 图像，通过 GPA 得到缺陷阵列
周围的应变场分布如图 5-21（d）所示，结果表明由位错核引起的应变中心与
图 5-21（c）中显示的线缺陷阵列保持一致。为了看清这些缺陷的详细结构特
征，可以借助球差校正的 STEM-HAADF 图像。STEM-HAADF 图像产生的衬

度可以通过质量厚度（原子数量）或原子序数衬度进行解释[91-93]。

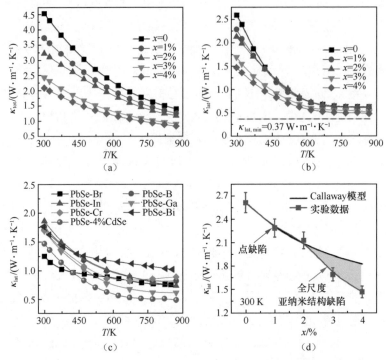

图 5-20　PbSe-xCdSe（x = 0，1%，2%，3%，4%）体系的热输运性能随温度的变化关系[71]
（a）总热导率；（b）晶格热导率；（c）单元素掺杂的 PbSe-X 体系与 PbSe-4%CdSe 的晶格热导率
对比；（d）通过 Callaway 模型计算的 κ_{lat} 与实验值对比

　　图 5-21（e）中所展示的是聚焦于图 5-21（c）中的一处缺陷的具有原子分辨率的 STEM-HAADF 图像。缺陷核周围的衬度弱于基体，这可能是缺陷核心处原子数目的减少导致的。此外，在缺陷核心处可以清晰地观察到有 1/2 晶格间距大小的原子失配度，随着偏离缺陷核心处越来越远，失配度也越来越低。这种弱的衬度以及晶格失配度都反映了此处缺陷是由位错造成的。这些阵列位错核形成亚纳米级的位错网络，可以作为一种重要的声子散射机制，特别是对于长波长和中等波长的声子，会对其造成强烈的散射，但对载流子的输运却不会造成很大的影响[41]。除了上述亚纳米尺度的结构缺陷外，原子尺度的缺陷也存在于此样品体系中，相似的缺陷在 Cu、Mn 掺杂的 PbTe 或 SnTe 热电体系中同样存在[41, 57, 94]。借助球差校正的 STEM，可以直接观察到原子列的情况，这对识别间隙原子尤为重要。具体来说，可采用 STEM-ABF

成像模式进行观察，因为与 STEM-HAADF 成像模式相比，STEM-ABF 对原子序数衬度的依赖性更低，这对于研究更轻的原子非常有用 [95-97]。如图 5-21（f）～图 5-21（h）所示，可以看清具有原子尺度的间隙原子，这些间隙原子倾向于形成间隙原子团簇，并且总存在于离其他结构缺陷很近的地方，例如上面所说的位错核。这些间隙原子的衬度比基体弱得多，这是掺杂剂（Cd 或 Sb）的原子序数衬度比基体 Pb 原子的小，沿厚度方向的原子数量逐渐减少导致的。但是，与没有间隙原子的位置相比，仍然可以观察到较弱的间隙原子的存在。需要指出的是，PbSe-3%CdSe 体系中的间隙相的含量比 Cu 掺杂 PbTe 体系 [57] 中观察到的高密度 Cu 间隙相的含量要低很多，这为进一步优化载流子迁移率和晶格热导率提供了空间。这种原子尺度的间隙原子可以作为另一种重要的声子散射机制，特别是对于短波长声子的散射 [28, 98]。总之，在 PbSe-CdSe 体系中，没有观察到纳米结构，而是观察到了亚纳米尺度的缺陷，这些缺陷包括位错网络和原子尺度的间隙原子 [92]。

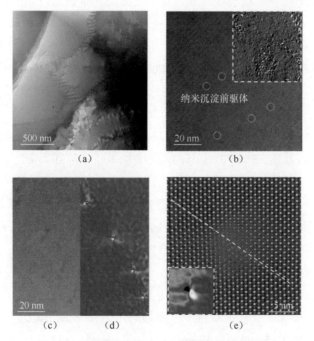

图 5-21　PbSe-3%CdSe 的微观结构表征 [71]

（a）TEM 图像显示线缺陷；（b）高分辨 TEM 图像显示纳米沉淀前驱体，插图为 GPA 应变场分布；（c）STEM-HAADF 图像显示缺陷阵列；（d）为（c）的 GPA 应变场分布；（e）为聚焦于（c）中一处缺陷的 STEM-HAADF 图像，插图为 GPA 应变场分布

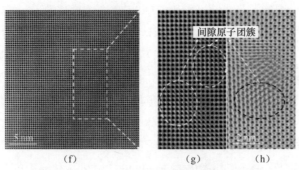

图 5-21　PbSe-3% CdSe 的微观结构表征 [71]（续）

（f）沿 [100] 方向的 STEM-ABF 图像；（g）为（f）所示区域的放大图像，显示两个间隙原子团簇；

（h）沿 [110] 方向的 STEM-ABF 图像，显示在位错旁边存在的一个间隙原子团簇

　　前面第一性原理计算的结果表明，PbSe 的带隙随着引入的 CdSe 含量的增加而增大。为了进一步证实这一结果，我们用傅里叶变换红外光谱仪测试 PbSe-xCdSe 的红外吸收光谱，并计算了样品的光学带隙，如图 5-22（a）所示。随着 CdSe 含量的增加，吸收边向更高的能量方向移动，其斜率在 x 轴上的截距对应样品的光学带隙，这与基于 DFT 的第一性原理计算的结果保持一致。图 5-22（a）插图显示的是 PbSe 的带隙与 CdSe 含量的关系，从图中可以看出，带隙从原始 PbSe 的 0.25 eV 增加到 PbSe-4%CdSe 的 0.34 eV。除此之外，我们还测试了 PbSe-3%CdSe 的带隙随温度的变化关系。如图 5-22（b）所示，PbSe-3%CdSe 的带隙随温度的增加逐渐增大，从图 5-22（b）中的插图可以看出，PbSe-3%CdSe 的带隙从 300 K 的 0.32 eV 增加到 673 K 的 0.38 eV，且随着温度升高，带隙增大的趋势逐渐变缓。这些结果表明，引入 CdSe 后，PbSe 的双极扩散效应确实得到了抑制。为了分析 κ_{bi} 对总热导率的贡献，我们描绘了样品 PbSe-xCdSe（$x = 0$，3%，4%）的 $\kappa_{tot}-\kappa_{ele}$ 随 $1000/T$ 的变化关系，如图 5-22（c）所示。对于原始 PbSe 样品，当温度增加到 573 K，$\kappa_{tot}-\kappa_{ele}$ 与 $1000/T$ 开始逐渐偏离线性关系，这主要源于双极扩散对总热导率的影响。而高温的 κ_{bi} 可以从 $\kappa_{tot}-\kappa_{ele}$ 中直接减去虚线值以进行近似估计。如图 5-22（d）所示，双极扩散热导率明显降低，从 PbSe 的 0.52 W·m^{-1}·K^{-1} 降低到 PbSe-3%CdSe 的 0.23 W·m^{-1}·K^{-1} 和 PbSe-4%CdSe 的 0.18 W·m^{-1}·K^{-1}。

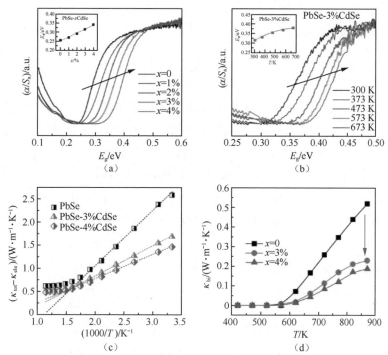

图 5-22　PbSe-xCdSe（x = 0，1%，2%，3%，4%）体系的光学带隙及双极扩散热导率 [71]
（a）室温红外吸收光谱，插图为光学带隙随 CdSe 含量的变化关系；（b）PbSe-3%CdSe 的红外
吸收光谱随温度的变化关系，插图为光学带隙大小随温度的变化关系；（c）热导率（$\kappa_{tot}-\kappa_{ele}$）随
$1000/T$ 的变化关系；（d）双极扩散热导率随温度的变化关系

　　图 5-23（a）显示的是 N 型 PbSe 体系载流子迁移率随载流子浓度的变化
关系。相比其他 N 型 PbSe 体系（如具有大量位错网络的 Pb$_{1-x}$Sb$_{2x/3}$Se [99]，以及
具有高密度点缺陷和纳米结构的 AgPb$_{18}$SbSe$_{20-x}$Cl$_x$ [100]），即便在具有很高载流
子浓度的情况下，PbSe-CdSe 体系具有更高的载流子迁移率，这主要是因为在
PbSe-CdSe 体系中，几乎不存在纳米结构，所观察到的位错网络和原子尺度的
间隙原子都属于亚纳米级缺陷，这对载流子输运的影响很弱，可以减少对载流
子的散射。与此同时，态密度有效质量的增加使得 PbSe-CdSe 具有更高的泽贝
克系数，从而使样品保持很高的功率因子。而晶格热导率的显著降低和双极扩
散的成功抑制导致样品总热导率大幅降低。从图 5-23（b）可以看出，样品的
功率因子只有很小的改变，而总热导率降低得却很明显，这使得 PbSe-CdSe 的
ZT 值明显提升。如图 5-23（c）所示，在 873 K 时，样品的 ZT 值从 PbSe 的 0.9
提高到 PbSe-3%CdSe 的 1.4。

为了进一步评估样品的热电转换效率 η，我们对 PbSe-xCdSe 体系的转换效率进行了理论计算[64]，用到的公式如下：

$$ZT = \left[\frac{T_h - T_c(1-\eta)}{T_h(1-\eta) - T_c}\right]^2 - 1 \tag{5-14}$$

式中 T_h 和 T_c 分别表示热端温度和冷端温度。通过这种方法计算的转换效率考虑了实验测定的$S(T)$、$\sigma(T)$和$\kappa(T)$对温度的依赖关系[64]。如图5-23（d）所示，计算得到的PbSe-3%CdSe的最大转换效率可以达到10.5%。图5-23（e）所示的是PbSe-3%CdSe的ZT值与其他N型PbSe体系PbSe-X（X = Cr[69], Br[78], In[79], Ga[79], B[79]）的对比，可以看出，PbSe-3%CdSe的ZT值明显高于其他PbSe-X体系。此外，PbSe-3%CdSe在300~873 K的ZT$_{ave}$值可以达到0.70，如图5-23（f）所示，明显高于其他N型PbSe体系，这说明引入CdSe是提高N型PbSe热电性能的有效途径。

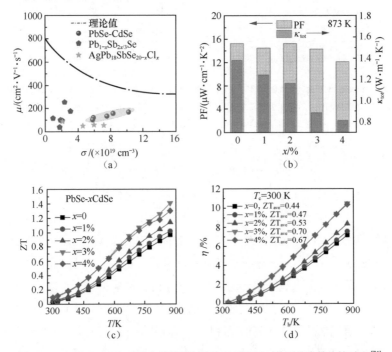

图 5-23　PbSe-xCdSe 的热电性能及与其他 N 型 PbSe 体系热电性能的对比 [71]

（a）载流子迁移率随载流子浓度的变化关系；（b）PbSe-xCdSe 体系在 873 K 的功率因子和总热导率；（c）PbSe-xCdSe 体系的 ZT 值随温度的变化关系；（d）计算的 PbSe-xCdSe 体系的热电转换效率及 ZT$_{ave}$ 值

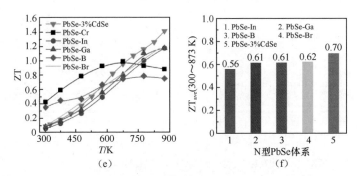

图 5-23　PbSe-*x*CdSe 的热电性能及与其他 N 型 PbSe 体系热电性能的对比 [71]（续）

（e）PbSe-3%CdSe 与其他 N 型 PbSe 体系的 ZT 值对比；（f）PbSe-3%CdSe 与其他 N 型 PbSe 体系的 ZT_ave 值对比

以上实例表明，能带扁平化可使局域态密度增加，有利于增大单带有效质量和泽贝克系数。但需要说明的是，相比多能带简并的优化策略，能带扁平化会降低材料的载流子迁移率，并由此降低电导率。有效质量和载流子迁移率的关系如下 [10, 101]：

$$\mu = \frac{e\tau}{m_{\mathrm{I}}^*}$$
（5-15）

式中 m_{I}^* 是沿载流子输运方向的惯性有效质量，对于各向同性材料，其 $m_{\mathrm{I}}^* = m_{\mathrm{b}}^*$；$\tau$ 是载流子弛豫时间，可见 m_{b}^* 与 μ 成反比。因此，在以声子散射为主要载流子散射机制的情况下，增大 m_{b}^* 就会降低载流子迁移率。如图 5-24（a）所示，在具有相同载流子浓度的 N 型 PbTe 中，La 掺杂的 PbTe 相比 I 掺杂的 PbTe 具有更高的泽贝克系数，这是由于 La 元素的 f 轨道和 Pb 元素的 p 轨道之间存在杂化，导致 PbTe 在 L 点的导带会变得扁平化，从而使 m_{b}^* 增加 [45]。相比之下，I 掺杂的 N 型 PbTe 的导带结构几乎无变化 [102]。但是 La 掺杂的 PbTe 比 I 掺杂的 PbTe 的载流子迁移率低，这导致 La 掺杂 PbTe 的 ZT 值低于 I 掺杂 PbTe 的 ZT 值，如图 5-24（b）所示。因此能带扁平化的优化策略并不适合所有情况，需要协同优化态密度有效质量和载流子迁移率，才能使最终的 ZT 值增加。

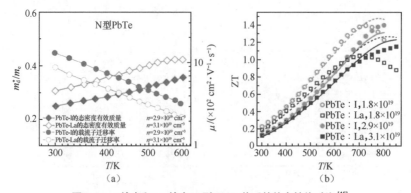

图 5-24　I 掺杂和 La 掺杂 N 型 PbTe 体系的热电性能对比 [45]

（a）态密度有效质量和载流子迁移率对比；（b）ZT 值对比

5.4　共振能级

共振能级最早于 20 世纪 50 年代[103,104]在金属中被发现，被称为"虚拟束缚态"，因此研究者们提出了一种在块体材料中通过扭曲态密度（density of states，DOS）来提高单带有效质量 m_b^* 的方法。共振能级的形成是指在一个狭窄的能量范围（E_R）内，如图 5-25（a）所示，当杂质原子产生的能级进入基体材料的价带或导带时，二者发生共振并进行叠加耦合，导致在费米能级附近的态密度急剧增加，这会大幅增加 m_b^* 和泽贝克系数（绝对值，本节提到的泽贝克系数的增加均指其绝对值）。这种增加可以在理论 Pisarenko 曲线中反映出来，即在同一载流子浓度的情况下，泽贝克系数明显高于理论计算值，如图 5-25（b）所示。

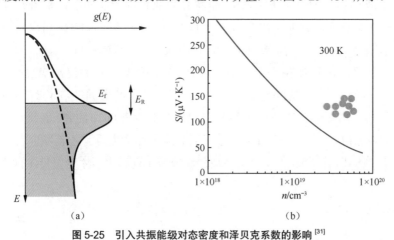

图 5-25　引入共振能级对态密度和泽贝克系数的影响 [31]

（a）态密度的变化示意 [31]；（b）泽贝克系数与理论 Pisarenko 曲线对比示意

增加局域态密度可以提高泽贝克系数（绝对值），这可以通过莫特公式进行解释[31, 40]：

$$S = \frac{\pi^2 k_B^2 T}{3q}\left[\frac{1}{n}\cdot\frac{\mathrm{d}n(E)}{\mathrm{d}E}+\frac{1}{\mu}\cdot\frac{\mathrm{d}\mu(E)}{\mathrm{d}E}\right]_{E=E_f} \tag{5-16}$$

式中 q 是单位电荷量；k_B 是玻耳兹曼常数；n 是载流子浓度；μ 是载流子迁移率；T 是绝对温度。从式（5-16）可以看出，通过引入共振能级提高泽贝克系数主要包含两种机制[40]：一种是提高载流子浓度对能量的依赖性 $n(E)$，由于 $n(E) = g(E)f(E)$，因此可以通过提高局域态密度 $g(E)$ 的斜率以提高泽贝克系数；另一种是提高载流子迁移率对能量的依赖性 $\mu(E)$，引入一种强烈依赖于载流子能量的散射机制，这种机制被称为共振散射[105]。第一种机制是一种与温度几乎无关的固有特性，第二种机制只在温度较低的条件下才有效，温度较低时电声之间的散射作用较弱。而在高温区，声子散射的弛豫时间比共振散射的弛豫时间要短得多，此时共振散射对增加泽贝克系数的效果可以忽略。因此，共振散射对温度非常敏感，只有在接近或低于室温范围时才能起到增加泽贝克系数的作用。通过引入共振能级提高泽贝克系数的最典型的例子就是在ⅣA-ⅥA族化合物中掺杂ⅢA族元素，目前已报道的有PbTe-Tl[31]、PbSe-Al[106]和SnTe-In[42]等体系。

5.4.1　PbTe-Tl 中的共振能级

想要通过引入共振能级提高材料的泽贝克系数，需要密切关注共振能级的位置和宽度，此位置不仅指共振能级相对能带边缘的位置，还指共振能级相对费米能级的位置[10]。以 P 型半导体为例，只有共振能级低于费米能级，即共振能级处于更高的能量态时，泽贝克系数才可能会增加[10]。因此，需要采用不同的掺杂剂调节共振能级和费米能级的位置[107]。至于共振能级的宽度，$0.01 \sim 0.1$ eV 的能量宽度可以保证费米能级处于共振能级内部。这表明 3d 态或 f 态[43] 不如 s 态或 p 态易产生共振能级，因为 3d 态或 f 态太窄了，很难处于费米能级的合适位置[108]。计算结果表明，ⅢA族元素 Ga、In 和 Tl 都可以在传统热电材料 PbTe 中产生共振能级，但这些能级所在的位置不同，导致其对 PbTe 热电性能的影响也不同。PbTe-Ga 体系中 Ga 产生的共振能级是不明确的[109, 110]，而在 PbTe-In 体系中，在温度较低时共振能级位于 PbTe 的导带内，但在室温下共振能级却移动到了带隙中[111]，只有 PbTe-Tl 体系的共振能级位于价带内[110]。光学测量结果表明，PbTe 中有几个与 Tl 相关的能级，其中一个能级位于能带边缘以下 0.06 eV 处，此能级宽度取决于合金的具体成分，但基本在 0.03 eV 的量级范围。

Heremans 等人[31] 通过实验的方式证明了 Tl 元素的确可以在 PbTe 中产生共振能级，从而提高泽贝克系数，如图 5-26（a）所示。红色实线是按照 PbTe 的能带结构计算的 Pisarenko 曲线，而在相同载流子浓度的情况下，PbTe-Tl 的泽贝克系数为理论值的 1.7 ～ 3 倍，泽贝克系数的增加导致 PbTe-Tl 的 ZT 值得到很大提升。如图 5-26（b）所示，相比 Na 掺杂的 PbTe，2%Tl 掺杂的 PbTe 的 ZT 值增加了大约两倍，在 773 K 可以达到 1.5。

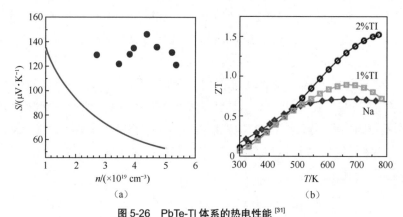

（a）   （b）

图 5-26　PbTe-Tl 体系的热电性能 [31]

（a）红色实线是理论计算的 PbTe 的 Pisarenko 曲线，蓝色圆点是 Tl 掺杂的 PbTe 在不同载流子浓度下的泽贝克系数；（b）Tl 掺杂 PbTe 与 Na 掺杂 PbTe 的 ZT 值对比

5.4.2　PbSe-Al 中的共振能级

前面介绍了 Tl 元素在 PbTe 中能够形成共振能级，从而提高了泽贝克系数，与此类似，Al 元素在 PbSe 中同样可以形成共振能级。不同的是，PbSe-Al 的共振能级位于 PbSe 的导带内，呈现 N 型简并半导体的特性。Zhang 等人[106] 通过机械合金化和热压烧结的方法制备了 PbSe-xAl（$x = 0$，0.005，0.01，0.02，0.03，0.04）、PbSe-xCl（$x = 0.002$，0.01）和 PbSe-xI（$x = 0.005$），以进行对比。图 5-27 所示的是 PbSe-xAl 样品的 XRD 图谱，可以看到所有 PbSe-Al 样品的晶体结构均为面心立方岩盐结构，并且当 Al 的含量 x 在 0 ～ 0.03 这一范围内，没有发现明显的杂相，而当 x 超过 0.03 时，可以观察

到一些明显的杂峰，这使得 PbSe 的热电性能大幅度降低。通过里特沃尔德法（Rietveld method）精修，发现所有样品的晶格常数都在 6.130 ～ 6.133 Å这一范围内，晶格常数几乎不随掺杂量的变化而变化。

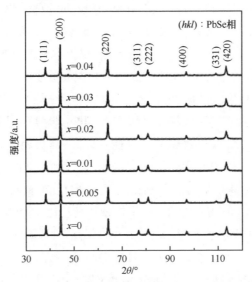

图 5-27　PbSe-xAl（x = 0, 0.005, 0.01, 0.02, 0.03, 0.04）体系的粉末 XRD 图谱[106]

图 5-28（a）所示的是 Al 掺杂 PbSe 的室温泽贝克系数随载流子浓度的变化关系，可以看到所有 PbSe-x Al（x = 0，0.005，0.01，0.02，0.03）体系的泽贝克系数都是负值，表明样品的导电类型为 N 型。图 5-28（a）中虚线是基于单抛物带模型并假设声子散射为主要散射机制的情况下，计算的 N 型和 P 型 PbSe 的理论 Pisarenko 曲线。从图 5-28（a）中可以看出，纯 PbSe 以及 Cl 掺杂、I 掺杂和 Na 掺杂的 PbSe[112] 的泽贝克系数均落在 Pisarenko 曲线上，表明这些元素掺杂并未产生共振能级，也未提高泽贝克系数。然而 Al 掺杂 PbSe 的情况却不同，当 Al 的掺杂量为 0.005 ～ 0.03 时，PbSe 的载流子浓度从 1.78×10^{19} cm^{-3} 增加到 3.96×10^{19} cm^{-3}，但泽贝克系数几乎保持不变，约为 -115 μV·K^{-1}，并未发生明显降低。这与通过单抛物带模型计算的理论值以及具有相同载流子浓度的 PbSe-Cl 的泽贝克系数（绝对值）相比，均提高了 40% ～ 100%，这与 P 型 PbTe-Tl 中的结果非常相似[31]，这是由于在费米能级附近产生了共振能级，增加了局域态密度，从而显著提高了态密度有效质量和泽贝克系数。

为了探索 Al 原子掺杂后 Al 处于 PbSe 晶格中的哪个位置，并研究为何随着载流子浓度的增加，泽贝克系数能够保持不变，Zhang 等人[106] 基于态密度理论利用 PWscf 程序进行了第一性原理计算，研究了 Al 对 PbSe 能带结构的影响。在计算中，使用了完全相对论赝势的方法，首先构建了一个 $2 \times 2 \times 2$ 的包含 64 个原子的超胞，然后把一个 Al 原子放入这个体系中，让其随机占位。那么 Al 有可能取代 Pb 形成 $AlPb_{31}Se_{32}$，也可能取代 Se 形成 $Pb_{32}Se_{31}Al$，还可能进入间隙位置形成 $AlPb_{32}Se_{32}$。然后分别对以上体系进行弛豫，并计算体系的形成能。首先计算了最有可能出现的两种情况的形成能，一种是 Al 取代 Pb 位，其形成能按照 $E_{sub} = E(AlPb_{31}Se_{32}) - E(Pb_{31}Se_{32}) - E(Al)$ 进行计算，另一种是 Al 进入间隙位置，其形成能按照 $E_{int} = E(AlPb_{32}Se_{32}) - E(Pb_{32}Se_{32}) - E(Al)$ 进行计算，最终发现 Al 取代 Pb 位的形成能（$E_{sub} = -0.45\,\mathrm{Ry}$）低于 Al 进入间隙位置的形成能（$E_{int} = -0.18\,\mathrm{Ry}$），这意味着最有可能出现的情况是 Al 取代 Pb 位。通过对能带结构的计算，分别得到了 Al 取代 Pb 位和 Al 进入间隙位置的态密度。如图 5-28（b）所示，与未掺杂情况相比，$AlPb_{31}Se_{32}$ 的态密度在导带附近出现了一个小的凸起，图 5-28（c）所示的是计算的每个原子（包括Al、Pb 和 Se）的局域态密度，发现 Al 在 PbSe 的导带附近的确产生了共振能级。然而，在 Al 进入间隙位置的情况中并未发现相似的共振态，这说明 Al 很可能是取代了 Pb 而不是进入了间隙位置。由于掺杂 Al 元素使 PbSe 的导带附近产生了共振能级，同时还可能存在共振散射，因此随着载流子浓度的增加，PbSe-Al 的泽贝克系数能够一直保持不变[106]。

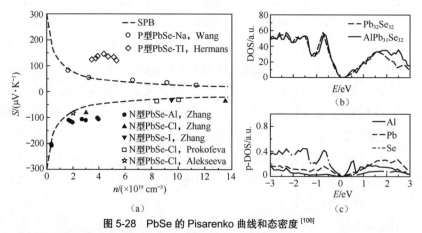

图 5-28　PbSe 的 Pisarenko 曲线和态密度[106]

（a）通过单抛物带模型计算的 N 型和 P 型 PbSe 的理论 Pisarenko 曲线；（b）$Pb_{32}Se_{32}$ 和 $AlPb_{31}Se_{32}$ 的态密度，价带顶位于能量为 0 的位置；（c）$AlPb_{31}Se_{32}$ 中 Al、Pb 和 Se 原子的局域态密度 p-DOS

　　PbSe-xAl 与用相同方法制备的 0.2%Cl 掺杂的 PbSe 的热电性能对比如图 5-29 所示。研究发现，相比 Cl 元素，Al 是比较弱的 N 型掺杂剂，因为 0.2%Cl 掺杂的 PbSe 载流子浓度约为 3.0×10^{19} cm^{-3}，而 2%Al 掺杂的 PbSe 载流子浓度只有 $(2.7 \sim 2.9) \times 10^{19}$ cm^{-3}。然而 0.2%Cl 掺杂的 PbSe 泽贝克系数仅为 -80 μV · K^{-1}，该值的绝对值明显低于 2%Al 掺杂的 PbSe 的泽贝克系数 $(-106$ μV · K$^{-1})$ 的绝对值，如图 5-29（b）所示。这证明 2%Al 掺杂的 PbSe 比 0.2%Cl 掺杂的 PbSe 具有更大的态密度有效质量，这也验证了共振能级的存在[106]。泽贝克系数的增加导致 2%Al 掺杂的 PbSe 具有更高的功率因子，可以达到 2030 μW · m^{-1} · K^{-2}，而 0.2%Cl 掺杂的 PbSe 的最高功率因子仅为 1440 μW · m^{-1} · K^{-2}，如图 5-29（c）和图 5-29（d）所示，1%Al 掺杂的 PbSe 的最高 ZT 值在 850 K 可以达到 1.3。

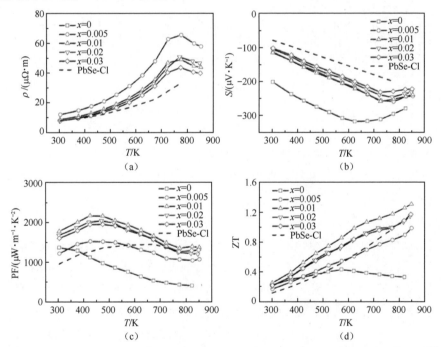

图 5-29　PbSe-xAl（x = 0，0.005，0.01，0.02，0.03）和 0.2%Cl 掺杂的 PbSe 热电性能对比[106]
（a）电阻率；（b）泽贝克系数；（c）功率因子；（d）ZT 值

　　通过引入共振能级提高泽贝克系数的例子还有很多，比如在 Bi$_2$Te$_3$ 中掺杂 Sn 元素也可以产生共振能级[113]。需要注意的是，引入共振能级一般能够大幅度提高低温或室温附近的热电性能，随着温度的升高，共振能级对泽贝克系数增大的效果会逐渐减弱。此外，引入共振能级还会对载流子进行强烈的散射，因此在应用此优化策略时还需要协同调控态密度有效质量和载流子迁移率，才能使热电性能得到提升。

5.5 能量过滤效应

在热电材料基体中引入纳米结构或异质结是我们常用的优化策略，如果引入的纳米结构的能带与基体的能带不对齐，该纳米结构就可以作为载流子能量过滤器，阻挡具有较低能量的载流子输运，这种效应被称为能量过滤效应[114, 115]，它被看作增大泽贝克系数的一种优化策略[10]。

能量过滤的想法最初是在半导体超晶格中实现的，其中交替的能量阻挡层充当能量过滤器[116]。对于块状材料，能量过滤效应的实现取决于纳米粒子或晶界[117]。图 5-30 所示的是能量过滤效应示意，其基本原理可以理解为，由于低能量载流子被小的势垒选择性地过滤掉，在费米能级附近可以获得一个大的能量不对称的微分电导率，从而

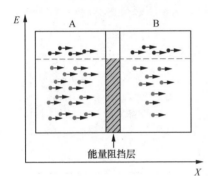

图 5-30 能量过滤效应示意[108]

提高泽贝克系数[108]。能量过滤效应本质上是一个对不同能量的载流子的散射过程，因此可以用散射参数 r 对能量过滤效应进行参数化和表征，当 r 大于离化杂质散射的散射参数 3/2 时，表明存在能量过滤效应。

在简并的 N 型 PbTe 中，当晶粒尺寸从 10 μm 减小到 0.2 μm 时会看到泽贝克系数有明显的增大，这主要源于晶界势垒散射的作用[118]。Heremans 等人进一步研究了这一机制，证明晶粒尺寸为 30 ~ 50 nm 的 PbTe 比块体材料有更大的泽贝克系数[53]。能斯特系数测试表明散射因子 r 从块体材料中的 0.2 ~ 0.7 变为纳米结构中的 0.7 ~ 1.1，证明能量过滤效应的存在。他们在后续的研究中，在含有 Pb 纳米沉淀的多晶 PbTe 中发现了更强的能量过滤效应，对应的散射因子 $r > 3$[114]。需要注意的是，即使纳米结构的密度再高，电子能量过滤效应也不可能完全实现，因为电子波总是可以从纳米粒子周围通过。而且引进的界面和纳米粒子还会降低载流子迁移率，因此需要仔细设计纳米结构，协同优化泽贝克系数和载流子迁移率才能获得更高的功率因子[119]。

5.6　本章小结

本章详细介绍了提高态密度有效质量和泽贝克系数的几种优化策略，态密度有效质量的增加可以通过提高能带简并度 N_v 或者提高单带有效质量 m_b^* 实现，然而这两种优化策略对载流子迁移率的影响明显不同。如果忽略能谷间散射，提高能带简并度，则不会降低载流子迁移率。但是单带有效质量 m_b^* 与载流子迁移率 μ 成反比，如果通过提高 m_b^* 来增加泽贝克系数，就会导致载流子迁移率降低。因此，在应用这些优化策略时，需要协同调控态密度有效质量和载流子迁移率，才能提高材料的热电性能。

5.7　参考文献

[1]　CHASMAR R P, STRATTON R. The thermoelectric figure of merit and its relation to thermoelectric generators [J]. Journal of Electronics and Control, 1959, 7(1): 52-72.

[2]　TAN G J, ZHAO L D, KANATZIDIS M G. Rationally designing high-performance bulk thermoelectric materials [J]. Chemical Reviews, 2016, 116(19): 12123-12149.

[3]　QIN B C, HE W K, ZHAO L D. Estimation of the potential performance in p-type SnSe crystals through evaluating weighted mobility and effective mass [J]. Journal of Materiomics, 2020, 6(4): 671-676.

[4]　SNYDER G J, SNYDER A H, WOOD M, et al. Weighted mobility [J]. Advanced Materials, 2020, 32(25): 2001537.

[5]　PEI Y Z, GIBBS Z M, GLOSKOVSKII A, et al. Optimum carrier concentration in n-type PbTe thermoelectrics [J]. Advanced Energy Materials, 2014, 4(13): 1400486.

[6]　HE W K, QIN B C, ZHAO L D. Predicting the potential performance in p-type SnS crystals via utilizing the weighted mobility and quality factor [J]. Chinese Physics Letters, 2020, 37(8): 087104.

[7]　IMASATO K, KANG S D, SNYDER G J. Exceptional thermoelectric performance in $Mg_3Sb_{0.6}Bi_{1.4}$ for low-grade waste heat recovery [J]. Energy & Environmental

Science, 2019, 12(3): 965-971.

[8]   ZHAO L D, TAN G J, HAO S Q, et al. Ultrahigh power factor and thermoelectric performance in hole-doped single-crystal SnSe [J]. Science, 2016, 351(6269): 141-144.

[9]   LEE Y, LO S H, CHEN C Q, et al. Contrasting role of antimony and bismuth dopants on the thermoelectric performance of lead selenide [J]. Nature Communications, 2014(5): 3640.

[10] ZHU T J, LIU Y T, FU C G, et al. Compromise and synergy in high-efficiency thermoelectric materials [J]. Advanced Materials, 2017, 29(14): 1605884.

[11] ZHAO L D, WU H J, HAO S Q, et al. All-scale hierarchical thermoelectrics: MgTe in PbTe facilitates valence band convergence and suppresses bipolar thermal transport for high performance [J]. Energy & Environmental Science, 2013, 6(11): 3346-3355.

[12] WANG N, LI M, XIAO H, et al. Band degeneracy enhanced thermoelectric performance in layered oxyselenides by first-principles calculations [J].Nature Partner Journals Computational Materials, 2021, 7(1): 18.

[13] TAN G J, HAO S Q, CAI S T, et al. All-scale hierarchically structured p-type PbSe alloys with high thermoelectric performance enabled by improved band degeneracy [J]. Journal of the American Chemical Society, 2019, 141(10): 4480-4486.

[14] WANG H, GIBBS Z M, TAKAGIWA Y, et al. Tuning bands of PbSe for better thermoelectric efficiency [J]. Energy & Environmental Science, 2014, 7(2): 804-811.

[15] LUO Z Z, CAI S T, HAO S Q, et al. Strong valence band convergence to enhance thermoelectric performance in PbSe with two chemically independent controls [J]. Angewandte Chemie-International Edition, 2021, 60(1): 268-273.

[16] ROYCHOWDHURY S, SHENOY U S, WAGHMARE U V, et al. Tailoring of electronic structure and thermoelectric properties of a topological crystalline insulator by chemical doping [J]. Angewandte Chemie-International Edition, 2015, 54(50): 15241-15245.

[17] PEI Y Z, LALONDE A D, HEINZ N A, et al. Stabilizing the optimal carrier

concentration for high thermoelectric efficiency [J]. Advanced Materials, 2011, 23(47): 5674-5678.

[18] PEI Y Z, WANG H, SNYDER G J. Band engineering of thermoelectric materials [J]. Advanced Materials, 2012, 24(46): 6125-6135.

[19] PEI Y Z, SHI X Y, LALONDE A, et al. Convergence of electronic bands for high performance bulk thermoelectrics [J]. Nature, 2011, 473(7345): 66-69.

[20] PEI Y Z, LALONDE A D, HEINZ N A, et al. High thermoelectric figure of merit in PbTe alloys demonstrated in PbTe-CdTe [J]. Advanced Energy Materials, 2012, 2(6): 670-675.

[21] SLADE T J, BAILEY T P, GROVOGUI J A, et al. High thermoelectric performance in PbSe-NaSbSe$_2$ alloys from valence band convergence and low thermal conductivity [J]. Advanced Energy Materials, 2019, 9(30): 1901377.

[22] XIN J Z, TANG Y L, LIU Y T, et al. Valleytronics in thermoelectric materials [J]. Nature Partner Journals Quantum Materials, 2018,(3): 9.

[23] QIN B C, WANG D Y, LIU X X, et al. Power generation and thermoelectric cooling enabled by momentum and energy multiband alignments [J]. Science, 2021, 373(6554): 556-561.

[24] WANG Y, CHEN X, CUI T, et al. Enhanced thermoelectric performance of PbTe within the orthorhombic Pnma phase [J]. Physical Review B, 2007, 76(15): 155127.

[25] PEI Y L, TAN G J, FENG D, et al. Integrating band structure engineering with all-scale hierarchical structuring for high thermoelectric performance in PbTe system [J]. Advanced Energy Materials, 2017, 7(3): 1601450.

[26] SARKAR S, ZHANG X M, HAO S Q, et al. Dual alloying strategy to achieve a high thermoelectric figure of merit and lattice hardening in p-type nanostructured PbTe [J]. ACS Energy Letters, 2018, 3(10): 2593-2601.

[27] BISWAS K, HE J Q, WANG G Y, et al. High thermoelectric figure of merit in nanostructured p-type PbTe-MTe(M = Ca, Ba) [J]. Energy & Environmental Science, 2011, 4(11): 4675-4684.

[28] BISWAS K, HE J Q, BLUM I D, et al. High-performance bulk thermoelectrics with all-scale hierarchical architectures [J]. Nature, 2012, 489(7416): 414-418.

[29] SHI X, CHO J Y, SALVADOR J R, et al. Thermoelectric properties of polycrystalline In₄Se₃ and In₄Te₃ [J]. Applied Physics Letters, 2010, 96(16): 162108.

[30] GIBBS Z M, KIM H S, WANG H, et al. Band gap estimation from temperature dependent Seebeck measurement-deviations from the $2e|S|_{max}T_{max}$ relation [J]. Applied Physics Letters, 2015, 106(2): 022112.

[31] HEREMANS J P, JOVOVIC V, TOBERER E S, et al. Enhancement of thermoelectric efficiency in PbTe by distortion of the electronic density of states [J]. Science, 2008, 321(5888): 554-557.

[32] ROGERS L M. Electron scattering in some Ⅱ-Ⅳ-Ⅵ alloy semiconductors [J]. Journal of Physics D: Applied Physics, 1971, 4(7): 1025-1033.

[33] TAN G J, ZHANG X M, HAO S Q, et al. Enhanced density-of-states effective mass and strained endotaxial nanostructures in Sb-doped $Pb_{0.97}Cd_{0.03}Te$ thermoelectric alloys [J]. ACS Applied Materials & Interfaces, 2019, 11(9): 9197-9204.

[34] CHASAPIS T C, LEE Y, HATZIKRANIOTIS E, et al. Understanding the role and interplay of heavy-hole and light-hole valence bands in the thermoelectric properties of PbSe [J]. Physical Review B, 2015, 91(8): 085207.

[35] SVANE A, CHRISTENSEN N E, CARDONA M, et al. Quasiparticle self-consistent GW calculations for PbS, PbSe, and PbTe: band structure and pressure coefficients [J]. Physical Review B, 2010, 81(24): 245120.

[36] TIAN Z T, GARG J, ESFARJANI K, et al. Phonon conduction in PbSe, PbTe, and $PbTe_{1-x}Se_x$ from first-principles calculations [J]. Physical Review B, 2012, 85(18): 184303.

[37] HODGES J M, HAO S, GROVOGUI J A, et al. Chemical insights into PbSe-x% HgSe: high power factor and improved thermoelectric performance by alloying with discordant atoms [J]. Journal of the American Chemical Society, 2018, 140(51): 18115-18123.

[38] CAI S T, HAO S Q, LUO Z Z, et al. Discordant nature of Cd in PbSe: off-centering and core-shell nanoscale CdSe precipitates lead to high thermoelectric performance [J]. Energy & Environmental Science, 2020, 13(1): 200-211.

[39] KUO J J, KANG S D, IMASATO K, et al. Grain boundary dominated charge

transport in Mg$_3$Sb$_2$-based compounds [J]. Energy & Environmental Science, 2018, 11(2): 429-434.

[40]   HEREMANS J P, WIENDLOCHA B, CHAMOIRE A M. Resonant levels in bulk thermoelectric semiconductors [J]. Energy & Environmental Science, 2012, 5(2): 5510-5530.

[41]   XIAO Y, WU H J, CUI J, et al. Realizing high performance n-type PbTe by synergistically optimizing effective mass and carrier mobility and suppressing bipolar thermal conductivity [J]. Energy & Environmental Science, 2018, 11(9): 2486-2495.

[42]   ZHANG Q, LIAO B L, LAN Y C, et al. High thermoelectric performance by resonant dopant indium in nanostructured SnTe [J]. Proceedings of the National Academy of Sciences of the United States of America, 2013, 110(33): 13261-13266.

[43]   NIELSEN M D, LEVIN E M, JAWORSKI C M, et al. Chromium as resonant donor impurity in PbTe [J]. Physical Review B, 2012, 85(4): 045210.

[44]   TAN G J, STOUMPOS C C, WANG S, et al. Subtle roles of Sb and S in regulating the thermoelectric properties of n-type PbTe to high performance [J]. Advanced Energy Materials, 2017, 7(18): 1700099.

[45]   PEI Y Z, LALONDE A D, WANG H, et al. Low effective mass leading to high thermoelectric performance [J]. Energy & Environmental Science, 2012, 5(7): 7963-7969.

[46]   YOU L, ZHANG J Y, PAN S S, et al. Realization of higher thermoelectric performance by dynamic doping of copper in n-type PbTe [J]. Energy & Environmental Science, 2019, 12(10): 3089-3098.

[47]   ZHANG X Y, PEI Y Z. Manipulation of charge transport in thermoelectrics [J]. Nature Partner Journals Quantum Materials, 2017, 2: 68.

[48]   PEI Y Z, WANG H, GIBBS Z M, et al. Thermopower enhancement in Pb$_{1-x}$Mn$_x$Te alloys and its effect on thermoelectric efficiency [J]. Nature Publishing Group Asia Materials, 2012,(4): e28.

[49]   ZHU J B, ZHANG X M, GUO M C, et al. Restructured single parabolic band model for quick analysis in thermoelectricity [J]. Nature Partner Journals

Computational Materials, 2021, 7(1): 116.

[50] ZHANG X, WANG D Y, WU H J, et al. Simultaneously enhancing the power factor and reducing the thermal conductivity of SnTe via introducing its analogues [J]. Energy & Environmental Science, 2017, 10(11): 2420-2431.

[51] WU H J, CHANG C, FENG D, et al. Synergistically optimized electrical and thermal transport properties of SnTe via alloying high-solubility MnTe [J]. Energy & Environmental Science, 2015, 8(11): 3298-3312.

[52] XIAO Y, LI W, CHANG C, et al. Synergistically optimizing thermoelectric transport properties of n-type PbTe via Se and Sn co-alloying [J]. Journal of Alloys and Compounds, 2017(724): 208-221.

[53] HEREMANS J P, THRUSH C M, MORELLI D T. Thermopower enhancement in lead telluride nanostructures [J]. Physical Review B, 2004, 70(11): 115334.

[54] ANDROULAKIS J, LIN C H, KONG H J, et al. Spinodal decomposition and nucleation and growth as a means to bulk nanostructured thermoelectrics: enhanced performance in $Pb_{1-x}Sn_xTe$-PbS [J]. Journal of the American Chemical Society, 2007, 129(31): 9780-9788.

[55] HE J Q, GIRARD S N, KANATZIDIS M G, et al. Microstructure-lattice thermal conductivity correlation in nanostructured $PbTe_{0.7}S_{0.3}$ thermoelectric materials [J]. Advanced Functional Materials, 2010, 20(5): 764-772.

[56] ZHAO L D, DRAVID V P, KANATZIDIS M G. The panoscopic approach to high performance thermoelectrics [J]. Energy & Environmental Science, 2014, 7(1): 251-268.

[57] XIAO Y, WU H J, LI W, et al. Remarkable roles of Cu to synergistically optimize phonon and carrier transport in n-type $PbTe$-Cu_2Te [J]. Journal of the American Chemical Society, 2017, 139(51): 18732-18738.

[58] QIAN X, WU H, WANG D, et al. Synergistically optimizing interdependent thermoelectric parameters of n-type PbSe through introducing a small amount of Zn [J]. Materials Today Physics, 2019, 9: 100102.

[59] BALI A, CHETTY R, SHARMA A, et al. Thermoelectric properties of In and I doped PbTe [J]. Journal of Applied Physics, 2016, 120(17): 175101.

[60] JOOD P, OHTA M, KUNII M, et al. Enhanced average thermoelectric figure

of merit of n-type PbTe$_{1-x}$I$_x$-MgTe [J]. Journal of Materials Chemistry C, 2015, 3(40): 10401-10408.

[61] PEI Y Z, LENSCH-FALK J, TOBERER E S, et al. High thermoelectric performance in PbTe due to large nanoscale Ag$_2$Te precipitates and La doping [J]. Advanced Functional Materials, 2011, 21(2): 241-249.

[62] SOOTSMAN J R, KONG H, UHER C, et al. Large enhancements in the thermoelectric power factor of bulk PbTe at high temperature by synergistic nanostructuring [J]. Angewandte Chemie-International Edition, 2008, 47(45): 8618-8622.

[63] ZHU H T, MAO J, FENG Z Z, et al. Understanding the asymmetrical thermoelectric performance for discovering promising thermoelectric materials [J]. Science Advances, 2019, 5(6): eaav5813.

[64] SNYDER G J, SNYDER A H. Figure of merit ZT of a thermoelectric device defined from materials properties [J]. Energy & Environmental Science, 2017, 10(11): 2280-2283.

[65] FU L W, YIN M J, WU D, et al. Large enhancement of thermoelectric properties in n-type PbTe via dual-site point defects [J]. Energy & Environmental Science, 2017, 10(9): 2030-2040.

[66] LUO Z Z, ZHANG X, HUA X, et al. High thermoelectric performance in supersaturated solid solutions and nanostructured n-type PbTe-GeTe [J]. Advanced Functional Materials, 2018, 28(31): 1801617.

[67] ZHANG J, WU D, HE D S, et al. Extraordinary thermoelectric performance realized in n-type PbTe through multiphase nanostructure engineering [J]. Advanced Materials, 2017, 29(39): 1703148.

[68] HSU K F, LOO S, GUO F, et al. Cubic AgPb$_m$SbTe$_{2+m}$: bulk thermoelectric materials with high figure of merit [J]. Science, 2004, 303(5659): 818-821.

[69] ZHANG Q, CHERE E K, MCENANEY K, et al. Enhancement of thermoelectric performance of n-type PbSe by Cr doping with optimized carrier concentration [J]. Advanced Energy Materials, 2015, 5(8): 1401977.

[70] LUO Z Z, HAO S Q, ZHANG X M, et al. Soft phonon modes from off-center Ge atoms lead to ultralow thermal conductivity and superior thermoelectric

performance in n-type PbSe-GeSe [J]. Energy & Environmental Science, 2018, 11(11): 3220-3230.

[71] QIAN X, WU H J, WANG D Y, et al. Synergistically optimizing interdependent thermoelectric parameters of n-type PbSe through alloying CdSe [J]. Energy & Environmental Science, 2019, 12(6): 1969-1978.

[72] WANG S Y, SUN Y X, YANG J, et al. High thermoelectric performance in Te-free $(Bi, Sb)_2Se_3$ via structural transition induced band convergence and chemical bond softening [J]. Energy & Environmental Science, 2016, 9(11): 3436-3447.

[73] WANG H, WANG J L, CAO X L, et al. Thermoelectric alloys between PbSe and PbS with effective thermal conductivity reduction and high figure of merit [J]. Journal of Materials Chemistry A, 2014, 2(9): 3169-3174.

[74] NAITHANI H, DASGUPTA T. Critical analysis of single band modeling of thermoelectric materials [J]. ACS Applied Energy Materials, 2020, 3(3): 2200-2213.

[75] ZHANG Q, CAO F, LIU W S, et al. Heavy doping and band engineering by potassium to improve the thermoelectric figure of merit in p-type PbTe, PbSe, and $PbTe_{1-y}Se_y$ [J]. Journal of the American Chemical Society, 2012, 134(24): 10031-10038.

[76] XU F, ZHANG D, GAO S K, et al. Effects of La doping induced carrier concentration regulation and band structure modification on thermoelectric properties of PbSe [J]. Scripta Materialia, 2022(208): 114360.

[77] ANDROULAKIS J, CHUNG D Y, SU X L, et al. High-temperature charge and thermal transport properties of the n-type thermoelectric material PbSe [J]. Physical Review B, 2011, 84(15): 155207.

[78] WANG H, PEI Y Z, LALONDE A D, et al. Weak electron-phonon coupling contributing to high thermoelectric performance in n-type PbSe [J]. Proceedings of the National Academy of Sciences of the United States of America, 2012, 109(25): 9705-9709.

[79] ZHANG Q, CAO F, LUKAS K, et al. Study of the thermoelectric properties of lead selenide doped with boron, gallium, indium, or thallium [J]. Journal of the American Chemical Society, 2012, 134(42): 17731-17738.

[80] SKELTON J M, PARKER S C, TOGO A, et al. Thermal physics of the lead chalcogenides PbS, PbSe, and PbTe from first principles [J]. Physical Review B, 2014, 89(20): 205203.

[81] MORI H, USUI H, OCHI M, et al. Temperature- and doping-dependent roles of valleys in the thermoelectric performance of SnSe: a first-principles study [J]. Physical Review B, 2017, 96(8): 085113.

[82] THESBERG M, KOSINA H, NEOPHYTOU N. On the Lorenz number of multiband materials [J]. Physical Review B, 2017, 95(12): 125206.

[83] WANG J L, WANG H, SNYDER G J, et al. Characteristics of lattice thermal conductivity and carrier mobility of undoped PbSe-PbS solid solutions [J]. Journal of Physics D-Applied Physics, 2013, 46(40): 405301.

[84] KIM H S, GIBBS Z M, TANG Y L, et al. Characterization of Lorenz number with Seebeck coefficient measurement [J]. APL Materials, 2015, 3(4): 041506.

[85] CAHILL D G, WATSON S K, POHL R O. Lower limit to the thermal conductivity of disordered crystals [J]. Physical Review B, 1992, 46(10): 6131-6140.

[86] CALLAWAY J, VONBAEYER H C. Effect of point imperfections on lattice thermal conductivity [J]. Physical Review, 1960, 120(4): 1149-1154.

[87] PEI Y L, HE J Q, LI J F, et al. High thermoelectric performance of oxyselenides: Intrinsically low thermal conductivity of Ca-doped BiCuSeO [J]. NPG Asia Materials, 2013(5): e47.

[88] WU C F, WEI T R, SUN F H, et al. Nanoporous PbSe-SiO$_2$ thermoelectric composites [J]. Advanced Science, 2017, 4(11): 1700199.

[89] LIOUTAS C B, FRANGIS N, TODOROV I, et al. Understanding nanostructures in thermoelectric materials: an electron microscopy study of AgPb$_{18}$SbSe$_{20}$ crystals [J]. Chemistry of Materials, 2010, 22(19): 5630-5635.

[90] SCHMIDT R, CASE E, ZHAO L D, et al. Mechanical properties of low-cost, earth-abundant chalcogenide thermoelectric materials, PbSe and PbS, with additions of 0-4% CdS or ZnS [J]. Journal of Materials Science, 2015, 50(4): 1770-1782.

[91] WU H J, ZHAO X X, GUAN C, et al. The atomic circus: Small electron beams spotlight advanced materials down to the atomic scale [J]. Advanced Materials,

2018, 30(47): 1802402.

[92] WU H J, ZHAO X X, SONG D S, et al. Progress and prospects of aberration-corrected STEM for functional materials [J]. Ultramicroscopy, 2018, 194: 182-192.

[93] HE J Q, GIRARD S N, ZHENG J C, et al. Strong phonon scattering by layer structured $PbSnS_2$ in PbTe based thermoelectric materials [J]. Advanced Materials, 2012, 24(32): 4440-4444.

[94] GUO F K, CUI B, LIU Y, et al. Thermoelectric SnTe with band convergence, dense dislocations, and interstitials through Sn self-compensation and Mn alloying [J]. Small, 2018, 14(37): 1802615.

[95] WANG H, BAHK J H, KANG C, et al. Right sizes of nano- and microstructures for high-performance and rigid bulk thermoelectrics [J]. Proceedings of the National Academy of Sciences of the United States of America, 2014, 111(30): 10949-10954.

[96] WU H J, CARRETE J, ZHANG Z Y, et al. Strong enhancement of phonon scattering through nanoscale grains in lead sulfide thermoelectrics [J]. Nature Publishing Group Asia Materials, 2014(6): e108.

[97] WU H J, ZHAO L D, ZHENG F S, et al. Broad temperature plateau for thermoelectric figure of merit ZT > 2 in phase-separated $PbTe_{0.7}S_{0.3}$ [J]. Nature Communications, 2014(5): 4515.

[98] QIN B C, WANG D Y, ZHAO L D. Slowing down the heat in thermoelectrics [J]. Infomat, 2021, 3(7): 755-789.

[99] CHEN Z W, GE B H, LI W, et al. Vacancy-induced dislocations within grains for high-performance PbSe thermoelectrics [J]. Nature Communications, 2017(8): 13828.

[100] ZHANG Q, LAN Y C, YANG S L, et al. Increased thermoelectric performance by Cl doping in nanostructured $AgPb_{18}SbSe_{20-x}Cl_x$ [J]. Nano Energy, 2013, 2(6): 1121-1127.

[101] XIAO Y, WANG D Y, QIN B C, et al. Approaching topological insulating states leads to high thermoelectric performance in n-type PbTe [J]. Journal of the American Chemical Society, 2018, 140(40): 13097-13102.

[102] TAKAGIWA Y, PEI Y, POMREHN G, et al. Dopants effect on the band structure

of PbTe thermoelectric material [J]. Applied Physics Letters, 2012, 101(9): 092102.

[103] KORRINGA J, GERRITSEN A N. The cooperative electron phenomenon in dilute alloys [J]. Physica, 1953, 19(1): 457-507.

[104] FRIEDEL J. On some electrical and magnetic properties of metallic solid solutions [J]. Canadian Journal of Physics, 1956, 34(12): 1190-1211.

[105] XIAO Y, ZHAO L D. Charge and phonon transport in PbTe-based thermoelectric materials [J]. Nature Partner Journals Quantum Materials, 2018, 3: 55.

[106] ZHANG Q Y, WANG H, LIU W S, et al. Enhancement of thermoelectric figure-of-merit by resonant states of aluminium doping in lead selenide [J]. Energy & Environmental Science, 2012, 5(1): 5246-5251.

[107] JAWORSKI C M, WIENDLOCHA B, JOVOVIC V, et al. Combining alloy scattering of phonons and resonant electronic levels to reach a high thermoelectric figure of merit in PbTeSe and PbTeS alloys [J]. Energy & Environmental Science, 2011, 4(10): 4155-4162.

[108] DEHKORDI A M, ZEBARJADI M, HE J, et al. Thermoelectric power factor: Enhancement mechanisms and strategies for higher performance thermoelectric materials [J]. Materials Science & Engineering R-Reports, 2015, 97: 1-22.

[109] VOLKOV B A, RYABOVA L I, KHOKHLOV D R. Mixed-valence impurities in lead telluride-based solid solutions [J]. Physics-Uspekhi, 2002, 45(8): 819-846.

[110] NEMOV S, RAVICH Y. Thallium dopant in lead chalcogenides: Investigation methods and peculiarities [J]. Physics-Uspekhi, 2007, 41: 735.

[111] JOVOVIC V, THIAGARAJAN S J, HEREMANS J P, et al. Low temperature thermal, thermoelectric, and thermomagnetic transport in indium rich $Pb_{1-x}Sn_xTe$ alloys [J]. Journal of Applied Physics, 2008, 103(5): 053710.

[112] WANG H, PEI Y Z, LALONDE A D, et al. Heavily doped p-type PbSe with high thermoelectric performance: an alternative for PbTe [J]. Advanced Materials, 2011, 23(11): 1366-1370.

[113] JAWORSKI C M, KULBACHINSKII V, HEREMANS J P. Resonant level formed by tin in Bi_2Te_3 and the enhancement of room-temperature thermoelectric power [J]. Physical Review B, 2009, 80(23): 233201.

[114] HEREMANS J P, THRUSH C M, MORELLI D T. Thermopower enhancement in

PbTe with Pb precipitates [J]. Journal of Applied Physics, 2005, 98(6): 063703.

[115] REN W, GENG H Y, ZHANG L X, et al. Simultaneous blocking of minority carrier and high energy phonon in p-type skutterudites [J]. Nano Energy, 2018, 46: 249-256.

[116] SHAKOURI A, BOWERS J E. Heterostructure integrated thermionic coolers [J]. Applied Physics Letters, 1997, 71(9): 1234-1236.

[117] MAKONGO J P A, MISRA D K, ZHOU X Y, et al. Simultaneous large enhancements in thermopower and electrical conductivity of bulk nanostructured Half-Heusler alloys [J]. Journal of the American Chemical Society, 2011, 133(46): 18843-18852.

[118] KISHIMOTO K, YAMAMOTO K, KOYANAGI T. Influences of potential barrier scattering on the thermoelectric, properties of sintered n-type PbTe with a small grain size [J]. Japanese Journal of Applied Physics, 2003, 42(2): 501-508.

[119] DU Y, XU J Y, PAUL B, et al. Flexible thermoelectric materials and devices [J]. Applied Materials Today, 2018, 12: 366-388.

第6章 载流子迁移率优化策略

6.1 引言

目前，大多数先进的热电材料都是重掺杂半导体，其最优载流子浓度一般在 $1\times10^{19} \sim 1\times10^{21}$ cm^{-3} 这一范围内。相对轻掺杂或未掺杂的半导体，这些重掺杂半导体中存在大量自由载流子，会造成载流子–载流子之间的散射，还会增加离化杂质对载流子的散射，导致载流子迁移率降低[1-5]。因此，为了实现高的电导率，不仅需要高的载流子浓度，还需要保证高的载流子迁移率。另外，在第5章我们介绍了通过增大单带有效质量来提高材料的泽贝克系数，但这也会降低材料的载流子迁移率，即具有高有效质量的材料一般具有很低的载流子迁移率[6-10]。此外，大多数热电材料均通过引入纳米结构、位错等缺陷来降低材料的晶格热导率，但这些缺陷结构同样也会对载流子进行强烈的散射[11-15]，从而降低载流子迁移率，使材料的电输运性能变差。由此看来，材料的载流子迁移率与多个热电参数之间存在复杂的耦合关系，同时载流子迁移率也是最容易被忽略且最难优化的热电参数[16-20]。在半导体材料中，载流子迁移率是由材料的电子能带结构和各种散射机制决定的。因此，协同调控有效质量、晶格热导率和载流子迁移率之间的关系是实现高热电性能的关键。

6.2 能带锐化

从第5章中我们知道单带有效质量 m_b^* 与载流子迁移率 μ 成反比，因此通过能带扁平化提高 m_b^* 会降低 μ，从而降低材料的电导率[21-23]。但反过来可以通过使能带锐化来降低单带有效质量，从而提高材料的载流子迁移率[24-26]。图6-1展示了通过调控能带形状协同优化单带有效质量和载流子迁移率的策略[27-30]，包括能带扁平化和能带锐化，其中扁平的能带有效质量大，载流子迁移率低；而尖锐的能带有效质量小，载流子迁移率高。目前大部分新型热电材料（比如 BiCuSeO、SnSe 和 SnS 等）本身具有很高的有效质量，但载流子迁移率非常低，此时就需要降低材料的有效质量以提高载流子迁移率，最终实现热电性能的提升。

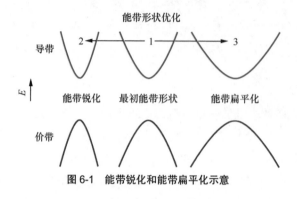

图 6-1　能带锐化和能带扁平化示意

6.2.1　（Pb$_{1-x}$Sn$_x$）（Te$_{1-x}$Se$_x$）中的能带锐化

在 PbTe 的 Pb 位固溶 Mn 能有效调控材料的能带结构，使导带扁平化，从而提高态密度有效质量[21, 31]。高的态密度有效质量能提升泽贝克系数，但同时也会导致载流子迁移率下降，从而降低电导率。所以，在 N 型 PbTe 中，保持良好的载流子迁移率是获得高热电性能的关键。为了获得较高的载流子迁移率，必须减少载流子散射或优化态密度有效质量。近年来报道的 Sn 固溶 PbTe 和 PbSe 化合物能实现拓扑绝缘传导态[32-34]，理论上具有很高的载流子迁移率，这为寻找高性能 N 型 PbTe 提供了一个研究思路。在 Sb 元素掺杂优化的 N 型 PbTe 基体上，利用 Sn 和 Se 共合金化可以调整 PbTe 的能带结构[26, 35]。基于第一性原理计算获得的结果和能带测试的结果均显示，在 PbTe 中固溶 Sn 能使基体带隙减小，使导带形状更尖锐，从而可以降低态密度有效质量。同时通过观察微观结构发现 Sn 和 Se 在 PbTe 中具有较大的固溶度[36]，在体系中未观察到晶粒内部存在纳米结构，这也有利于体系保持较高的载流子迁移率，从而优化其热电性能。

因为 PbTe、SnTe 和 PbSe 具有相同的晶体结构，且晶格常数相差较小，所以在整个成分范围均能形成完全固溶体。使用大量的 Sn 和 Se 共同固溶 PbTe，最大固溶度可以达到 11%。图 6-2（a）所示的是 (Pb$_{1-x}$Sn$_x$)(Te$_{1-x}$Se$_x$) 体系的粉末 XRD 图谱，结果显示 PbTe 中未出现第二相，且衍射峰随着固溶含量增加有序地向高角度偏移。计算出的晶格常数如图 6-2（b）所示，因为 Sn^{2+} 和 Se^{2-} 的半径均小于 Pb^{2+} 和 Te^{2-}，这使 $(Pb_{1-x}Sn_x)(Te_{1-x}Se_x)$ 体系的晶格常数随着固溶含量增加逐渐减小，其晶格常数实验值与通过维加德定律计算的预测值的趋势保持一致，表明 $(Pb_{1-x}Sn_x)(Te_{1-x}Se_x)$ 体系为完全固溶体。

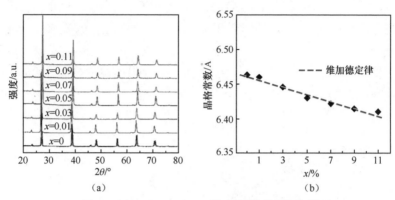

图 6-2　$(Pb_{1-x}Sn_x)(Te_{1-x}Se_x)$ 体系的物相结构分析 [26]

（a）粉末 XRD 图谱；（b）晶格常数

$(Pb_{1-x}Sn_x)(Te_{1-x}Se_x)$ 体系中所有样品的电导率都随着温度的升高而迅速下降，呈现出简并半导体输运特性，如图 6-3（a）所示。Sn 和 Se 共同固溶 PbTe 后，室温电导率先在 x = 0.01 和 0.03 的样品中略有上升，从 PbTe 的 2540 S·cm^{-1} 上升到 $(Pb_{0.97}Sn_{0.03})(Te_{0.97}Se_{0.03})$ 的 2840 S·cm^{-1}，然后随着固溶含量的增加下降到 $(Pb_{0.89}Sn_{0.11})(Te_{0.89}Se_{0.11})$ 的 1610 S·cm^{-1}。图 6-3（b）所示泽贝克系数的绝对值变化不大，说明 Sn 和 Se 固溶后载流子浓度变化不明显。结合略微降低的电导率和几乎不变的泽贝克系数，$(Pb_{1-x}Sn_x)(Te_{1-x}Se_x)$ 体系的最大功率因子从 PbTe 的 19.6 μW·cm^{-1}·K^{-2} 增大到 $(Pb_{0.99}Sn_{0.01})(Te_{0.99}Se_{0.01})$ 的 22.8 μW·cm^{-1}·K^{-2}，如图 6-3（c）所示。图 6-3（d）中的室温霍尔测试结果显示，体系载流子浓度保持在 $4.01×10^{19}$ cm^{-3} 与 $4.77×10^{19}$ cm^{-3} 之间，载流子迁移率由 PbTe 的 364 cm^2·V^{-1}·s^{-1} 下降到 $(Pb_{0.89}Sn_{0.11})(Te_{0.89}Se_{0.11})$ 的 251 cm^2·V^{-1}·s^{-1}。与 PbTe-MnTe 体系 [21] 的载流子迁移率对比，在具有相同固溶含量和载流子浓度的前提下，$(Pb_{1-x}Sn_x)(Te_{1-x}Se_x)$ 体系的载流子迁移率较大。从泽贝克系数与载流子浓度之间的关系曲线［见图 6-3（e）中插图］可以看出，$(Pb_{1-x}Sn_x)(Te_{1-x}Se_x)$ 体系的态密度有效质量明显低于 PbTe-MnTe 体系，并且随着 Sn 和 Se 的固溶含量增加，PbTe 的态密度有效质量明显减小。较小的态密度有效质量有利于保

持较高的载流子迁移率，如图 6-3（f）所示，相比其他具有纳米缺陷的 N 型
PbTe 体系（如 PbTe-In-I[37]、PbTe-Pb 空位[38]、PbTe-Ag$_2$Te[39] 和 PbTe-Pb-Sb[40]），
$(Pb_{1-x}Sn_x)(Te_{1-x}Se_x)$ 体系表现出较高的载流子迁移率。$(Pb_{1-x}Sn_x)(Te_{1-x}Se_x)$ 体系
中较高的载流子迁移率源于 Sn 固溶使 PbTe(Se) 的能带结构发生调整，使得导
带形状变尖，降低了态密度有效质量。由于导带形状改变，能带结构模型由
单抛物带模型向单带 Kane 模型变化，所以这里的态密度有效质量和理论载
流子迁移率均采用单带 Kane 模型计算[41-43]。图 6-3（e）所示态密度有效质
量的值与第 5 章给出的值稍有差异，这是采用的计算模型不同造成的，不影
响对结果的讨论。

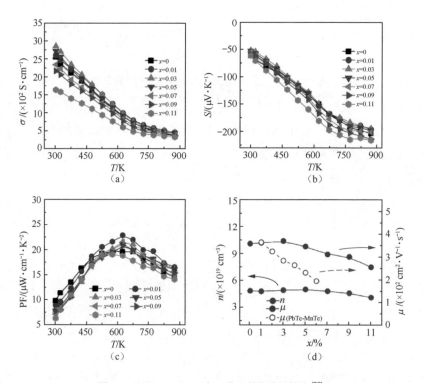

图 6-3　$(Pb_{1-x}Sn_x)(Te_{1-x}Se_x)$ 体系的电输运性能[26]

（a）电导率；（b）泽贝克系数；（c）功率因子；（d）室温载流子浓度和载流子迁移率

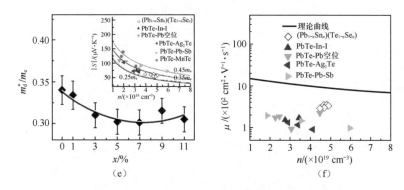

图 6-3 $(Pb_{1-x}Sn_x)(Te_{1-x}Se_x)$ 体系的电输运性能[26]（续）

（e）态密度有效质量，插图为 Pisarenko 曲线；（f）载流子迁移率与其他 N 型 PbTe 体系的对比

　　图 6-4（a）所示的红外吸收光谱测试结果显示，$(Pb_{1-x}Sn_x)(Te_{1-x}Se_x)$ 体系的带隙随着 Sn 和 Se 的固溶含量增加而降低。从 PbTe 中的 0.27 eV 降到 $(Pb_{0.89}Sn_{0.11})(Te_{0.89}Se_{0.11})$ 中的 0.21 eV。光学带隙不仅与本征能带结构相关，还与载流子浓度相关。由图 6-3（d）可知，$(Pb_{1-x}Sn_x)(Te_{1-x}Se_x)$ 体系的载流子浓度变化较小，对光学带隙影响不大，所以 $(Pb_{1-x}Sn_x)(Te_{1-x}Se_x)$ 体系带隙的降低主要源于 Sn 元素对 PbTe(Se) 的能带结构的调整作用。以前的报道称 Sn 元素中 5s 电子在布里渊区 L 点推高了价带位置，使 PbTe(Se) 的带隙减小[33, 44]，当大量 Sn 固溶 PbTe 和 PbSe 时，基体甚至能表现出拓扑绝缘态。

　　在理论计算中，Sn 元素的固溶含量在 PbTe 中达到 $0.4Pb_{0.6}Sn_{0.4}Te$[45-48]，在 PbSe 中达到 $0.23Pb_{0.77}Sn_{0.23}Te$[49] 时，价带顶与导带底接触使带隙减小到 0，形成拓扑绝缘体。随着 Sn 固溶含量进一步增加，价带与导带会慢慢分开，带隙增大。Sn 固溶 PbTe(Se) 体系的能带结构变化过程如图 6-4（b）所示。随着 Sn 固溶含量的增加，PbTe(Se) 的带隙逐渐减小，与此同时导带形状逐渐尖锐，这会导致态密度有效质量降低，从而提高载流子迁移率，因此可以保持较高的电输运性能[50]。在 Sn 元素固溶过程中，由于 Sn 使 PbSe 达到拓扑绝缘态需要的固溶含量比 PbTe 的更低，所以 $(Pb_{1-x}Sn_x)(Te_{1-x}Se_x)$ 体系比 $Pb_{1-x}Sn_xTe$ 更容易达到能带锐化的效果，即 Se 元素的引入可以加快 $(Pb_{1-x}Sn_x)(Te_{1-x}Se_x)$ 体系的能带锐化速度，有利于能带结构的优化。图 6-4（c）～图 6-4（f）所示为通过第一性原理计算能带结构的结果，模拟了不同的 Sn 和 Se 固溶含量对 PbTe 能带结构的影响。随着 Sn 固溶含量的增加，PbTe 的带隙从 0.1 eV 降到 0，导带和价带重叠，形成一个狄拉克锥。计算得到的带隙随 Sn 固溶含量的变化趋势与红外吸收光谱测试的结果一致。对 $(Pb_{1-x}Sn_x)(Te_{1-x}Se_x)$ 体系能带结构的系统分析，从实验和理论计算两方面证实了载流子有效质量的降低源于固溶 Sn 使 PbTe 导带结构变得尖锐。

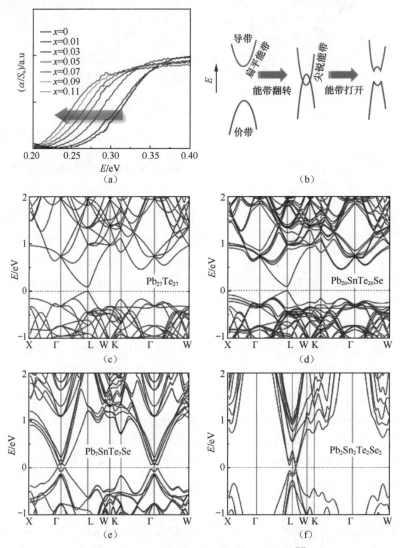

图 6-4　$(Pb_{1-x}Sn_x)(Te_{1-x}Se_x)$ 体系的能带结构[26]

（a）红外吸收光谱；（b）能带结构变化示意；（c）$Pb_{27}Te_{27}$ 的第一性原理计算结果；
（d）$Pb_{26}SnTe_{26}Se$ 的第一性原理计算结果　（e）Pb_7SnTe_7Se 的第一性原理计算结果；
（f）$Pb_2Sn_2Te_2Se_2$ 的第一性原理计算结果

图 6-5（a）所示为 $(Pb_{1-x}Sn_x)(Te_{1-x}Se_x)$ 体系的总热导率和晶格热导率随温度变化的趋势。总热导率随着固溶含量的增加而逐渐降低，室温总热导率从 PbTe 的 $3.89\ W\cdot m^{-1}\cdot K^{-1}$ 降低到 $(Pb_{0.89}Sn_{0.11})(Te_{0.89}Se_{0.11})$ 的 $2.36\ W\cdot m^{-1}\cdot K^{-1}$。最低晶格热导率从 PbTe 的 $0.77\ W\cdot m^{-1}\cdot K^{-1}$ 降低到 $(Pb_{0.91}Sn_{0.09})(Te_{0.91}Se_{0.09})$ 的 $0.45\ W\cdot m^{-1}\cdot K^{-1}$。热导率的降低源于 Sn 和 Se 引入了置换点缺陷，固溶形成的置换原子周围区域会产生应变场和质量波动，增强了声子散射。在 $(Pb_{1-x}Sn_x)(Te_{1-x}Se_x)$ 体系中，晶格热导率在高温区呈现上升趋势，这是 PbTe 体系中常见的双极扩散现象[51]。一般情况下，PbTe 基材料的双极扩散发生在 673 K 以上，但 $(Pb_{1-x}Sn_x)(Te_{1-x}Se_x)$ 体系的晶格热导率在较低温度（473 K）下出现上升的趋势。在这里，双极扩散在较低温度下提前发生，这与 Sn 固溶降低了样品带隙有关。带隙越小，双极扩散发生的温度越低，如 Bi_2Te_3 体系的带隙仅为 0.18 eV，在室温附近就能观察到其发生了双极扩散。图 6-5（b）所示为用 Callaway 模型[52, 53]拟合的 $(Pb_{1-x}Sn_x)(Te_{1-x}Se_x)$ 体系室温晶格热导率随固溶含量的变化关系曲线。分别考虑 Sn 和 Se 点缺陷，结果表明 Sn 点缺陷对体系晶格热导率降低的贡献更大。对比 4 种离子的尺寸和质量，Te^{2-}（2.21 Å，127.6 g/mol）、Se^{2-}（1.98 Å，78.96 g/mol）、Pb^{2+}（1.2 Å，207.2 g/mol）和 Sn^{2+}（1.12 Å，118.7 g/mol），可以发现在 Callaway 模型中质量涨落比尺寸波动对晶格热导率降低的贡献更大。更多关于 $(Pb_{1-x}Sn_x)(Te_{1-x}Se_x)$ 体系的热输运性能如图 6-6 所示，其中包括热扩散系数、质量定压热容、洛伦兹常数和电子热导率随温度的变化曲线。

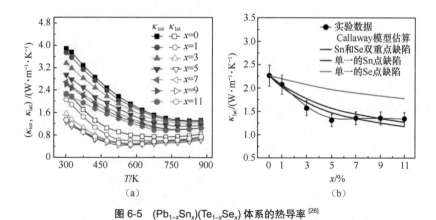

图 6-5　$(Pb_{1-x}Sn_x)(Te_{1-x}Se_x)$ 体系的热导率[26]

（a）总热导率和晶格热导率；（b）晶格热导率的实验值与 Callaway 模型理论计算值对比

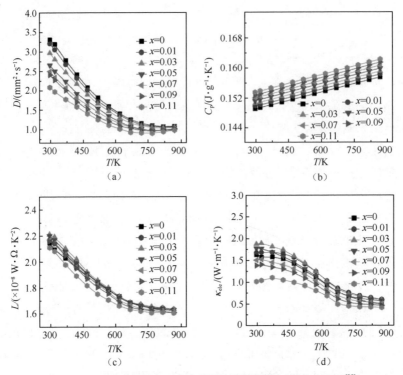

图 6-6 (Pb$_{1-x}$Sn$_x$)(Te$_{1-x}$Se$_x$) 体系的热输运性能随温度的变化关系 [26]
（a）热扩散系数；（b）质量定压热容；（c）洛伦兹常数；（d）电子热导率

实验测得的晶格热导率与利用 Callaway 模型计算得出的结果一致，说明 (Pb$_{1-x}$Sn$_x$)(Te$_{1-x}$Se$_x$) 体系为完全固溶体。为了进一步验证实验结果，选取了 (Pb$_{0.93}$Sn$_{0.07}$)(Te$_{0.93}$Se$_{0.07}$) 样品观察其微观结构。图 6-7（a）为样品表面的 SEM 图像，在随机选取的较大区域中未见明显缺陷。图 6-7（b）为图 6-7（a）中区域的 EDS 元素分布，可以看出，所有元素都均匀分布，未见成分富集区域。利用透射电子显微镜观察体系晶界部分，未见明显位错或纳米沉积相，如图 6-7（c）所示。其中插图为沿 PbTe [110] 方向的 TEM 图像，衍射斑点清晰，无额外多余斑点出现。其对应的高分辨 TEM 图像如图 6-7（d）所示，可见 (Pb$_{0.93}$Sn$_{0.07}$)(Te$_{0.93}$Se$_{0.07}$) 晶格中原子分布均匀，无明显原子缺位。进行微观结构表征进一步证实了 (Pb$_{1-x}$Sn$_x$)(Te$_{1-x}$Se$_x$) 体系为完全固溶体。完整的内部晶体结构有利于体系中载流子的输运，保持较高的载流子迁移率和功率因子，这也是 (Pb$_{1-x}$Sn$_x$)(Te$_{1-x}$Se$_x$) 体系具有较高电输运性能的重要原因。

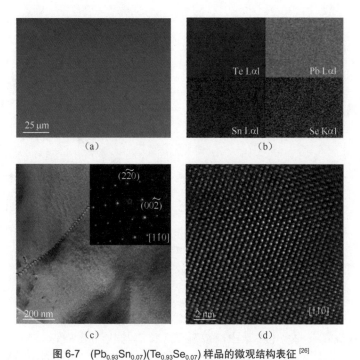

图 6-7　$(Pb_{0.93}Sn_{0.07})(Te_{0.93}Se_{0.07})$ 样品的微观结构表征 [26]

（a）SEM 图像；（b）为（a）的 EDS 元素分布；（c）沿 PbTe[110] 方向的 TEM 图像；（d）为（c）的选区高分辨 TEM 图像

　　Sn 和 Se 固溶使 PbTe 中出现大量的点缺陷，这些点缺陷对晶格热导率降低具有很大贡献，晶体中的点缺陷同时也会对载流子进行散射，导致载流子迁移率降低。载流子迁移率与晶格热导率的比值（μ/κ_{lat}）能直观表现缺陷对载流子和声子散射的强弱 [54-56]，如图 6-8（a）中插图所示，在 $(Pb_{1-x}Sn_x)(Te_{1-x}Se_x)$ 体系中，随着固溶含量的增加，μ/κ_{lat} 从 PbTe 的 160 增加到 $(Pb_{0.95}Sn_{0.05})(Te_{0.95}Se_{0.05})$ 的 225。综合考虑 Sn 和 Se 固溶对 PbTe 能带结构的影响，计算出室温品质因子随固溶含量的变化趋势如图 6-8（a）所示。Sn 固溶使 PbTe 的态密度有效质量降低，同时品质因子提高，最后 N 型 PbTe 的 ZT 值提高，在 $(Pb_{1-x}Sn_x)(Te_{1-x}Se_x)$ 体系中，最高 ZT 值在 773 K 下能达到 1.4，如图 6-8（b）所示。

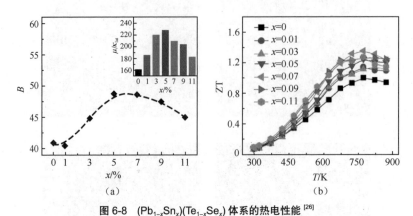

图 6-8 (Pb₁₋ₓSnₓ)(Te₁₋ₓSeₓ) 体系的热电性能[26]

(a) 品质因子（插图为载流子迁移率与晶格热导率的比值）；(b) ZT 值

6.2.2 Pb₁₋ₓSnₓSe 中的能带锐化

在错综复杂的热电参数中，载流子迁移率与载流子浓度、态密度有效质量均有关系，它们共同决定热电材料的电输运性能[57]。想要获得更高的载流子迁移率，还需要协同调控载流子浓度和态密度有效质量，进而获得更高的功率因子。为了在较宽温度范围提高 N 型 PbSe 的热电性能，研究人员通过以下两个步骤，合理优化了态密度有效质量和载流子浓度。第一，在 Sb 掺杂的 PbSe 中引入 Sn，通过能带锐化降低了 PbSe 的态密度有效质量，从而显著提高了材料的载流子迁移率，并在 Pb₀.₈₅Sn₀.₁₅Se 中获得了最大功率因子。第二，通过在 Pb₀.₈₅Sn₀.₁₅Se 的 Pb 位掺杂 Ag 元素，使载流子浓度与降低的态密度有效质量相匹配，最终提高了 300 ～ 873 K 的平均功率因子和 ZTₐᵥₑ 值[58]。

图 6-9（a）所示的是 Pb₁₋ₓSnₓSe（x = 0，0.05，0.10，0.15，0.20，0.23）体系的粉末 XRD 图谱，可以看出所有样品都是岩盐结构的，即使 Sn 的固溶含量较高，也没有观察到明显的额外的衍射峰。随着 Sn 固溶含量的增加，样品的晶格常数呈线性降低的趋势，如图 6-9（b）所示，这表明 Pb₁₋ₓSnₓSe（x = 0，0.05，0.10，0.15，0.20，0.23）体系均为完全固溶体。另外，光学带隙的测量结果同样证明了 Sn 在 PbSe 中的高固溶度，随着 Sn 固溶含量的增加，Pb₁₋ₓSnₓSe 体系的光学带隙逐渐降低，如图 6-9（c）所示。有趣的是，Pb₁₋ₓSnₓSe 体系光

学带隙的大小与计算的晶格常数成正比，如图 6-9（d）所示，光学带隙的降低是由能带锐化引起的，这将会对 PbSe 的电输运性能产生重要影响。

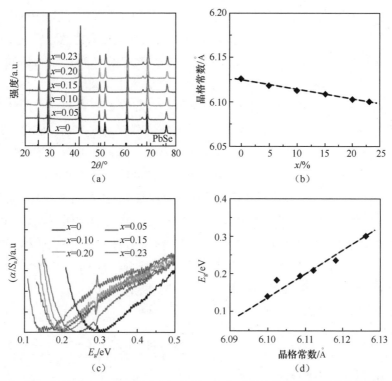

图 6-9　Pb$_{1-x}$Sn$_x$Se（x = 0，0.05，0.10，0.15，0.20，0.23）体系的物相结构和光学带隙 [58]
（a）粉末 XRD 图谱；（b）晶格常数；（c）红外吸收光谱；（d）光学带隙与晶格常数的关系

　　图 6-10 所示是 Pb$_{1-x}$Sn$_x$Se（x = 0，0.05，0.10，0.15，0.20，0.23）体系的热电性能随温度的变化关系。随着 Sn 固溶含量的增加，Pb$_{1-x}$Sn$_x$Se 的电导率有较大幅度下降，从 PbSe 的 4610 S·cm^{-1} 降低到 Pb$_{0.77}$Sn$_{0.23}$Se 的 1266 S·cm^{-1}，如图 6-10（a）所示。电导率的降低主要是由 Sn 合金化 PbSe 后载流子浓度降低引起的，如表 6-1 所示，载流子浓度从 PbSe 的 1.52×10^{20} cm^{-3} 降低到 Pb$_{0.77}$Sn$_{0.23}$Se 的 3.36×10^{19} cm^{-3}。相应地，随着 Sn 固溶含量的增加，Pb$_{1-x}$Sn$_x$Se 体系的泽贝克系数的绝对值也大幅度增加，如图 6-10（b）所示，这与载流子浓度的降低是一致的。电导率的降低和泽贝克系数的增加导致 Pb$_{0.85}$Sn$_{0.15}$Se 在 673 K 时获得了最大功率因子，即 20.5 μW·cm^{-1}·K^{-2}，如

图 6-10（c）所示。通过分析 Pisarenko 曲线发现，Sn 合金化会降低 PbSe 的态密度有效质量，估算的态密度有效质量从 PbSe 的 $0.34m_e$ 降低到 $Pb_{0.77}Sn_{0.23}Se$ 的 $0.25m_e$，如图 6-10（d）所示。Sn 合金化使 PbSe 态密度有效质量降低的原因与 Sn 合金化 PbTe[26] 的非常相似，这是因为 Sn 合金化会造成 PbSe 能带反转[35, 44, 49, 59]，从而导致能带锐化。此外，能带锐化还会导致带隙变小，如图 6-9（c）所示，同时降低态密度有效质量，这可以使 $Pb_{1-x}Sn_xSe$ 体系保持较高的载流子迁移率，如图 6-10（d）所示。事实上，载流子迁移率的增加可能源于态密度有效质量的减小和载流子浓度的降低。载流子浓度的降低会抑制载流子与载流子之间的散射，从而提高载流子迁移率。值得注意的是，Sn 合金化不仅可以通过减小态密度有效质量和降低载流子浓度提高载流子迁移率，还会引入点缺陷增强散射以降低载流子迁移率，因此在 N 型 $Pb_{1-x}Sn_xSe$ 中获得的高载流子迁移率是众多因素综合作用的结果，无法定量区分。Sn 合金化不仅可以调节电输运性能，$Pb_{1-x}Sn_xSe$（$x = 0$，0.05，0.10，0.15，0.20，0.23）体系的总热导率也得到了显著降低，如图 6-10（e）所示，300 K 的总热导率从 PbSe 的 $5.08\ \mathrm{W \cdot m^{-1} \cdot K^{-1}}$ 降低到 $Pb_{0.77}Sn_{0.23}Se$ 的 $2.51\ \mathrm{W \cdot m^{-1} \cdot K^{-1}}$。最后，结合优化的功率因子和降低的总热导率，$Pb_{0.85}Sn_{0.15}Se$ 的 ZT_{max} 值在 873 K 可以达到 1.1，如图 6-10（f）所示。

表6-1　$Pb_{1-x}Sn_xSe$（$x = 0$，0.05，0.10，0.15，0.20，0.23）体系的室温热电参数[58]

样品组分	$\rho_d /$ $(\mathrm{g \cdot cm^{-3}})$	$n/$ $(\times 10^{19}\ \mathrm{cm^{-3}})$	$\mu/$ $(\mathrm{cm^2 \cdot V^{-1} \cdot s^{-1}})$
PbSe	7.93	15.2	190
$Pb_{0.95}Sn_{0.05}Se$	7.83	7.89	248
$Pb_{0.90}Sn_{0.10}Se$	7.80	7.09	230
$Pb_{0.85}Sn_{0.15}Se$	7.62	6.21	267
$Pb_{0.80}Sn_{0.20}Se$	7.55	4.80	261
$Pb_{0.77}Sn_{0.23}Se$	7.51	3.36	236

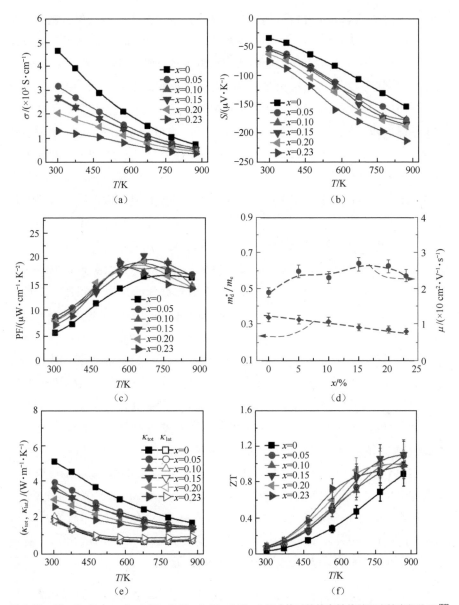

图 6-10　Pb$_{1-x}$Sn$_x$Se(x = 0，0.05，0.10，0.15，0.20，0.23)体系的热电性能随温度的变化关系[58]

（a）电导率；（b）泽贝克系数；（c）功率因子；（d）态密度有效质量和载流子迁移率随 Sn 固溶含
量的变化关系；（e）总热导率和晶格热导率；（f）ZT 值

　　根据热电输运原理，态密度有效质量和载流子浓度是决定电输运性能的
两个主要参数。因此，对态密度有效质量与载流子浓度之间的关系进行精心优

化对获得最大功率因子具有重要意义。在以声子散射为主要散射机制的单带 Kane 模型下，根据式（1-55），N 型 PbSe 和 $Pb_{0.85}Sn_{0.15}Se$ 的功率因子可以在室温态密度有效质量分别为 $0.34m_e$ 和 $0.25m_e$ 的情况下进行计算。对于 PbSe，由于晶格膨胀，态密度有效质量会随温度的升高呈增加的趋势，因此，高温区的功率因子可以用与温度相关的态密度有效质量进行拟合 [24, 41]。拟合的功率因子随载流子浓度的变化关系如图 6-11 所示，可以看到随着温度的增加和态密度有效质量的增加，功率因子的峰值位置逐渐向载流子浓度更高的位置处移动。因此，为了获得最大功率因子，最优载流子浓度应该遵循 $n_{opt} \sim (Tm_d^*)^{3/2}$ [60, 61]。在一定温度下，态密度有效质量较低时对应的最优载流子浓度也较低。在 N 型 $Pb_{0.85}Sn_{0.15}Se$ 中，能带锐化降低了 PbSe 的态密度有效质量，这导致态密度有效质量与载流子浓度失配。为了获得最大功率因子，有必要重新优化 N 型 $Pb_{0.85}Sn_{0.15}Se$ 的载流子浓度。

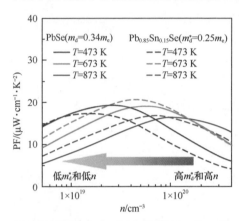

图 6-11 PbSe（$m_d^* = 0.34m_e$）和 $Pb_{0.85}Sn_{0.15}Se$（$m_d^* = 0.25m_e$）样品的功率因子和载流子浓度之间的关系 [58]

为了重新优化 N 型 $Pb_{0.85}Sn_{0.15}Se$ 的载流子浓度，研究人员在 Pb 位进行了 Ag 元素反掺杂，+1 价 Ag 取代 +2 价的 Pb 后会在样品中引入空穴，以达到降低 N 型 $Pb_{0.85}Sn_{0.15}Se$ 载流子浓度的目的。为了更清晰地揭示 Ag 掺杂后载流子浓度的变化，后续样品用载流子浓度进行命名。由于 Ag 原子在 N 型 PbSe 中是一种有效的反掺杂元素，因此仅需要少量的 Ag 即可有效地调节载流子浓度，如表 6-2 所示。另外，粉末 XRD 衍射的结果表明 Ag 掺杂的 $Pb_{0.85}Sn_{0.15}Se$ 样品仍然保持立方结构，没有杂相出现，如图 6-12 所示。

表6-2 $Pb_{0.85-x}Ag_xSn_{0.15}Se$（$x = 0$，0.002，0.003，0.004，0.005，0.006）体系的室温热电参数[58]

样品组分	$\rho_d/(g \cdot cm^{-3})$	$n/(\times 10^{19} cm^{-3})$	$\mu/(cm^2 \cdot V^{-1} \cdot s^{-1})$
$Pb_{0.85}Sn_{0.15}Se$	7.62	6.21	267
$Pb_{0.848}Ag_{0.002}Sn_{0.15}Se$	7.65	5.15	278
$Pb_{0.847}Ag_{0.003}Sn_{0.15}Se$	7.63	3.53	425

续表

样品组分	$\rho_d/(g \cdot cm^{-3})$	$n/(\times 10^{19}\ cm^{-3})$	$\mu/(cm^2 \cdot V^{-1} \cdot s^{-1})$
$Pb_{0.846}Ag_{0.004}Sn_{0.15}Se$	7.55	2.12	473
$Pb_{0.845}Ag_{0.005}Sn_{0.15}Se$	7.54	1.62	577
$Pb_{0.844}Ag_{0.006}Sn_{0.15}Se$	7.56	1.57	474

图 6-13 所示是具有不同载流子浓度的 Ag 掺杂 $Pb_{0.85}Sn_{0.15}Se$ 的电输运性能随温度的变化曲线。由于电导率与载流子浓度、载流子迁移率密切相关，因此，载流子浓度的降低造成了电导率的降低，如图 6-13（a）所示，室温下载流子浓度从 $6.21 \times 10^{19}\ cm^{-3}$ 降低到 $1.57 \times 10^{19}\ cm^{-3}$，导致电导率从 $2656\ S \cdot cm^{-1}$ 降低到 $1192\ S \cdot cm^{-1}$。相应地，降低的载流子浓度反过来促进了泽贝克系数绝对值的增大，如图 6-13（b）所示。

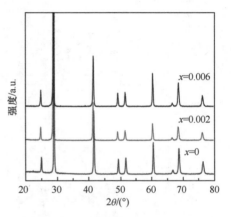

图 6-12　$Pb_{0.85-x}Ag_xSn_{0.15}Se$（$x = 0$，0.002，0.006）体系的粉末 XRD 图谱[58]

对于重新优化载流子浓度后的 $Pb_{0.85}Sn_{0.15}Se$，其电导率的降低和泽贝克系数绝对值的增大促使功率因子显著提高，尤其是在室温范围，如图 6-13（c）所示。$300 \sim 873\ K$ 的平均功率因子从载流子浓度为 $6.21 \times 10^{19}\ cm^{-3}$ 时的 $15.6\ \mu W \cdot cm^{-1} \cdot K^{-2}$ 提高到载流子浓度为 $2.12 \times 10^{19}\ cm^{-3}$ 时的 $17.6\ \mu W \cdot cm^{-1} \cdot K^{-2}$。此外，研究人员还计算了当载流子浓度从 $1 \times 10^{19}\ cm^{-3}$ 变化到 $1 \times 10^{20}\ cm^{-3}$ 时，N 型 $Pb_{0.85}Sn_{0.15}Se$ 体系的理论功率因子，如图 6-13（d）所示。计算结果表明在 N 型 $Pb_{0.85}Sn_{0.15}Se$ 中，最高平均功率因子对应的最优载流子浓度约为 $2 \times 10^{19}\ cm^{-3}$，这和实验获得的结果保持一致。

霍尔测试揭示了 PbSe、$Pb_{0.85}Sn_{0.15}Se$ 和 Ag 掺杂的 $Pb_{0.85}Sn_{0.15}Se$ 的载流子浓度和载流子迁移率随温度的变化情况，分别如图 6-13(e) 和图 6-13(f) 所示，所有样品在 $300 \sim 723\ K$ 的载流子浓度均未发生明显变化，这表明只有一个导带参与了载流子输运。由于 Ag 掺杂的 $Pb_{0.85}Sn_{0.15}Se$ 具有相对较低的载流子浓度（$2.12 \times 10^{19}\ cm^{-3}$），因此比 PbSe 和 $Pb_{0.85}Sn_{0.15}Se$ 的载流子迁移率更高，如图 6-13（f）所示，这也是 Ag 掺杂的 $Pb_{0.85}Sn_{0.15}Se$ 具有更高的平均功率因子的原因之一。此外，这一结果也进一步强调了想要获得高的电输运性能，就要保持高载流子迁移率的重要性，因为载流子迁移率与态密度有效质量、载流子浓度以及缺陷结构等都密切相关[16, 27, 62]。

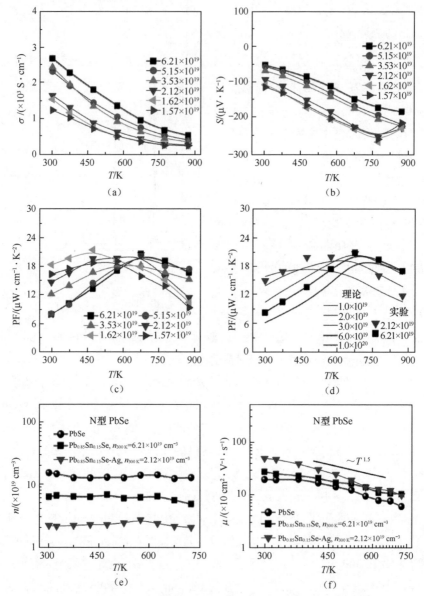

图 6-13　Ag 掺杂的 Pb$_{0.85}$Sn$_{0.15}$Se 的电输运性能随温度的变化关系[58]

（a）电导率；（b）泽贝克系数；（c）功率因子；（d）理论功率因子和实验结果的对比；（e）载流子浓度；（f）载流子迁移率

通过 Ag 反向掺杂不仅重新优化了 $Pb_{0.85}Sn_{0.15}Se$ 的载流子浓度，提高了平均功率因子，还有效抑制了电子热导率，如图 6-14（a）所示。室温电子热导率从载流子浓度为 $6.21 \times 10^{19}\ cm^{-3}$ 时的 $1.75\ W \cdot m^{-1} \cdot K^{-1}$ 降低到载流子浓度为 $1.57 \times 10^{19}\ cm^{-3}$ 时的 $0.67\ W \cdot m^{-1} \cdot K^{-1}$。因此，总热导率降低了超过 50%，300 K 的总热导率从 $3.5\ W \cdot m^{-1} \cdot K^{-1}$ 降低到了 $1.65\ W \cdot m^{-1} \cdot K^{-1}$，如图 6-14（b）所示。另外，Ag 掺杂引入的点缺陷使得室温附近的晶格热导率也显著降低。可以看到所有 Ag 掺杂的 $Pb_{0.85}Sn_{0.15}Se$ 均具有较低的晶格热导率，最低的晶格热导率可以达到 $0.54\ W \cdot m^{-1} \cdot K^{-1}$。

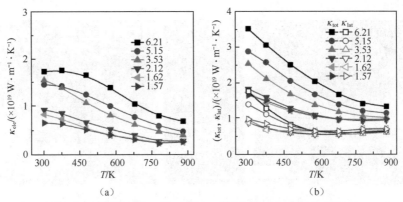

图 6-14　Ag 掺杂的 $Pb_{0.85}Sn_{0.15}Se$ 的热输运性能随温度的变化关系 [58]

（a）电子热导率；（b）总热导率和晶格热导率

为了揭示晶格热导率降低的原因，研究人员采用先进的扫描透射电子显微镜来研究 Ag 掺杂的 $Pb_{0.85}Sn_{0.15}Se$ 的微观结构。从图 6-15（a）和图 6-15（b）中可以看到样品的晶粒内部存在线性缺陷和位错阵列，从图 6-15（c）中可以看到位错团簇的存在。在 STEM-ABF 成像模式下可以很容易观察到这些线性缺陷，而在 STEM-HAADF 成像模式下却几乎什么都观察不到，如图 6-15（a）中插图所示，这表明这种差异主要来自应变效应。位错阵列和团簇可以形成应变网络，这对增强声子散射是非常有效的 [63-65]。图 6-15（d）所示是样品的低分辨 STEM-ABF 图像，从中可以看到高密度的纳米结构。与线性缺陷类似，在 STEM-ABF 成像模式下可以明显观察到这些纳米结构，而在 STEM-HAADF 成像模式下几乎看不到，如图 6-15（d）中插图所示，这说明这种衬度差异同样主要来自应变效应。图 6-15（e）所示是具有原子分辨率的 STEM-ABF 图像，其清楚地揭示了几个纳米结构的细节，即在晶核内以二维薄片状存在。这种薄片状的晶核大概率是由于间隙原子有序聚集形成的，这可能与 Ag 离子的非平衡嵌入有关，因为 Ag 离子比 Sn/Pb/Se 具有更小的离子半径，这种间隙原子团簇导致基体中产生了强烈的晶格畸变[66, 67]。与预期的一样，图 6-15（e）的几何相位分析的应变场分析清楚地显示了沿 <200> 方向的应变，如图 6-15（f1）和图 6-15（f2）所示。间隙原子团簇引起的应变呈现各向异性行为，且均沿垂直于薄片的方向分布。这种包含大量应变场分布的二维纳米结构在元素掺杂的铅硫族化合物体系已被广泛发现和报道[68-70]，这是具有低晶格热导率的体系的特征结构缺陷。

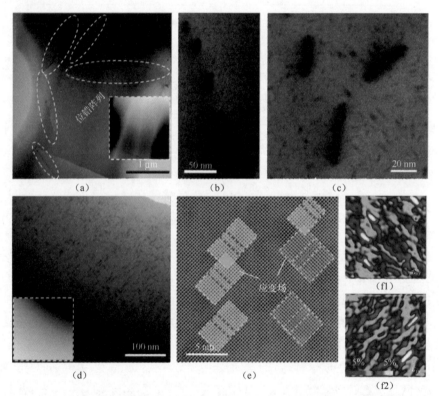

图 6-15 Ag 掺杂的 $Pb_{0.85}Sn_{0.15}Se$ 的微观结构表征[58]

（a）低分辨 STEM-ABF 图像显示位错阵列，插图是对应的 STEM-HAADF 图像；（b）聚焦于一组位错阵列的 STEM-ABF 图像；（c）聚焦于 3 个位错的高分辨 STEM-ABF 图像；（d）低分辨 STEM-ABF 图像显示了高密度的纳米结构，插图是对应的 STEM-HAADF 图像；（e）具有原子分辨率的 STEM-ABF 图像揭示了几个纳米结构的细节；（f1）、（f2）是（e）的几何相位分析的应变场分析

　　最终计算得到的 Ag 掺杂的 $Pb_{0.85}Sn_{0.15}Se$ 的 ZT 值如图 6-16 所示，结果表明，低载流子浓度的 N 型 $Pb_{0.85}Sn_{0.15}Se$ 趋向于在低温获得高的 ZT 值，并且载流子浓度和态密度有效质量匹配良好的 N 型 $Pb_{0.85}Sn_{0.15}Se$ 可以在整个温度范围内获得相对较高的 ZT_{ave} 值。最优载流子浓度为 2.12×10^{19} cm^{-3} 的 N 型 $Pb_{0.85}Sn_{0.15}Se$ 的 ZT_{max} 值在 673 K 时可以达到 1.4，在 $300\sim873$ K 的 ZT_{ave} 值可以达到 0.95，如图 6-16（a）和图 6-16（b）所示。与之前报道的 N 型 PbSe 体系（包括 $PbSe-Cr^{[71]}$、$PbSe-Al^{[72]}$、$PbSe-Cd^{[22]}$、$PbSe-Sb^{[73]}$、$PbSe-Zn^{[68]}$、$PbSe-Ge^{[74]}$、高熵 $PbSe^{[75]}$、$PbSe-Te-Cu^{[76]}$ 和 $PbSe-Cu^{[61]}$ 等）相比，Ag 掺杂的 $Pb_{0.85}Sn_{0.15}Se$ 具有较高的热电性能，如图 6-16（c）所示。更重要的是，经过合理优化 N 型 $Pb_{0.85}Sn_{0.15}Se$ 的载流子浓度和态密度有效质量后，其具有较高的 ZT_{ave} 值。如图 6-16（d）所示，$Pb_{0.85}Sn_{0.15}Se$ 在 $300\sim873$ K 的 ZT_{ave} 值高于其他大多数先进的 N 型 PbSe 热电材料体系。

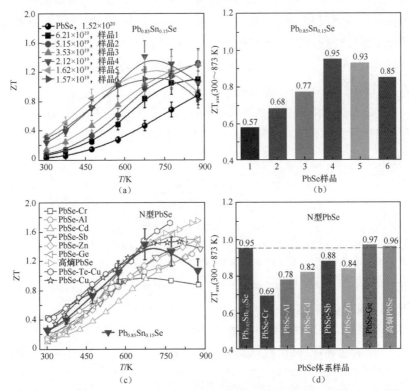

图 6-16　Ag 掺杂的 $Pb_{0.85}Sn_{0.15}Se$ 体系的热电性能及与其他 N 型 PbSe 体系对比 [58]

（a）ZT 值随温度的变化关系；（b）$300\sim873$ K 的 ZT_{ave} 值；（c）与其他 N 型 PbSe 体系的 ZT 值对比；
（d）与其他 N 型 PbSe 体系的 ZT_{ave} 值对比

6.2.3　Pb$_{1-x}$Sn$_x$S 中的能带锐化

相比 PbTe 和 PbSe，PbS 具有更大的带隙和更高的态密度有效质量[77-79]，但较低的载流子迁移率限制了其热电性能的提升。因此需要通过调控 PbS 的能带结构，协同优化态密度有效质量和载流子迁移率之间的关系。在 1%Sb 掺杂的 PbS 中进行 Sn 合金化，其电导率如图 6-17（a）所示，随着 Sn 固溶含量的增加，室温电导率开始有轻微的增加，然后开始降低[80]。从图 6-17（b）可以看出，所有 Pb$_{1-x}$Sn$_x$S（x = 0，0.02，0.04，0.06，0.08，0.10）体系样品的泽贝克系数都是负值，表明为 N 型导电性，且 Sn 合金化后，PbS 在高温范围的泽贝克系数绝对值明显提高。电导率和泽贝克系数的这些变化使 PbS 在 Sn 合金化后能够保持较高的功率因子，如图 6-17（c）所示。通过霍尔测试发现，随着 Sn 固溶含量的增加，PbS 的载流子浓度逐渐降低，如图 6-17（e）所示，从 PbS 的 7.56×10^{19} cm^{-3} 降低到 Pb$_{0.90}$Sn$_{0.10}$S 的 4.54×10^{19} cm^{-3}。通过图 6-17（d）的 Pisarenko 曲线发现，随着 Sn 固溶含量的增加，PbS 的态密度有效质量逐渐降低，经过计算，态密度有效质量从 PbS 的 $0.57m_e$ 降低到 Pb$_{0.90}$Sn$_{0.10}$S 的 $0.48m_e$，如图 6-17（e）所示。态密度有效质量的降低，有利于提高载流子迁移率，从而保持较高的电导率和功率因子。

由于态密度有效质量和载流子浓度都与载流子迁移率有关，因此研究人员将测试得到的电导率和泽贝克系数代入以下公式[42, 80]，通过计算加权载流子迁移率 μ_w 来评估 Sn 合金化对 PbS 的作用。

$$\mu_w = \frac{3\sigma}{8\pi F_0(\eta)}\left(\frac{h^2}{2m_e k_B T}\right)^{3/2} \tag{6-1}$$

$$F_n(\eta) = \int_0^\infty \frac{x^n}{1+e^{x-\eta}}\,dx \tag{6-2}$$

$$S = \pm\frac{k_B}{e}\left[\frac{(r+5/2)F_{r+2/3}(\eta)}{(r+3/2)F_{r+1/2}(\eta)} - \eta\right] \tag{6-3}$$

式中 h、e 和 k_B 分别表示普朗克常量、单位电荷量和玻耳兹曼常数；$F_n(\eta)$ 是费米积分；r 是散射因子。Pb$_{1-x}$Sn$_x$S 样品的加权载流子迁移率如图 6-17（f）所示，很显然，Sn 合金化使 PbS 保持了较高的加权载流子迁移率，这也是其能够保持高功率因子的原因。

为了进一步研究 Sn 合金化后 PbS 能带结构的变化，研究人员进行了光学带隙测试和基于 DFT 的第一性原理计算[80]。图 6-18（a）所示的是通过

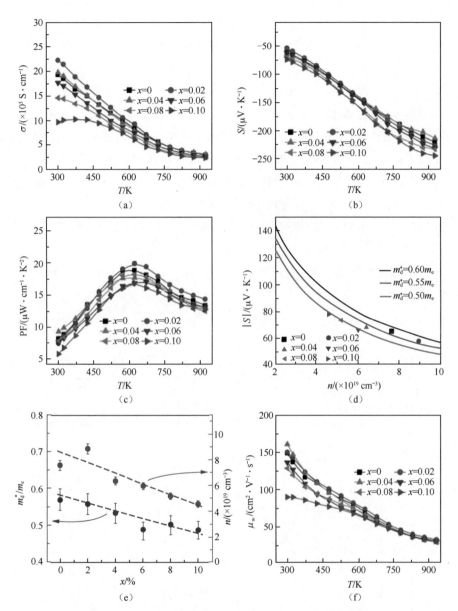

图 6-17　$Pb_{1-x}Sn_xS$（$x=0$，0.02，0.04，0.06，0.08，0.10）体系的电输运性能随温度的变化关系[80]
（a）电导率；（b）泽贝克系数；（c）功率因子；（d）室温泽贝克系数与载流子浓度之间的关系及
Pisarenko 曲线；（e）室温态密度有效质量和载流子浓度；（f）加权载流子迁移率

傅里叶变换红外光谱仪，采用红外漫反射法测量的 $Pb_{1-x}Sn_xS$ 样品的光学带隙变化结果，可以看到随着 Sn 固溶含量的增加，吸收边逐渐向能量更低的方向移动，即光学带隙逐渐减小，从 PbSe 的 0.44 eV 降低到 $Pb_{0.94}Sn_{0.06}S$ 的 0.35 eV。在第 5 章中已经介绍过，在铅硫族化合物热电材料中，带隙与单带有效质量之间存在密切的关系，带隙越大，态密度有效质量越大，而带隙越窄，态密度有效质量越小，但小的态密度有效质量有利于实现高的载流子迁移率。$Pb_{27}S_{27}$、$Pb_{30}Sn_2S_{32}$ 和 Pb_7SnS_8 的电子能带结构如图 6-18（b）～图 6-18（d）所示，结果表明，随着 Sn 固溶含量的增加，PbS 的带隙持续降低，从 $Pb_{27}S_{27}$ 的 0.51 eV 降低到 $Pb_{30}Sn_2S_{32}$ 的 0.35 eV 和 Pb_7SnS_8 的 0.15 eV，这与实验测量的结果保持一致。Sn 合金化后 PbS 带隙变窄的原因来自两方面，一方面是由于 Pb 的 6s 态和 Sn 的 5s 态之间存在不同的价态相对位移，另一方面是 Sn 的 5s 电子可以推动 PbS 的价带进入更高的能级 [33, 34, 44]，这会使 PbS 的带隙逐渐变窄，同时单带有效质量也相应降低，从而可以提高 PbS 的载流子迁移率。

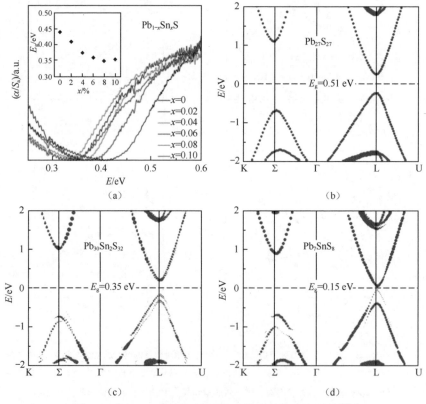

图 6-18　$Pb_{1-x}Sn_xS$ 体系的光学带隙和计算的电子能带结构 [80]

（a）$Pb_{1-x}Sn_xS$ 体系的红外吸收光谱（插图是估算的光学带隙随 Sn 固溶含量的变化关系）；密度泛函理论：（b）$Pb_{27}S_{27}$ 的电子能带结构；（c）$Pb_{30}Sn_2S_{32}$ 的电子能带结构；（d）Pb_7SnS_8 的电子能带结构

　　Sn 合金化不仅保持了高的电输运性能，同时 PbS 的热输运性能也得到了优化。如图 6-19（a）所示，随着温度的升高和 Sn 固溶含量的增加，PbS 的总热导率不断降低，室温下的 κ_{tot} 从 PbS 的 4.09 W·m^{-1}·K^{-1} 降低到 Pb$_{0.90}$Sn$_{0.10}$S 的 2.60 W·m^{-1}·K^{-1}。总热导率的降低主要源于 Sn 合金化引入了大量的点缺陷，增强了声子散射，从而降低了 PbS 的晶格热导率，如图 6-19（b）所示，Pb$_{0.96}$Sn$_{0.04}$S 的最低晶格热导率在 923 K 达到了 0.72 W·m^{-1}·K^{-1}，相比 PbS 的晶格热导率（1.07 W·m^{-1}·K^{-1}），降低了约 33%。为了进一步评估 Sn 合金化对 PbS 热电性能的综合影响，研究人员通过式（5-1）计算了品质因子。从图 6-19（c）可以看出，随着 Sn 固溶含量的增加，品质因子先升高后降低，在 923 K 下，Pb$_{0.94}$Sn$_{0.06}$S 的品质因子达到峰值。品质因子的优化使得 PbS 的热电性能明显提升，尤其在高温（623 ~ 923 K）区。如图 6-19（d）所示，在 923 K 的 ZT$_{max}$ 值从 PbS 的 0.8 增加到了 Pb$_{0.94}$Sn$_{0.06}$S 的 1.0。

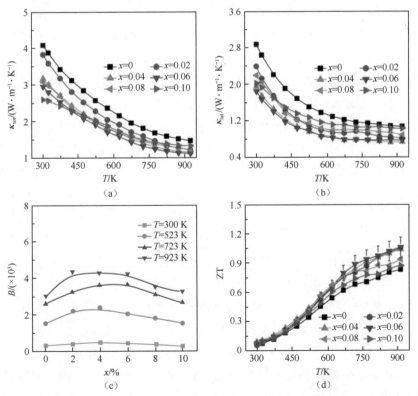

图 6-19　Pb$_{1-x}$Sn$_x$S（x = 0，0.02，0.04，0.06，0.08，0.10）体系的热电性能随温度的变化关系[80]
（a）总热导率；（b）晶格热导率；（c）品质因子；（d）ZT 值

以上实例表明，能带锐化是一种提高载流子迁移率和热电性能的有效手段，但是由于载流子迁移率与载流子浓度、态密度有效质量和晶格热导率之间存在较强的耦合关系，因此在应用此优化策略时需要协同调控其他热电参数，要特别注意品质因子的优化。此优化策略通过调控能带结构的形状提高材料的热电性能，为载流子迁移率的优化提供了新的路径，可以推广应用到其他热电材料体系。

6.3 能带对齐

元素合金化是常用的优化材料热电性能的方法，除了可以调控能带结构，还可以引入大量缺陷结构增强对声子的散射，降低晶格热导率。但当引入的第二相与基体材料的能带位置存在能量偏移时，这种能带失配会对载流子的输运产生较大的影响，即载流子通过基体与第二相的界面时需要跨过很高的能量势垒，从而降低载流子迁移率[81-83]。因此可以通过合理调控第二相与基体之间的能带能量关系，使两者之间的能带差尽可能小甚至实现能带对齐，从而可以最大限度地减少对载流子的散射，保持较高的载流子迁移率。这种优化载流子迁移率的策略称为能带对齐。当基体材料为 P 型热电材料时，需要引入与基体的价带顶能量接近或对齐的第二相，此时空穴载流子可以很容易通过两相界面的能量势垒；而当基体材料为 N 型热电材料时，则需要引入与基体的导带底能量相近或对齐的第二相，此时电子在经过两相界面时所受的散射会更小[84-86]。

6.3.1 PbTe-SrTe 中的价带对齐

能带对齐的优化策略最早是在钙钛矿太阳能电池领域提出的，其可以有效地保持材料中较高的载流子迁移率[87, 88]。而在热电材料研究中这种优化策略最早是在 P 型 PbTe-SrTe 体系中实现的[89]。图 6-20（a）所示的是 PbTe-SrTe 体系在 300 ～ 700 K 的霍尔系数，可以看到所有样品的霍尔系数均表现为先升高后降低的趋势，不含 SrTe 的 PbTe-Na_2Te 的霍尔系数在 430 K 左右达到峰值，而含有 SrTe 的 PbTe-SrTe 的霍尔系数约在 400 K 达到峰值。这可以通过 PbTe 的双价带模型进行解释，随着温度的升高，PbTe 的轻带和重带的相对位置是逐渐变化的，从 300 K 开始，PbTe 霍尔系数先增加，这是由于空穴载流子开始从轻带向重带转移；大约在 450 K，轻带和重带处于相同的能级（量）位置，此时空穴载流子在两个价带进行输运，霍尔系数达到峰值；当温度高于 450 K 时，由于载流子输运的主要贡献来自重带，霍尔系数开始降低。因此，不含 SrTe 的样品的霍尔系数在 430 K 左右达到峰值，而 SrTe 合金化降低了 PbTe 轻带和重带之间的能量差，导致其轻、重带收敛的温度提前，因此含 SrTe 的样品的霍尔系数在 400 K 达到峰值。通过公式 $n_H=1/eR_H$（e 是电子电荷量）可以计算出样品的霍尔载流子浓度 n_H，如图 6-20（b）所示，PbTe-1%Na$_2$Te 的室温霍尔载流子浓度为 5.6×10^{19} cm^{-3}，而 PbTe-1% SrTe 的室温载流子浓度为 5.4×10^{19} cm^{-3}，二者非常接近，但其他 PbTe-SrTe 样品的载流子浓度明显低于不含 SrTe 的 PbTe 样品。

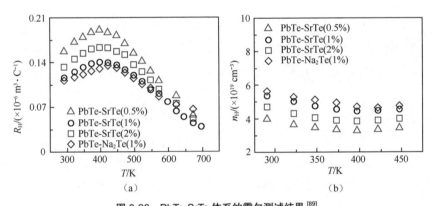

图 6-20　PbTe-SrTe 体系的霍尔测试结果[89]
（a）霍尔系数；（b）霍尔载流子浓度

　　图 6-21（a）所示的是 PbTe-SrTe 体系的电导率随温度的变化关系曲线，所有样品的电导率随温度的升高而逐渐降低，表现为简并半导体特性，PbTe-2%SrTe 的室温电导率约为 2530 S·cm^{-1}，在 800 K 时降到了 240 S·cm^{-1}。此外，随着 SrTe 含量的增加，PbTe 的电导率没有明显的变化。由图 6-20（b）可知，PbTe-SrTe 样品的载流子浓度均低于不含 SrTe 的样品的载流子浓度，因此通过公式 $\mu_H=\sigma/en_H$ 计算了所有样品的载流子迁移率，如图 6-21（b）所示，PbTe-1%SrTe 样品的室温载流子迁移率约为 340 cm^2·V^{-1}·s^{-1}，这与具有相似载流子浓度的不含 SrTe 的样品的载流子迁移率非常接近，这说明引入具有外延纳米结构的 SrTe 第二相并没有对 PbTe 的载流子迁移率造成较大影响。

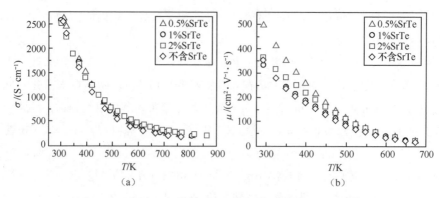

图 6-21 PbTe-SrTe 体系的电输运性能随温度的变化关系[89]
（a）电导率；（b）载流子迁移率

载流子迁移率未明显降低的原因来自两个方面。第一，具有外延纳米结构的 SrTe 与 PbTe 形成了共格或半共格界面。第二，当温度高于 300 K 时，SrTe 的价带能量与 PbTe 基体的能量非常接近，实现了价带对齐，因此能够减少对空穴载流子的散射。如图 6-22（a）所示，Biswas 等人[89] 通过第一性原理计算了 PbTe-SrTe 的电子能带结构，结果表明在 0 K 时，PbTe 和 SrTe 的价带顶能量差仅为 0.17 eV。当温度高于 300 K 时，两相之间的价带偏移进一步降低，因为 PbTe 价带顶的能量会随着温度的升高而增加，另外由于晶格膨胀，SrTe 价带顶的能量会逐渐降低[90]。由于 PbTe 和 SrTe 的价带偏移随着温度的升高而逐渐减小，这会减少空穴载流子在两相之间输运时的额外散射，因此可以保持较高的载流子迁移率。当在 PbTe 中引入过量的 SrTe 就会析出第二相 SrTe 沉淀，此 SrTe 沉淀可以显著增强对声子的散射，但是对空穴载流子的散射作用较小，从而实现了 Slack 提出的"声子玻璃-电子晶体"的电声解耦合输运。如图 6-22（b）所示，PbTe-2%SrTe 的晶格热导率最低，室温下为 $1.2\ \mathrm{W \cdot m^{-1} \cdot K^{-1}}$，而在 800 K 时晶格热导率降低到仅为 $0.45\ \mathrm{W \cdot m^{-1} \cdot K^{-1}}$。为了定量地评估能带对齐对热电性能的贡献，可以计算载流子迁移率与晶格热导率的比值（$\mu/\kappa_{\mathrm{lat}}$），如图 6-22（c）所示。可以看到随着 SrTe 含量的增加，$\mu/\kappa_{\mathrm{lat}}$ 明显增大，说明 SrTe 对声子的散射作用确实比空穴载流子强得多。载流子与声子的解耦合输运使得 PbTe-2%SrTe 样品的 $\mathrm{ZT_{max}}$ 值在 800 K 达到了 1.7，明显高于不含 SrTe 的样品，如图 6-22（d）所示。

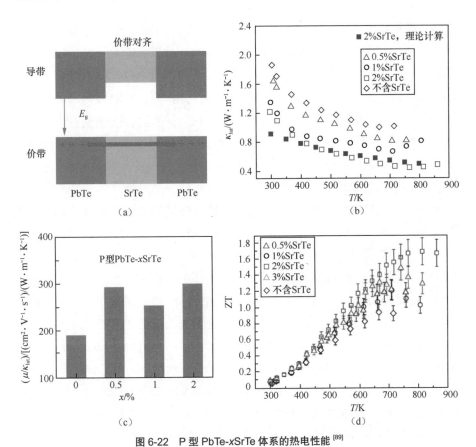

图 6-22　P 型 PbTe-xSrTe 体系的热电性能 [89]

（a）价带对齐示意 [91]；（b）晶格热导率随温度的变化关系；（c）载流子迁移率与晶格热导率的比值 μ/κ_{lat} 随 SrTe 含量的变化；（d）ZT 值随温度的变化关系

6.3.2　PbSe-CdS 中的价带对齐

　　除了 PbTe-SrTe 体系，能带对齐的优化策略在 PbSe 和 PbS 热电材料体系中也得到了应用。如在 Na 掺杂的 P 型 PbSe 中引入 CdS 和 ZnS 化合物，研究表明 P 型 PbSe 与 $CdS_{1-x}Se_x$ 和 $ZnS_{1-x}Se_x$ 的固溶体可以实现价带对齐，从而减少对空穴载流子的散射，保持较高的载流子迁移率，优化热电性能 [92]。图 6-23所示的是 $Pb_{0.98}Na_{0.02}Se$-x CdS 体系的热电性能随温度的变化关系曲线。从图 6-23（a）中可以看出，随 CdS 含量的增加，样品的电导率几乎未发生变化。从测量得到的载流子迁移率可以发现，引入 CdS 后样品的载流子迁移率并未发生较大变化，这表明引入的 CdS 第二相不会对空穴载流子造成强烈的散射而降低载流子迁移率。图 6-23（b）所示的是泽贝克系数随温度的变化关系曲线，从图中可以看出，引入 CdS 并未对室温泽贝克系数造成较大影响，引入 CdS 后样品的泽贝克系数与 $Pb_{0.98}Na_{0.02}Se$ 样品的相同，均约为 21 $\mu V \cdot K^{-1}$，这表明引入 CdS 后样品的载流子浓度并未发生较大变化，说明载流子浓度只与 Na 的浓度有关。但是在高温区，可以看到引入 CdS 后样品的泽贝克系数有明显提高，这是因为 CdS 合金化降低了 PbSe 轻带和重带之间的能量差，促进了价带收敛，从而增大了泽贝克系数。

2% 的 Na 掺杂使 PbSe 从非简并半导体转变成简并半导体，功率因子最大值对应温度也从低温移至更高温度，923 K 时的功率因子达到最高值，为 14.9 $\mu W \cdot cm^{-1} \cdot K^{-2}$。值得注意的是，引入 CdS 后样品的功率因子不仅没有下降，甚至高于 $Pb_{0.98}Na_{0.02}Se$ 的功率因子。从图 6-23（c）可以看出，随着 CdS 的含量从 1% 提升至 4%，功率因子最大值处于 $14.8 \sim 17.0$ $\mu W \cdot cm^{-1} \cdot K^{-2}$。$Pb_{0.98}Na_{0.02}Se\text{-}xCdS$（$x = 0$，1%，2%，3%，4%）体系的功率因子高于 P 型 PbSe-MSe（$M = $ Ca、Sr、Ba）[93] 体系，这主要是由于保持了较高载流子迁移率，相关内容将在后面进行详细阐述。图 6-23（d）和图 6-23（e）所示的分别是样品的总热导率和晶格热导率随温度的变化曲线，可以看到随着 CdS 含量的增加，样品的总热导率和晶格热导率均显著降低。当 CdS 的含量增加到 4% 时，室温下的晶格热导率从 PbSe 的 1.53 $W \cdot m^{-1} \cdot K^{-1}$ 降低到 1.02 $W \cdot m^{-1} \cdot K^{-1}$，923 K 时的晶格热导率降至 0.57 $W \cdot m^{-1} \cdot K^{-1}$。这表明分散的 CdS 第二相可以大幅度增强声子散射，降低晶格热导率。最终，$Pb_{0.98}Na_{0.02}Se\text{-}3\%CdS$ 样品的较高功率因子和较低热导率导致其在 923 K 时的 ZT 值可以达到 1.6，如图 6-23(f) 所示。

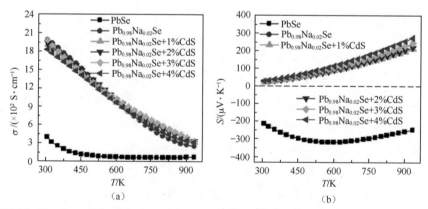

图 6-23　$Pb_{0.98}Na_{0.02}Se\text{-}xCdS$（$x = 0$，1%，2%，3%，4%）体系的热电性能随温度的变化关系曲线[92]
（a）电导率；（b）泽贝克系数

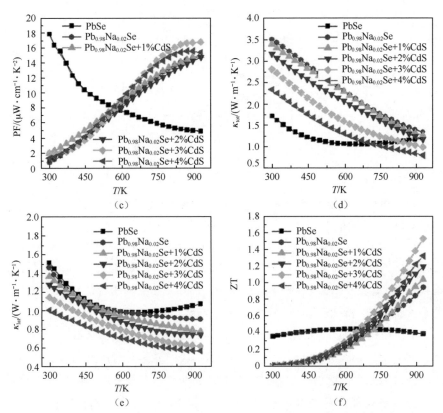

图 6-23 Pb$_{0.98}$Na$_{0.02}$Se-xCdS（x = 0，1%，2%，3%，4%）体系的热电性能随温度的变化关系
曲线[92]（续）

（c）功率因子；（d）总热导率；（e）晶格热导率；（f）ZT 值

为了进一步说明这些金属硫化物和硒化物纳米结构（例如 CdS、CdSe、ZnS 和 ZnSe）对 P 型 PbSe 热电性能的影响，研究人员对含有这些第二相的 PbSe 样品进行了比较。对所有体系来说，第二相含量为 3% 的样品性能是最优的。从图 6-24 可以看出，含 CdS/ZnS 第二相的 PbSe 样品的电导率在整个测试温度范围内均优于含 CdSe/ZnSe 的样品的电导率。而且，含 CdS/ZnS 的样品的电导率几乎与对照样品 Pb$_{0.98}$Na$_{0.02}$Se 的电导率相同。由于所有样品均掺杂了 2.0% 的 Na，保证了所有样品的载流子浓度几乎相同，因此电导率的变化只能归因于载流子迁移率的变化。

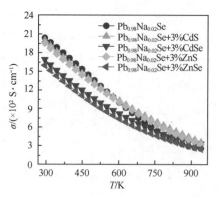

图 6-24 含有不同第二相的 $Pb_{0.98}Na_{0.02}Se$ 的电导率随温度的变化关系 [92]

从图 6-25（a）可以看出，含 CdS/ZnS 的 PbSe 的载流子迁移率随第二相含量的增加变化很小，然而，含 CdSe/ZnSe 的 PbSe 的载流子迁移率却呈下降趋势。为了研究 PbSe 基体和具有纳米结构的第二相之间的价带偏移对载流子迁移率的影响，研究人员计算了 PbSe、CdS、CdSe、ZnS 和 ZnSe 价带和导带的能级结构，其示意如图 6-25（b）所示。结果表明，CdSe/ZnSe 与 PbSe 基体之间的价带顶能量偏移较大，它们之间形成的界面会对通过的载流子造成强烈的散射 [94, 95]，因此含 CdSe/ZnSe 的样品的载流子迁移率会降低。对这些纳米沉淀进行能量色散 X 射线分析（energy-dispersion X-ray analysis，EDX）发现，当在 PbSe 基体中引入 CdS 和 ZnS 第二相后，所形成的纳米沉淀是非化学计量比的 CdS 和 ZnS，即 $CdS_{1-x}Se_x$ 和 $ZnS_{1-x}Se_x$ 这种类型的固溶体。如图 6-25（b）所示，尽管随着 x 的变化，价带能级不一定是线性变化的，但是 $CdS_{1-x}Se_x$ 和 $ZnS_{1-x}Se_x$ 的价带能级应该介于 CdS/ZnS 和 CdSe/ZnSe 的价带能级之间，这使得 $CdS_{1-x}Se_x$ 和 $ZnS_{1-x}Se_x$ 固溶体的价带能级与 PbSe 基体的非常接近，从而实现了基体与纳米第二相的能带对齐，因此可以在增强声子散射的同时保持较高的载流子迁移率。为了验证这一猜想，研究人员选择性地计算了 $CdS_{0.9}Se_{0.1}$ 的价带能级的位置，与预期的一样，$CdS_{0.9}Se_{0.1}$ 的价带能级的确介于 CdS 和 CdSe 的价带能级之间。这种能带偏移工程是一种新的调控策略，利用了非化学计量比的纳米第二相与基体之间的电子能带特点，允许载流子在基体与纳米第二相间顺利地输运，保持了较高的载流子迁移率。

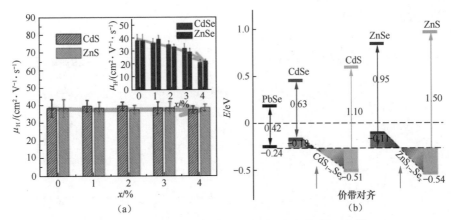

图 6-25　PbSe 体系的载流子迁移率和能（价）带对齐示意 [92]

（a）PbSe 的载流子迁移率随 CdS 和 ZnS 第二相含量的变化关系，插图为 PbSe 的载流子迁移率随 CdSe
和 ZnSe 第二相含量的变化关系；（b）PbSe、CdS、CdSe、ZnS 和 ZnSe 的价带和导带的能级结构

6.3.3　PbS–PbTe 中的导带对齐

　　PbS 与 PbTe 具有相似的晶体结构和晶格常数，但相比 PbTe，PbS 具有较高的态密度有效质量和较低的载流子迁移率。由于 PbS 的带隙为 0.44 eV，这与 PbTe 的 0.28 eV 相差较大，因此在 N 型 PbS 中直接引入 PbTe 第二相会使得两相呈现较大的能量失配，导致 PbTe 第二相对电子载流子的输运产生较大散射，降低载流子迁移率，而在 N 型 PbS 中固溶 Sn 可以调整能带结构实现能带对齐。图 6-26（a）所示的是在 PbS 中固溶 Sn，然后合金化 PbTe 后的能带结构变化示意 [80]。从图中可以看出，固溶 Sn 不仅可以使 PbS 的能带锐化，还可以减小 PbS 的带隙，使 $Pb_{0.94}Sn_{0.06}S$ 和 PbTe 之间更好地实现导带对齐。从图 6-26（b）中可以看到，固溶 Sn 和引入 PbTe 第二相后 PbS 的载流子迁移率几乎无变化，一直保持在 150 $cm^2 \cdot V^{-1} \cdot s^{-1}$ 左右。这表明尽管 Sn 点缺陷会对载流子进行一定的散射，但能带锐化会提高 PbS 的载流子迁移率，从而让两种效果相互抵消。由于 PbTe 第二相与 $Pb_{0.94}Sn_{0.06}S$ 的导带对齐，因此可以在大幅度降低晶格热导率的同时保持较高的载流子迁移率，最终提高 PbS 在整个温度区间的品质因子，如图 6-26（c）所示。通过应用能带锐化和能带对齐的优化策略，可使 N 型 PbS 的热电性能大幅度提升，如图 6-26（d）所示，N

型 Pb$_{0.94}$Sn$_{0.06}$S-8%PbTe 在 923 K 的 ZT$_{max}$ 值可以达到 1.3，在 300 ~ 923 K 的 ZT$_{ave}$ 值可以达到 0.72[80]。

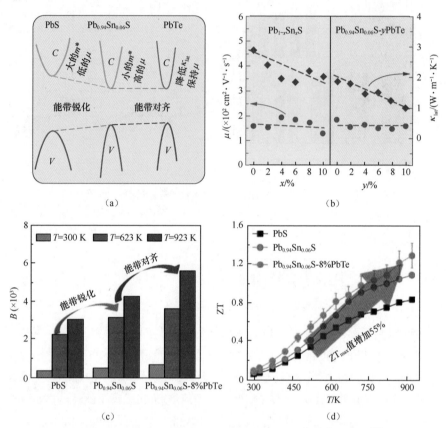

图 6-26 Sn 固溶及合金化 PbTe 对 PbS 能带结构及热电性能的影响 [80]

（a）固溶 Sn 再合金化 PbTe 后 PbS 的能带结构变化示意；（b）PbS 的室温载流子迁移率和晶格热导率随 Sn 固溶含量和 PbTe 合金化含量的变化关系；（c）在不同温度下，实现能带锐化和能带对齐后 PbS 的品质因子的变化；（d）固溶 Sn 和合金化 PbTe 后 N 型 PbS 的 ZT 值随温度变化关系

6.4 本章小结

　　本章主要从能带结构调控方面介绍了优化载流子迁移率的两种常用方法。对铅硫族化合物热电材料而言，其导带结构比价带结构要简单得多，因此相比 P 型热电材料，保持良好的载流子迁移率是 N 型热电材料获得高热电性能的

关键。除了以上能带结构优化策略，设计材料的微缺陷也是保持高载流子迁移率的有效方法。在铅硫族化合物热电材料体系中，其声子的平均自由程远小于载流子的平均自由程，如果在该体系中构建间隙原子或间隙原子团簇等亚纳米尺度微缺陷，由于其尺寸范围与声子平均自由程相当但远低于载流子平均自由程，因此可以在降低晶格热导率的同时保持载流子迁移率。此外，由于载流子迁移率与载流子浓度、态密度有效质量和晶格热导率均存在较强的耦合关系，因此在实际应用中需协同优化这些热电参数才能最终实现热电性能的提升。

6.5　参考文献

[1]　TAN G J, ZHAO L D, KANATZIDIS M G. Rationally designing high-performance bulk thermoelectric materials [J]. Chemical Reviews, 2016, 116(19): 12123-12149.

[2]　赵立东, 王思宁, 肖钰. 热电材料的载流子迁移率优化 [J]. 金属学报, 2021, 57(9): 1171-1183.

[3]　BERETTA D, NEOPHYTOU N, HODGES J M, et al. Thermoelectrics: from history, a window to the future [J]. Materials Science & Engineering R-Reports, 2019, 138: 210-255.

[4]　JIN Y, XIAO Y, WANG D Y, et al. Realizing high thermoelectric performance in GeTe through optimizing Ge vacancies and manipulating Ge precipitates [J]. ACS Applied Energy Materials, 2019, 2(10): 7594-7601.

[5]　HUI S, GAO W P, LU X, et al. Engineering temperature-dependent carrier concentration in bulk composite materials via temperature-dependent fermi level offset [J]. Advanced Energy Materials, 2018, 8(3): 1701623.

[6]　ZHAO L D, LO S H, ZHANG Y S, et al. Ultralow thermal conductivity and high thermoelectric figure of merit in SnSe crystals [J]. Nature, 2014, 508(7496): 373-377.

[7]　ZHAO L D, HE J Q, BERARDAN D, et al. BiCuSeO oxyselenides: new promising thermoelectric materials [J]. Energy & Environmental Science, 2014, 7(9): 2900-2924.

[8]　WU Y T, SU X L, YANG D W, et al. Boosting thermoelectric properties of

AgBi$_3$(Se$_y$S$_{1-y}$)$_5$ solid solution via entropy engineering [J]. ACS Applied Materials & Interfaces, 2021, 13(3): 4185-4191.

[9] GUSEINOV F N, SEIDZADE A E, YUSIBOV Y A, et al. Thermodynamic properties of the SnSb$_2$Te$_4$ compound [J]. Inorganic Materials, 2017, 53(4): 354-357.

[10] LIU X Y, WANG D Y, WU H J, et al. Intrinsically low thermal conductivity in BiSbSe$_3$: a promising thermoelectric material with multiple conduction bands [J]. Advanced Functional Materials, 2019, 29(3): 1806558.

[11] WU C F, WEI T R, SUN F H, et al. Nanoporous PbSe-SiO$_2$ thermoelectric composites [J]. Advanced Science, 2017, 4(11): 1700199.

[12] KIM M S, LEE W J, CHO K H, et al. Spinodally decomposed PbSe-PbTe nanoparticles for high-performance thermoelectrics: enhanced phonon scattering and unusual transport behavior [J]. ACS Nano, 2016, 10(7): 7197-7207.

[13] BISWAS K, HE J Q, WANG G Y, et al. High thermoelectric figure of merit in nanostructured p-type PbTe-MTe(M = Ca, Ba) [J]. Energy & Environmental Science, 2011, 4(11): 4675-4684.

[14] CHEN Z W, GE B H, LI W, et al. Vacancy-induced dislocations within grains for high-performance PbSe thermoelectrics [J]. Nature Communications, 2017, 8: 13828.

[15] MENG X F, LIU Z H, CUI B, et al. Grain boundary engineering for achieving high thermoelectric performance in n-type skutterudites [J]. Advanced Energy Materials, 2017, 7(13): 1602582.

[16] QIN Y X, XIAO Y, ZHAO L D. Carrier mobility does matter for enhancing thermoelectric performance [J]. APL Materials, 2020, 8(1): 010901.

[17] EVANG V, REINDL J, SCHAFER L, et al. Thermally controlled charge-carrier transitions in disordered PbSbTe chalcogenides [J]. Advanced Materials, 2022, 34(3): 2106868.

[18] YANG Z, WANG S Q, SUN Y J, et al. Enhancing thermoelectric performance of n-type PbTe through separately optimizing phonon and charge transport properties [J]. Journal of Alloys and Compounds, 2020, 828: 154377.

[19] RAVICH Y I, EFIMOVA B A, TAMARCHENKO V I. Scattering of current

carriers and transport phenomena in lead chalcogenides [J]. Physica Status Solidi B-Basic Solid State Physics, 1971, 43(1): 11-33.

[20]　ZHANG X Y, PEI Y Z. Manipulation of charge transport in thermoelectrics [J]. Nature Partner Journals Quantum Materials, 2017, 2: 68.

[21]　XIAO Y, WU H J, CUI J, et al. Realizing high performance n-type PbTe by synergistically optimizing effective mass and carrier mobility and suppressing bipolar thermal conductivity [J]. Energy & Environmental Science, 2018, 11(9): 2486-2495.

[22]　QIAN X, WU H J, WANG D Y, et al. Synergistically optimizing interdependent thermoelectric parameters of n-type PbSe through alloying CdSe [J]. Energy & Environmental Science, 2019, 12(6): 1969-1978.

[23]　TAN G J, ZHANG X M, HAO S Q, et al. Enhanced density-of-states effective mass and strained endotaxial nanostructures in Sb-doped $Pb_{0.97}Cd_{0.03}Te$ thermoelectric alloys [J]. ACS Applied Materials & Interfaces, 2019, 11(9): 9197-9204.

[24]　PEI Y Z, LALONDE A D, WANG H, et al. Low effective mass leading to high thermoelectric performance [J]. Energy & Environmental Science, 2012, 5(7): 7963-7969.

[25]　XIAO Y, XU L Q, HONG T, et al. Ultrahigh carrier mobility contributes to remarkably enhanced thermoelectric performance in n-type PbSe [J]. Energy & Environmental Science, 2022, 15(1): 346-355.

[26]　XIAO Y, WANG D Y, QIN B C, et al. Approaching topological insulating states leads to high thermoelectric performance in n-type PbTe [J]. Journal of the American Chemical Society, 2018, 140(40): 13097-13102.

[27]　HOU Z H, XIAO Y, ZHAO L D. Investigation on carrier mobility when comparing nanostructures and bands manipulation [J]. Nanoscale, 2020, 12(24): 12741-12747.

[28]　HE W K, WANG D Y, WU H J, et al. High thermoelectric performance in low-cost $SnS_{0.91}Se_{0.09}$ crystals [J]. Science, 2019, 365(6460): 1418-1424.

[29]　LUO Z Z, HAO S Q, CAI S T, et al. Enhancement of thermoelectric performance for n-type PbS through synergy of gap state and fermi level pinning [J]. Journal of the American Chemical Society, 2019, 141(15): 6403-6412.

[30] TAN X J, WANG H X, LIU G Q, et al. Designing band engineering for thermoelectrics starting from the periodic table of elements [J]. Materials Today Physics, 2018, 7: 35-44.

[31] PEI Y Z, WANG H, GIBBS Z M, et al. Thermopower enhancement in $Pb_{1-x}Mn_xTe$ alloys and its effect on thermoelectric efficiency [J]. Nature Publishing Group Asia Materials, 2012, 4: e28.

[32] CHEN L C, CHEN P Q, LI W J, et al. Enhancement of thermoelectric performance across the topological phase transition in dense lead selenide [J]. Nature Materials, 2019, 18(12): 1321-1326.

[33] STRAUSS A J. Inversion of conduction and valence bands in $Pb_{1-x}Sn_xSe$ alloys [J]. Physical Review, 1967, 157: 608.

[34] DIMMOCK J O, MELNGAILIS I, STRAUSS A J. Band structure and laser action in $Pb_xSn_{1-x}Te$ [J]. Physical Review Letters, 1966, 16: 1193.

[35] WU C F, WEI T R, LI J F. Electrical and thermal transport properties of $Pb_{1-x}Sn_xSe$ solid solution thermoelectric materials [J]. Physical Chemistry Chemical Physics, 2015, 17(19): 13006-13012.

[36] VOLYKHOV A A, YASHINA L V, SHTANOV V I. Phase equilibria in pseudoternary systems of IV-VI compounds [J]. Inorganic Materials, 2010, 46(5): 464-471.

[37] BALI A, CHETTY R, SHARMA A, et al. Thermoelectric properties of In and I doped PbTe [J]. Journal of Applied Physics, 2016, 120(17): 175101.

[38] XIAO Y, LI W, CHANG C, et al. Synergistically optimizing thermoelectric transport properties of n-type PbTe via Se and Sn co-alloying [J]. Journal of Alloys and Compounds, 2017, 724: 208-221.

[39] PEI Y Z, MAY A F, SNYDER G J. Self-tuning the carrier concentration of $PbTe/Ag_2Te$ composites with excess ag for high thermoelectric performance [J]. Advanced Energy Materials, 2011, 1(2): 291-296.

[40] SOOTSMAN J R, KONG H, UHER C, et al. Large enhancements in the thermoelectric power factor of bulk PbTe at high temperature by synergistic nanostructuring [J]. Angewandte Chemie-International Edition, 2008, 47(45): 8618-8622.

[41]　WANG H, PEI Y Z, LALONDE A D, et al. Weak electron-phonon coupling contributing to high thermoelectric performance in n-type PbSe [J]. Proceedings of the National Academy of Sciences of the United States of America, 2012, 109(25): 9705-9709.

[42]　KANG S D, SNYDER G J. Charge-transport model for conducting polymers [J]. Nature Materials, 2017, 16(2): 252-257.

[43]　NAITHANI H, DASGUPTA T. Critical analysis of single band modeling of thermoelectric materials [J]. ACS Applied Energy Materials, 2020, 3(3): 2200-2213.

[44]　ARACHCHIGE I U, KANATZIDIS M G. Anomalous band gap evolution from band inversion in $Pb_{1-x}Sn_xTe$ nanocrystals [J]. Nano Letters, 2009, 9(4): 1583-1587.

[45]　XU S Y, LIU C, ALIDOUST N, et al. Observation of a topological crystalline insulator phase and topological phase transition in $Pb_{1-x}Sn_xTe$ [J]. Nature Communications, 2012, 3: 1192.

[46]　ROYCHOWDHURY S, SHENOY U S, WAGHMARE U V, et al. Tailoring of electronic structure and thermoelectric properties of a topological crystalline insulator by chemical doping [J]. Angewandte Chemie-International Edition, 2015, 54(50): 15241-15245.

[47]　DAS S, AGGARWAL L, ROYCHOWDHURY S, et al. Unexpected superconductivity at nanoscale junctions made on the topological crystalline insulator $Pb_{0.6}Sn_{0.4}Te$ [J]. Applied Physics Letters, 2016, 109(13): 132601.

[48]　ROYCHOWDHURY S, SHENOY U S, WAGHMARE U V, et al. Effect of potassium doping on electronic structure and thermoelectric properties of topological crystalline insulator [J]. Applied Physics Letters, 2016, 108(19): 193901.

[49]　DZIAWA P, KOWALSKI B J, DYBKO K, et al. Topological crystalline insulator states in $Pb_{1-x}Sn_xSe$ [J]. Nature Materials, 2012, 11(12): 1023-1027.

[50]　EREMEEV S V, SILKIN I V, MENSHCHIKOVA T V, et al. New topological surface state in layered topological insulators: Unoccupied dirac cone [J]. Jetp Letters, 2013, 96(12): 780-784.

[51]　ZHAO L D, WU H J, HAO S Q, et al. All-scale hierarchical thermoelectrics:

MgTe in PbTe facilitates valence band convergence and suppresses bipolar thermal transport for high performance [J]. Energy & Environmental Science, 2013, 6(11): 3346-3355.

[52] CALLAWAY J, VONBAEYER H C. Effect of point imperfections on lattice thermal conductivity [J]. Physical Review, 1960, 120(4): 1149-1154.

[53] CHENG R, WANG D Y, BAI H, et al. Bridging the miscibility gap towards higher thermoelectric performance of PbS [J]. Acta Materialia, 2021, 220: 117337.

[54] HOU Z H, WANG D Y, WANG J F, et al. Contrasting thermoelectric transport behaviors of p-type PbS caused by doping alkali metals (Li and Na) [J]. Research, 2020, 2020: 4084532.

[55] HE W K, QIN B C, ZHAO L D. Predicting the potential performance in p-type SnS crystals via utilizing the weighted mobility and quality factor [J]. Chinese Physics Letters, 2020, 37(8): 087104.

[56] QIN B C, HE W K, ZHAO L D. Estimation of the potential performance in p-type SnSe crystals through evaluating weighted mobility and effective mass [J]. Journal of Materiomics, 2020, 6(4): 671-676.

[57] PEI Y Z, WANG H, SNYDER G J. Band engineering of thermoelectric materials [J]. Advanced Materials, 2012, 24(46): 6125-6135.

[58] XIAO Y, LIU W, ZHANG Y, et al. Rationally optimized carrier effective mass and carrier density leads to high average ZT value in n-type PbSe [J]. Journal of Materials Chemistry A, 2021, 9(40): 23011-23018.

[59] TANAKA Y, SATO T, NAKAYAMA K, et al. Tunability of the k-space location of the Dirac cones in the topological crystalline insulator $Pb_{1-x}Sn_xTe$ [J]. Physical Review B, 2013, 87(15): 155105.

[60] YOU L, ZHANG J Y, PAN S S, et al. Realization of higher thermoelectric performance by dynamic doping of copper in n-type PbTe [J]. Energy & Environmental Science, 2019, 12(10): 3089-3098.

[61] YOU L, LIU Y F, LI X, et al. Boosting the thermoelectric performance of PbSe through dynamic doping and hierarchical phonon scattering [J]. Energy & Environmental Science, 2018, 11(7): 1848-1858.

[62] PEI Y Z, GIBBS Z M, GLOSKOVSKII A, et al. Optimum carrier concentration

in n-type PbTe thermoelectrics [J]. Advanced Energy Materials, 2014, 4(13): 1400486.

[63]　SARKAR S, ZHANG X M, HAO S Q, et al. Dual alloying strategy to achieve a high thermoelectric figure of merit and lattice hardening in p-type nanostructured PbTe [J]. ACS Energy Letters, 2018, 3(10): 2593-2601.

[64]　JOHNSEN S, HE J Q, ANDROULAKIS J, et al. Nanostructures boost the thermoelectric performance of PbS [J]. Journal of the American Chemical Society, 2011, 133(10): 3460-3470.

[65]　LUO Z Z, CAI S T, HAO S Q, et al. Strong valence band convergence to enhance thermoelectric performance in PbSe with two chemically independent controls [J]. Angewandte Chemie-International Edition, 2021, 60(1): 268-273.

[66]　PEI Y Z, LENSCH-FALK J, TOBERER E S, et al. High thermoelectric performance in PbTe due to large nanoscale Ag_2Te precipitates and La doping [J]. Advanced Functional Materials, 2011, 21(2): 241-249.

[67]　XIAO Y, WU H J, WANG D Y, et al. Amphoteric indium enables carrier engineering to enhance the power factor and thermoelectric performance in n-type $Ag_nPb_{100}In_nTe_{100+2n}$ (LIST) [J]. Advanced Energy Materials, 2019, 9(17): 1900414.

[68]　QIAN X, WU H, WANG D, et al. Synergistically optimizing interdependent thermoelectric parameters of n-type PbSe through introducing a small amount of Zn [J]. Materials Today Physics, 2019, 9: 100102.

[69]　QIAN X, WANG D Y, ZHANG Y, et al. Contrasting roles of small metallic elements M (M = Cu, Zn, Ni) in enhancing the thermoelectric performance of n-type $PbM_{0.01}Se$ [J]. Journal of Materials Chemistry A, 2020, 8(11): 5699-5708.

[70]　CAI S T, HAO S Q, LUO Z Z, et al. Discordant nature of Cd in PbSe: off-centering and core-shell nanoscale CdSe precipitates lead to high thermoelectric performance [J]. Energy & Environmental Science, 2020, 13(1): 200-211.

[71]　ZHANG Q, CHERE E K, MCENANEY K, et al. Enhancement of thermoelectric performance of n-type PbSe by Cr doping with optimized carrier concentration [J]. Advanced Energy Materials, 2015, 5(8): 1401977.

[72]　ZHANG Q Y, WANG H, LIU W S, et al. Enhancement of thermoelectric figure-of-merit by resonant states of aluminium doping in lead selenide [J]. Energy &

Environmental Science, 2012, 5(1): 5246-5251.

[73]   LEE Y, LO S H, CHEN C Q, et al. Contrasting role of antimony and bismuth dopants on the thermoelectric performance of lead selenide [J]. Nature Communications, 2014, 5: 3640.

[74]   LUO Z Z, HAO S Q, ZHANG X M, et al. Soft phonon modes from off-center Ge atoms lead to ultralow thermal conductivity and superior thermoelectric performance in n-type PbSe-GeSe [J]. Energy & Environmental Science, 2018, 11(11): 3220-3230.

[75]   JIANG B B, YU Y, CUI J, et al. High-entropy-stabilized chalcogenides with high thermoelectric performance [J]. Science, 2021, 371(6531): 830-834.

[76]   ZHOU C J, YU Y, LEE Y L, et al. Exceptionally high average power factor and thermoelectric figure of merit in n-type PbSe by the dual incorporation of Cu and Te [J]. Journal of the American Chemical Society, 2020, 142(35): 15172-15186.

[77]   ALLGAIER R S, SCANLON W W. Mobility of electrons and holes in PbS, PbSe, and PbTe between room temperature and 4.2 ℃ [J]. Physical Review, 1958, 111(4): 1029-1037.

[78]   TIAN Z T, GARG J, ESFARJANI K, et al. Phonon conduction in PbSe, PbTe, and PbTe$_{1-x}$Se$_x$ from first-principles calculations [J]. Physical Review B, 2012, 85(18): 184303.

[79]   SKELTON J M, PARKER S C, TOGO A, et al. Thermal physics of the lead chalcogenides PbS, PbSe, and PbTe from first principles [J]. Physical Review B, 2014, 89(20): 205203.

[80]   XIAO Y, WANG D, ZHANG Y, et al. Band sharpening and band alignment enable high quality factor to enhance thermoelectric performance in n-type PbS [J]. Journal of the American Chemical Society, 2020, 142(8): 4051-4060.

[81]   ZHANG X, WANG D Y, WU H J, et al. Simultaneously enhancing the power factor and reducing the thermal conductivity of SnTe via introducing its analogues [J]. Energy & Environmental Science, 2017, 10(11): 2420-2431.

[82]   ZHANG J, WU D, HE D S, et al. Extraordinary thermoelectric performance realized in n-type PbTe through multiphase nanostructure engineering [J]. Advanced Materials, 2017, 29(39): 1703148.

[83]　DRESSELHAUS M S, CHEN G, TANG M Y, et al. New directions for low-dimensional thermoelectric materials [J]. Advanced Materials, 2007, 19(8): 1043-1053.

[84]　ZHAO L D, DRAVID V P, KANATZIDIS M G. The panoscopic approach to high performance thermoelectrics [J]. Energy & Environmental Science, 2014, 7(1): 251-268.

[85]　HERRING C, VOGT E. Transport and deformation-potential theory for many-valley semiconductors with anisotropic scattering [J]. Physical Review, 1956, 101(3): 944-961.

[86]　HICKS L D, DRESSELHAUS M S. Effect of quantum-well structures on the thermoelectric figure of merit [J]. Physical Review B, 1993, 47(19): 12727-12731.

[87]　ANARAKI E H, KERMANPUR A, STEIER L, et al. Highly efficient and stable planar perovskite solar cells by solution-processed tin oxide [J]. Energy & Environmental Science, 2016, 9(10): 3128-3134.

[88]　CHUANG C H M, BROWN P R, BULOVIC V, et al. Improved performance and stability in quantum dot solar cells through band alignment engineering [J]. Nature Materials, 2014, 13(8): 796-801.

[89]　BISWAS K, HE J Q, ZHANG Q C, et al. Strained endotaxial nanostructures with high thermoelectric figure of merit [J]. Nature Chemistry, 2011, 3(2): 160-166.

[90]　VARSHNI Y P. Temperature dependence of the energy gap in semiconductors [J]. Physica, 1967, 34(1): 149-154.

[91]　XIAO Y, ZHAO L D. Charge and phonon transport in PbTe-based thermoelectric materials [J]. Nature Partner Journals Quantum Materials, 2018, 3: 55.

[92]　ZHAO L D, HAO S Q, LO S H, et al. High thermoelectric performance via hierarchical compositionally alloyed nanostructures [J]. Journal of the American Chemical Society, 2013, 135(19): 7364-7370.

[93]　LEE Y, LO S H, ANDROULAKIS J, et al. High-performance tellurium-free thermoelectrics: All-scale hierarchical structuring of p-type PbSe-MSe systems (M = Ca, Sr, Ba) [J]. Journal of the American Chemical Society, 2013, 135(13): 5152-5160.

[94]　FANG F, OPILA R L, VENKATASUBRAMANIAN R, et al. Preparation of clean

Bi$_2$Te$_3$ and Sb$_2$Te$_3$ thin films to determine alignment at valence band maxima [J]. Journal of Vacuum Science & Technology A, 2011, 29(3): 031403.

[95] PEI Y L, TAN G J, FENG D, et al. Integrating band structure engineering with all-scale hierarchical structuring for high thermoelectric performance in PbTe system [J]. Advanced Energy Materials, 2017, 7(3): 1601450.

第 7 章　晶格热导率降低策略

7.1　引言

高性能的热电材料除了需要具有优异的电输运性能，还需要具有低的热导率以保持大的温度梯度，这是实现高热电转换效率的重要因素。对于固体材料，总热导率 κ_{tot} 一般由两部分构成，包括电子热导率 κ_{ele} 和晶格热导率 κ_{lat}，遵循关系式 [1-5]：

$$\kappa_{tot} = \kappa_{ele} + \kappa_{lat} \tag{7-1}$$

根据维德曼-弗兰兹定律，电子热导率与洛伦兹常数 L 和电导率 σ 成正比，关系式为 [6-8]：

$$\kappa_{ele} = L\sigma T = Lne\mu T \tag{7-2}$$

可见电子热导率与电导率成正比，降低电子热导率势必会降低电导率，因此很难通过单独调控电子热导率实现最优热电性能。而晶格热导率则不同，它是唯一与载流子浓度无关的独立热电参数，可以通过引入不同尺度的缺陷结构来增强声子散射以降低晶格热导率，从而提高材料的热电性能，这也是在热电材料研究中最常用的优化策略之一。

在固体中原子间存在相互作用，使得各原子会围绕平衡位置不断振动，产生一系列具有不同波长的振动波，这就是所谓的声子 [9-12]。声子可以携带热量并通过晶格振动进行传播，热量在晶格中的传递过程可以看作声子输运过程，这就形成了晶格热导率 [13-16]。晶格热导率与声子平均自由程密切相关 [17-19]，根据第 1 章内容 [20-23]：

$$\kappa_{lat} = \frac{1}{3} c_V v_a l \tag{7-3}$$

式中 c_V 为质量定容热容；v_a 为平均声速；l 为声子平均自由程。由式（7-3）可以看出，声子平均自由程越小，对应材料的晶格热导率越低。因此可以通过减小声子平均自由程来降低晶格热导率，阻碍热量的输运。

　　常用的降低声子平均自由程的方法是在晶体中引入不同尺度的缺陷结构[24-26]，其中包括元素取代形成的原子级点缺陷结构[27-30]、一维位错结构[31-33]、由第二相成核和生长形成的纳米沉淀[34-36]、由研磨或机械合金化产生的介观尺度的晶界[37-40]等，如图7-1（a）所示。当缺陷尺度与声子平均自由程相当时，声子散射就会显著增强，从而降低晶格热导率。这些不同尺度的缺陷结构对应的声子平均自由程如图7-1（b）所示，点缺陷可以增强对高频声子的散射，位错和纳米沉淀可以散射中频声子，而晶界则可以增强对低频声子的散射[41]。由此可见，在块体热电材料中引入缺陷结构是一种非常有效的增强声子散射、降低晶格热导率的优化策略。本章将重点从原子尺度缺陷结构设计、位错缺陷结构设计、纳米缺陷结构设计和全尺度缺陷结构设计4个方面进行介绍。

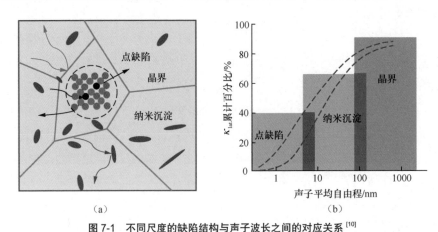

（a）　　　　　　　　　　　　　　　　（b）

图 7-1　不同尺度的缺陷结构与声子波长之间的对应关系[10]

（a）全尺度缺陷结构增强声子散射示意；（b）不同尺度的缺陷结构对应的声子平均自由程以及对降低晶格热导率的贡献累计百分比

7.2　原子尺度缺陷结构设计

　　原子尺度缺陷结构设计通常是指在晶体中通过掺杂或合金化的方法引入晶格点缺陷，点缺陷可以增强对高频声子的散射，从而降低晶格热导率[29, 42]。根据 Klemens[16, 43] 和 Callaway[44] 提出的热导率模型，在固溶合金体系中假设仅通过点缺陷对声子进行散射，当温度高于德拜温度 θ_D 时，无序合金体系的晶格热导率 $\kappa_{disorder}$ 与未掺杂的基体的晶格热导率 κ_{pure} 之比可以通过下式给出[45-47]：

$$\frac{\kappa_{\text{disorder}}}{\kappa_{\text{pure}}} = \frac{\tan^{-1} y}{y} \qquad (7\text{-}4)$$

式中 y 通过以下公式定义[45]：

$$y = \left(\frac{\pi^2 \theta_{\text{D}} \Omega}{h v_{\text{a}}^2} \kappa_{\text{pure}} \Gamma\right)^{1/2} \qquad (7\text{-}5)$$

式中 Ω 是平均原子体积；h 是普朗克常量；v_{a} 是平均声速；Γ 是缺陷尺度参数，它取决于原子的质量波动和尺寸波动，其计算公式如下[44, 45, 48]：

$$\Gamma = x(1-x)\left[\left(\frac{\Delta M}{M}\right)^2 + \varepsilon\left(\frac{a_{\text{disorder}} - a_{\text{pure}}}{a_{\text{pure}}}\right)^2\right] \qquad (7\text{-}6)$$

式中 x 是掺杂比例；$\Delta M/M$ 是原子质量的变化率；a_{pure} 和 a_{disorder} 分别表示基体相与掺杂后无序相的晶格常数；ε 是衡量晶格非谐振动的可调节的参数[46, 49]。由以上公式可以看出，在固溶合金体系中如果想最大限度地降低晶格热导率，必须使缺陷尺度参数 Γ 最大化，可以通过以下几种方法实现[13]。第一，增加掺杂浓度，获得高的掺杂比例 x。第二，增加掺杂剂与基体元素之间的质量波动 $\Delta M/M$。第三，增加无序相和基体相之间的尺寸波动，即增大晶格失配度 $a_{\text{disorder}} - a_{\text{pure}}$。通常情况下，元素掺杂引起材料的晶格畸变非常小，因此尺寸波动的影响远没有质量波动明显。但需要注意的是，第一种和第三种方法在很多情况下是矛盾的，因为较大的晶格失配度通常会降低掺杂元素的固溶度。

7.2.1　原子置换点缺陷

固溶合金化是提高热电性能的有效方法之一，它可以同时优化电输运和热输运性能[50, 51]。利用 I 元素在 Te 位进行施主掺杂可以得到 N 型 PbTe，但优化后的 PbTe 的晶格热导率较高，在整个测试温区保持在 $0.95 \sim 3.0\ \text{W} \cdot \text{m}^{-1} \cdot \text{K}^{-1}$，远高于其理论最小晶格热导率 $0.36\ \text{W} \cdot \text{m}^{-1} \cdot \text{K}^{-1}$。为了实现更高的热电性能，研究人员通过在 PbTe 中同时固溶 Se 和 Sn，发现 Se 固溶可以引入大量的点缺陷，降低晶格热导率；而固溶少量的 Sn 可以弥补 PbTe 内的本征点缺陷，提高载流子迁移率和电导率，最后协同提高 PbTe 的热电性能[46]。

1. Se 固溶对 PbTe 热输运性能的影响

在具有最优载流子浓度的 $\text{PbTe}_{0.997}\text{I}_{0.003}$ 基础上，首先选择用 Se 元素在 Te

位固溶来引入点缺陷，降低晶格热导率。图 7-2（a）所示的是 $PbTe_{0.997-x}Se_xI_{0.003}$（$x=0$，$0.05$，$0.1$，$0.15$，$0.2$）体系的粉末 XRD 图谱，从图中可以看出所有样品均为岩盐立方晶体结构，没有第二相杂峰出现。而随着 Se 固溶含量的增加，样品的晶格常数逐渐减小，如图 7-2（b）所示。这是由于 Se^{2-} 的离子半径（1.91 Å）小于 Te^{2-} 的离子半径（2.11 Å）。由于 PbSe 与 PbTe 为同主族化合物，拥有相同的面心立方晶体结构和相近的晶格常数，所以 Se 在 PbTe 基体中具有非常高的固溶度[52, 53]。

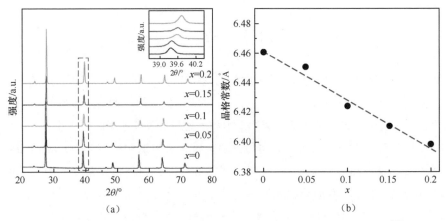

图 7-2 $PbTe_{0.997-x}Se_xI_{0.003}$（$x=0$，$0.05$，$0.1$，$0.15$，$0.2$）体系的物相结构[46]
（a）粉末 XRD 图谱；（b）晶格常数

通过固溶 Se，样品的热导率显著降低，如图 7-3（a）所示，室温下的总热导率从 $PbTe_{0.997}I_{0.003}$ 的约 $3.4 \ W \cdot m^{-1} \cdot K^{-1}$ 降低到 $PbTe_{0.797}Se_{0.2}I_{0.003}$ 的约 $2.2 \ W \cdot m^{-1} \cdot K^{-1}$。总热导率的降低主要源于晶格热导率的大幅降低，如图 7-3（b）所示。Se 固溶使室温的晶格热导率从 $PbTe_{0.997}I_{0.003}$ 的约 $3.1 \ W \cdot m^{-1} \cdot K^{-1}$ 降低到 $PbTe_{0.797}Se_{0.2}I_{0.003}$ 的约 $2.1 \ W \cdot m^{-1} \cdot K^{-1}$。通过 Callaway 模型[44]可计算 Se 固溶 PbTe 体系的理论晶格热导率，计算得到的具体参数如表 7-1 所示。从图 7-3（b）中的插图可以看到，随着 Se 固溶含量的增加，室温晶格热导率的实验值与理论值在误差范围内吻合良好，这再次说明了 $PbTe_{0.997-x}Se_xI_{0.003}$ 为完全固溶体。PbTe 晶格热导率的降低主要源于原子置换点缺陷引起的晶格内部的质量涨落和应变场波动[54]，从而对高频声子造成强烈的散射。

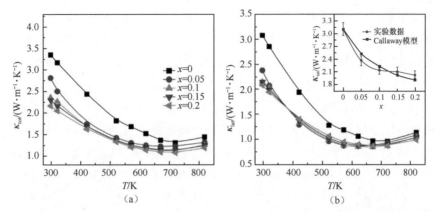

图 7-3　PbTe$_{0.997-x}$Se$_x$I$_{0.003}$（ x = 0，0.05，0.1，0.15，0.2）体系的热电性能随温度的变化关系[46]
（a）总热导率；（b）晶格热导率，插图为室温晶格热导率的实验值与使用 Callaway 模型计算的
理论值对比

表7-1　基于Callaway模型计算的PbTe$_{0.997-x}$Se$_x$I$_{0.003}$体系室温各项参数[46]

样品组分	v_a/(m·s^{-1})	θ_D/K	$\Gamma_{(Te,Se)}$	y	κ_{lat}/(W·m^{-1}·K^{-1})
PbTe$_{0.997}$I$_{0.003}$	1810	170	—	—	3.1
PbTe$_{0.947}$Se$_{0.05}$I$_{0.003}$	1756	162	0.017 865	0.904	2.52
PbTe$_{0.897}$Se$_{0.1}$I$_{0.003}$	1745	162	0.034 268	1.2583	2.22
PbTe$_{0.847}$Se$_{0.15}$I$_{0.003}$	1740	162	0.049 438	1.5158	2.02
PbTe$_{0.797}$Se$_{0.2}$I$_{0.003}$	1750	163	0.061 856	1.6927	1.91

2. Sn 固溶对 PbTe 热电性能的影响

为了进一步提高 PbTe$_{0.997}$I$_{0.003}$ 的电输运性能，研究人员尝试在 Pb 位固溶少量的 Sn 元素。图 7-4（a）所示的是 Pb$_{1-x}$Sn$_x$Te$_{0.997}$I$_{0.003}$ 的粉末 XRD 图谱，所有 Sn 固溶的样品均为单相立方结构，没有出现杂峰。由于 Pb^{2+} 的离子半径（1.19 Å）与 Sn^{2+} 的离子半径（1.12 Å）非常接近，因此随 Sn 固溶含量的增加，Pb$_{1-x}$Sn$_x$Te$_{0.997}$I$_{0.003}$ 的晶格常数略微降低，如图 7-4（b）所示，这与维加德定律保持一致。

图 7-5（a）所示的是 Pb$_{1-x}$Sn$_x$Te$_{0.997}$I$_{0.003}$ 的电导率随温度的变化曲线，令人意外的是，仅固溶少量的 Sn 就可以大大地提高 PbTe 的电导率，并且在整个测试温度区间内所有 Sn 固溶后的 N 型 Pb$_{1-x}$Sn$_x$Te$_{0.997}$I$_{0.003}$ 的电导率均高于 PbTe$_{0.997}$I$_{0.003}$ 的电导率，室温下 Pb$_{0.995}$Sn$_{0.005}$Te$_{0.997}$I$_{0.003}$ 的电导率可以达到 5963 S·cm^{-1}。电导

率的升高一方面源于载流子浓度的升高，另一方面源于 Sn 的少量加入可以填补 PbTe 中存在的本征 Pb 空位，具体内容将在缺陷形成能计算部分讨论。随着 Sn 固溶含量的增加，样品的泽贝克系数绝对值表现为先降低后升高的趋势，室温下的泽贝克系数从 $PbTe_{0.997}I_{0.003}$ 的 $-110\ \mu V \cdot K^{-1}$ 变到 $Pb_{0.995}Sn_{0.005}Te_{0.997}I_{0.003}$ 的 $-51\ \mu V \cdot K^{-1}$，然后到 $Pb_{0.96}Sn_{0.04}Te_{0.997}I_{0.003}$ 的 $-69\ \mu V \cdot K^{-1}$，如图 7-5（b）所示。尽管如此，固溶 Sn 使 PbTe 在整个测试温度区间内的功率因子都得到了显著提升，如图 7-5（c）所示，$Pb_{0.995}Sn_{0.005}Te_{0.997}I_{0.003}$ 的最高功率因子可以达到 25.7 $\mu W \cdot cm^{-1} \cdot K^{-2}$，高于已经报道的 $PbTe_{0.996}I_{0.004}$-1%MgTe（约 21.7 $\mu W \cdot cm^{-1} \cdot K^{-2}$）[55]、$Pb_{0.97}La_{0.03}Te$-5.5%$Ag_2Te$（约 19.7 $\mu W \cdot cm^{-1} \cdot K^{-2}$）[56] 和 PbTe-0.055% PbI_2-5%CdTe（约 19.5 $\mu W \cdot cm^{-1} \cdot K^{-2}$）[57]。

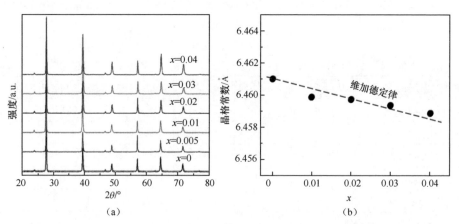

图 7-4　$Pb_{1-x}Sn_xTe_{0.997}I_{0.003}$（$x = 0$，0.005，0.01，0.02，0.03，0.04）体系的物相结构[46]

（a）粉末 XRD 图谱；（b）晶格常数

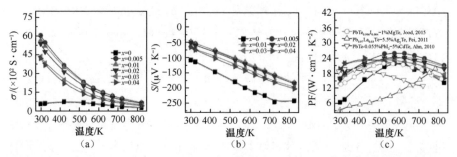

图 7-5　$Pb_{1-x}Sn_xTe_{0.997}I_{0.003}$（$x = 0$，0.005，0.01，0.02，0.03，0.04）体系的电输运性能随温度的变化关系[46]

（a）电导率；（b）泽贝克系数；（c）功率因子

功率因子的提升主要是载流子浓度和载流子迁移率同时提升的结果，室温下载流子浓度从 $PbTe_{0.997}I_{0.003}$ 的 2.26×10^{19} cm^{-3} 提高到 $Pb_{0.995}Sn_{0.005}Te_{0.997}I_{0.003}$ 的 6.09×10^{19} cm^{-3}，同时载流子迁移率也从 $PbTe_{0.997}I_{0.003}$ 的 206 $cm^2 \cdot V^{-1} \cdot s^{-1}$ 提高到 $Pb_{0.995}Sn_{0.005}Te_{0.997}I_{0.003}$ 的 612 $cm^2 \cdot V^{-1} \cdot s^{-1}$，室温下样品的热电参数如表 7-2 所示。

表7-2   室温下实验测得的N型PbTe体系的热电参数[46]

样品组分	$n_H/$ ($\times 10^{19}$ cm^{-3})	$\mu_H/$ ($cm^2 \cdot V^{-1} \cdot s^{-1}$)	$m_d^*/$ m_e	$S/$ ($\mu V \cdot K^{-1}$)	$\sigma/$ ($S \cdot cm^{-1}$)	$\kappa_{lat}/$ ($W \cdot m^{-1} \cdot K^{-1}$)
$PbTe_{0.997}I_{0.003}$	2.26	206	0.34	−110	532.3	3.1
$PbTe_{0.847}Se_{0.15}I_{0.003}$	1.51	123	0.36	−117	298.6	2.13
$Pb_{0.995}Sn_{0.005}Te_{0.997}I_{0.003}$	6.09	612	0.39	−51.3	5963	1.46
$Pb_{0.995}Sn_{0.005}Te_{0.847}Se_{0.15}I_{0.003}$	2.13	548	0.35	−88.5	1867.8	1.17

注：n_H 为载流子浓度；μ_H 为载流子迁移率；m_d^* 为态密度有效质量；S 为泽贝克系数；σ 为电导率；κ_{lat} 为晶格热导率。

通常情况下，载流子浓度与载流子迁移率成反比，载流子浓度的增加会导致载流子迁移率降低。但在固溶少量的 Sn 元素后 N 型 PbTe 的载流子浓度和载流子迁移率同时得到提升，这是由于 Sn 能补偿 PbTe 中的阳离子空位点缺陷，从而提高载流子迁移率，同时阳离子空位的减少增加了体系中的载流子浓度。为了验证 Sn 在 N 型 PbTe 体系中的双重作用，研究人员基于 DFT 进行了第一性原理计算，研究了 Sn 原子对 N 型 PbTe 中本征缺陷的影响，包括空位、反位缺陷和间隙原子等。缺陷的稳定性是由缺陷的形成能决定的，这种缺陷形成能 $\Delta H_{d,q}$ 可以根据超胞形成机制下的电荷态来计算[58, 59]：

$$\Delta H_{d,q} = E_{d,q} - E_{pure} - \sum_i n_i(E_i + u_i) + q(E_V + E_f + \Delta V) \quad (7\text{-}7)$$

式中 $E_{d,q}$ 和 E_{pure} 分别为掺杂体系的总能量和基体的总能量；n_i 和 E_i 分别为加入的 i 原子的数量和总能量；u_i 是 i 原子的化学势；q 是在形成缺陷过程中向基体提供的电子数；E_f 为费米能级；ΔV 是一个限定项，引入 ΔV 是为了使掺杂体系和基体的静电势保持一致。

如图 7-6 所示，缺陷形成能 $\Delta H_{d,q}$ 为费米能级的函数。这里考虑了富 Pb 和富 Te 两种情况。可以看出，当体系中存在 Pb 空位时，Sn 填补 Pb 空位的能量在两个体系中均为最小值。这说明 Sn 在 PbTe 中会首先占据 Pb 空位，从而为体系提供多余的自由电子来提高载流子浓度，Sn 原子补偿本征 Pb 空位的示意如图 7-7 所示。Sn 的引入减少了体系中的 Pb 空位，降低了点缺陷对载流子的散射，从而提高了载流子迁移率。缺陷形成能的计算结果很好地支持了实验结果，验证了 Sn 元素在提高 $Pb_{1-x}Sn_xTe_{0.997}I_{0.003}$ 体系电导率中的双重作用。

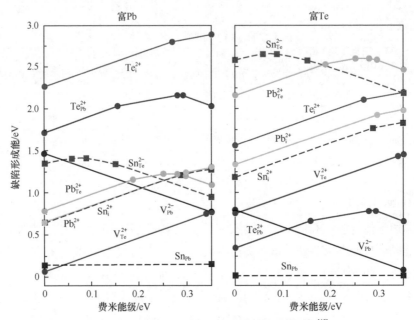

图 7-6　Sn 固溶 PbTe 基体的缺陷形成能计算结果 [46]

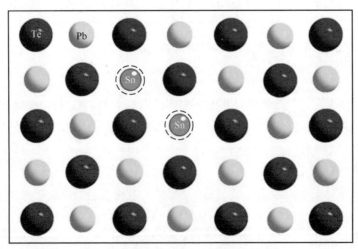

图 7-7　Sn 原子补偿本征 Pb 空位的示意 [46]

3. Se 和 Sn 共同固溶对 PbTe 热电性能的影响

上述结果表明，Se 可以通过点缺陷散射机制有效降低 PbTe 的晶格热导率，而 Sn 可以通过提高电导率大幅度提高功率因子。为了充分利用 Se 和 Sn 在 N 型 PbTe 中的各自优点，研究人员通过在 $PbTe_{0.997}I_{0.003}$ 中同时固溶 Sn 和 Se，达到了协同提高电输运性能和降低热导率的目的。通过选择上述每种元素的最优固溶含量，合成了 $Pb_{0.995}Sn_{0.005}Te_{0.847}Se_{0.15}I_{0.003}$，其热电性能如图 7-8 所示。Sn 和 Se 共同固溶的 $Pb_{0.995}Sn_{0.005}Te_{0.847}Se_{0.15}I_{0.003}$ 具有适中的电导率和泽贝克系数，如图 7-8（a）和图 7-8（b）所示，实现了较高的功率因子，如图 7-8（c）所示。与此同时，Sn 和 Se 共同固溶引入了大量的点缺陷，增强了声子散射，导致其具有较低的总热导率和晶格热导率，如图 7-8（d）和图 7-8（e）所示，最低晶格热导率可以达到 $0.6\,W\cdot m^{-1}\cdot K^{-1}$。最后，$Pb_{0.995}Sn_{0.005}Te_{0.847}Se_{0.15}I_{0.003}$ 在 673 K 的 ZT_{max} 值达到了 1.2，且 ZT 值在整个温区内得到了明显提升，$300\sim823\,K$ 的 ZT_{ave} 值达到了 0.84。

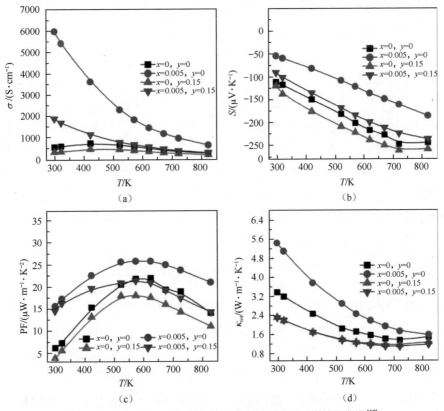

图 7-8　$Pb_{1-x}Sn_xTe_{0.997-y}Se_yI_{0.003}$ 体系的热电性能随温度的变化曲线[46]

（a）电导率；（b）泽贝克系数；（c）功率因子；（d）总热导率

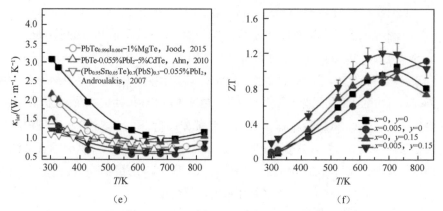

图 7-8　$Pb_{1-x}Sn_xTe_{0.997-y}Se_yI_{0.003}$ 体系的热电性能随温度的变化曲线 [46]（续）

（e）晶格热导率；（f）ZT 值

7.2.2　间隙原子点缺陷

在热电材料中，除了原子置换引起的点缺陷外，还有一种通过小尺寸原子掺杂引入的间隙原子点缺陷，其缺陷尺度与原子尺度相当，属于点缺陷范畴。在 N 型 PbTe 样品中，Cu 原子可以形成不同形式的缺陷结构，包括间隙原子点缺陷以及间隙原子团簇。通过第一性原理可计算体系中存在的各种缺陷（包括空位、反位缺陷、间隙原子和 Cu 填充本征空位）的形成能。计算得到的 Cu 相关缺陷的形成能如图 7-9 所示。在 PbTe 样品中，纯的 PbTe 样品存在大量的本征 Pb 空位缺陷 [60-62]，这会对电子进行强烈的散射，影响其热电性能的提升。在 Pb 空位存在的前提下，Cu 填补 Pb 空位的能量最低。这说明在 PbTe 基体中加入 Cu 原子，Cu 原子首先会占据 Pb 空位，随着 Cu 含量的增加，基体中会形成间隙 Cu 原子及其团簇。

Cu 原子在 N 型 PbTe 基体中形成缺陷结构的过程如图 7-10（a）所示。通过向 N 型 PbTe 中引入小尺寸 Cu 原子，首先可以填补 PbTe 中的 Pb 空位，能有效优化基体内部的缺陷结构，大幅提升 N 型 PbTe 的载流子迁移率，如图 7-10（b）所示。其次，随着 Cu 原子掺杂量的继续增加，Cu 原子可以进入 PbTe 晶格中，形成间隙原子以及间隙原子团簇。这些 Cu 原子缺陷的尺寸与 PbTe 中声子的平均自由程相当 [63]，可以对声子产生强烈散射，大幅降低晶格热导率，使 N 型 PbTe-Cu_2Te 样品的最低晶格热导率能达到 $0.38\ W\cdot m^{-1}\cdot K^{-1}$，接近 PbTe 基体的最小理论值 $0.36\ W\cdot m^{-1}\cdot K^{-1}$，如图 7-10（c）所示。

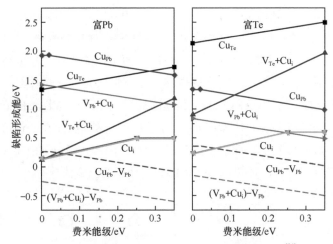

图 7-9　Cu 掺杂 PbTe 体系内的缺陷形成能计算结果[61]

注：费米能级为 0 的位置表示价带顶，图中每一个节点代表元素价态转变。

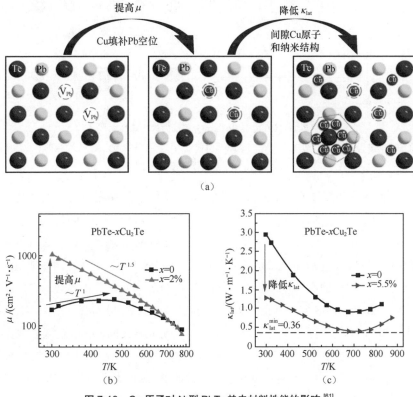

图 7-10　Cu 原子对 N 型 PbTe 热电材料性能的影响[61]

（a）Cu 原子在 PbTe 基体内的存在形式；（b）载流子迁移率；（c）晶格热导率

　　分子动力学计算结果也表明 Cu 原子进入 Pb 位后，在受热作用下具有很强的热振动，如图 7-11（a）和图 7-11（b）所示。计算结果显示，Cu 原子在 Pb 位的最大振动位移能达到 3.4 Å，并且 Cu 原子在晶格中的热振动表现出很强的各向异性，主要沿 <110> 方向振动，这种强烈的振动同时也会引起晶格周围 Pb 原子的振动。这种 Cu 原子引起的局域无序振动显著增强了材料体系的非谐性，同时在高温下对增强高频声子的散射起着至关重要的作用 [64-66]。这种高频无序振动与上述的间隙原子以及间隙原子团簇共同作用，能最大限度地对高频声子进行散射，降低 PbTe-Cu$_2$Te 材料体系的晶格热导率。

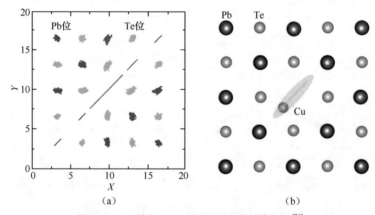

图 7-11　Cu 掺杂 PbTe 的分子动力学计算结果 [61]

（a）在 500 K 下的原子运动轨迹（X，Y 表示相对位置）；（b）Cu 原子占据 Pb 空位的示意，阴影部分为 Cu 原子热振动所覆盖的区域

　　除了理论计算证明了 Cu 点缺陷在 PbTe 基体中的存在形式，微观结构表征给出了更为直接的证据，包括 Pb 空位和间隙 Cu 原子。图 7-12（a）所示为不含 Cu 的 PbTe 沿 [110] 晶带轴方向的高分辨 STEM 暗场像，图中具有大量的弱反射点区域，反映了晶格中存在原子缺失，即 Pb 空位。为了更清楚地观察这些 Pb 空位，放大的高分辨原子结构如图 7-12（b）所示，其中虚线标记的原子阵列明显弱于其他区域的原子排布。沿虚线方向的原子分布强度如图 7-12（c）所示，Pb 空位区的原子缺位占比高达 35%。这与纯 PbTe 在室温区表现出的 P 型电输运性能相吻合，证明 PbTe 中存在 Pb 空位。在铅硫族化合物（PbQ，Q = Te、Se 和 S）中，具有标准化学计量比的 PbSe 也表现出与纯 PbTe 样品相同的 P 型电输运行为，说明 Pb 空位在铅硫族化合物中很容易产生 [60]。Pb 空

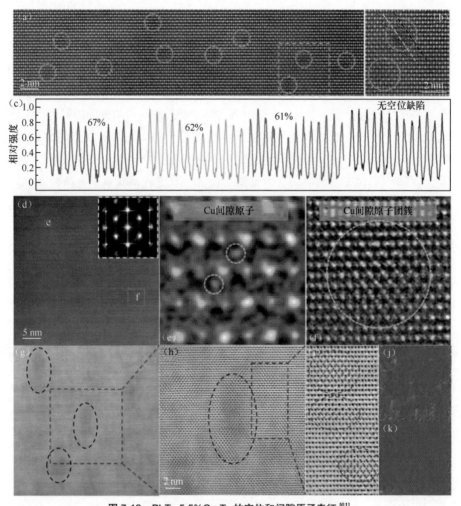

图 7-12　PbTe-5.5%Cu₂Te 的空位和间隙原子表征 [61]

（a）不含 Cu 的 PbTe 沿 [110] 晶带轴方向的高分辨 STEM 暗场像，图中弱反射点区域被看作 Pb 空位；
（b）是（a）中方形虚线区域的放大图像，3 条虚线标出了 3 处点缺陷区域；（c）是沿（b）中 3
条虚线方向的原子分布强度；（d）是 PbTe-5.5%Cu₂Te 沿 [110] 晶带轴方向的高分辨 STEM 暗场像，
（e）是（d）中标注区域的放大图像，显示 PbTe 晶格中具有间隙 Cu 原子；（f）是（d）中标注区
域的放大图像，显示 PbTe 晶格中具有大量广泛分布的间隙 Cu 原子团簇；（g）是与（d）同时获
得的高分辨 STEM 明场像；（h）是（g）中红色虚线方形区域的放大图像，显示具有大量的间隙
Cu 原子；（i）是（g）的进一步放大图像，显示了 3 处间隙 Cu 原子团簇区域；（j）是（h）中沿
<110> 方向得到的 GPA 应变场分布；（k）是（h）中沿 <100> 方向得到的 GPA 应变场分布

位能为体系提供额外的空穴，降低载流子浓度，从而降低体系的电输运性能。为了获得较高性能的 N 型铅硫族化合物热电材料，需要很好地控制 Pb 空位，尽量抑制本征缺陷的产生。图 7-12（d）所示为 PbTe 沿 [110] 晶带轴方向形成的高分辨 STEM 暗场像。整个区域未发现原子缺陷区，说明在 Cu 掺杂的 PbTe 体系中，Cu 可以填补基体晶格中的 Pb 空位。图 7-12（d）中插图为此区域的快速傅里叶变换图像，主衍射斑点附近出现了额外的能量微弱的衍射斑点，这说明体系中存在其他规则排列的原子结构。进一步放大高分辨原子结构，如图 7-12（e）和图 7-12（f）所示，PbTe 中存在大量广泛分布的间隙 Cu 原子及其团簇。从 STEM 的明场像［见图 7-12（g）］更容易观察到大量分布的间隙 Cu 原子。图 7-12（h）和图 7-12（i）为图 7-12（g）的局部放大图像，能更清晰地观察到晶格中的间隙原子。图 7-12（j）和图 7-12（k）为不同方向的 GPA 应变场分布图，表示间隙 Cu 原子在不同方向上引起的应变强度不同，沿 <110> 方向应变较大，沿 <100> 方向应变较小。

7.3　位错缺陷结构设计

除了原子尺度缺陷外，位错也是固体材料中常见的缺陷结构类型[67]。在半导体和陶瓷中，由于位错会对材料的机械性能、载流子迁移率和光学性能产生不利的影响，因此当热导率不是主要功能参数时，通常是不希望位错缺陷结构产生的。但对热电材料来说，晶体中致密的位错缺陷结构可以对中低频声子进行强烈的散射，是降低晶格热导率、改善热电性能的重要方式[36, 68]，声子散射的程度可以通过调整位错的数量和位置来进行控制，位错缺陷的直接参数是伯格斯矢量和位错密度[31, 69]。

将位错引入材料的最直接方法是塑性变形，然而大多数热电材料都不容易产生塑性变形，必须通过其他方式引入位错缺陷结构[68]。在热电材料中，通常通过析出第二相沉淀在相界处引起晶格失配而引入位错缺陷结构，通过液相压实也可以实现高密度的晶界位错，另一种引入位错的方法是引入大量空位[70]。在热退火过程中，这些空位会扩散形成能量较低的空位团簇，大量的空位团簇聚集会使其塌陷成边缘位错的闭合环，从而在晶格中形成均匀分布的位错缺陷结构。这种机制最初是在金属中观察到的[71]，此后在离子晶体中再次被证实[19]。另外，在空位浓度未达到平衡时，材料中的空位还会促进位错扩散、增大位错密度[72]，在通过弗仑克尔缺陷或肖特基缺陷产生空位的离子晶体中，这些机制已经得到了很好证明。

7.3.1 $Pb_{1-x}Sb_{2x/3}Se$ 的位错缺陷结构

在 N 型 $Pb_{1-x}Sb_{2x/3}Se$ 固溶体中，通过空位工程在晶粒内部获得了均匀分布的位错缺陷结构。为了在具有岩盐结构的固溶体 $Pb_{1-x}Sb_{2x/3}Se$ 中保持电荷平衡，当 3 个 Pb 原子被 2 个 Sb 原子取代后，第 3 个位置就会形成阳离子空位[68]。由此产生的阳离子空位导致均匀分布的高密度位错网络形成，如图 7-13（a）和图 7-13（b）所示。图 7-14 所示的是一个典型的位错环结构，通过高分辨 STEM-ABF 图像，能清晰观察到完整位错环中有 1 个 (001) 和 2 个 (111) 额外半原子面。通过观察统计低分辨 STEM 图像，发现位错密度 N_D 可以达到 4×10^{12} cm^{-2}，这个数值远高于其他典型半导体材料[67]。

通常 Sb 原子取代 Pb 位产生的点缺陷会对高频声子进行散射，然而这些位错网络因为具有更大的尺度，可以进一步对中低频声子进行强烈的散射，从而大幅度降低晶格热导率。如图 7-15（a）所示，$Pb_{1-x}Sb_{2x/3}Se$ 在高温范围的最低晶格热导率可以达到 0.4 W·m^{-1}·K^{-1}，这已经接近 PbSe 晶格热导率的理论最低值，最终使得 N 型 PbSe 的 ZT 值大幅度提升，如图 7-15（b）所示。这种通过设计位错缺陷结构增强声子散射，从而降低晶格热导率的策略在热电固溶体中应该得到广泛应用。

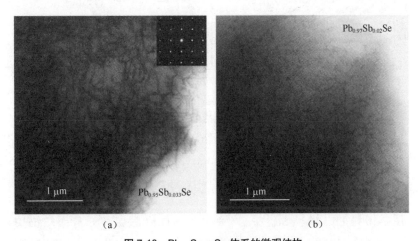

（a）   （b）

图 7-13 $Pb_{1-x}Sn_{2x/3}Se$ 体系的微观结构

（a）$Pb_{0.95}Sb_{0.033}Se$ 和（b）$Pb_{0.97}Sb_{0.02}Se$ 固溶体中均匀分布的位错网络[68]

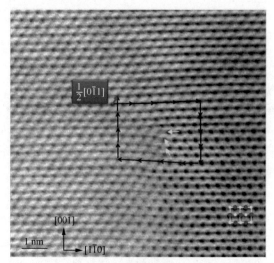

图 7-14 $Pb_{0.95}Sb_{0.033}Se$ 中位错的高分辨 STEM-ABF 图像 [68]

注：黑色箭头表示一个完整的位错环，黄色箭头分别表示 1 个 (001) 和 2 个 (111) 额外半原子面。

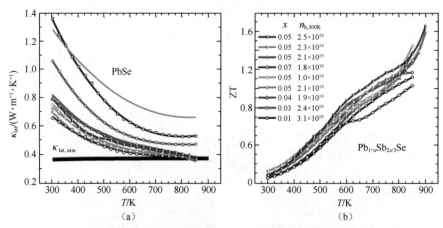

图 7-15 $Pb_{1-x}Sb_{2x/3}Se$ 体系的热电性能随温度的变化关系 [68]
（a）晶格热导率；（b）ZT 值

7.3.2 $Pb_{0.95}Sb_{0.033}Se_{0.6}Te_{0.4}$ 的位错缺陷结构

图 7-16 是 $Pb_{0.95}Sb_{0.033}Se_{0.6}Te_{0.4}$ [73] 的典型 STEM 图像和元素面扫描图像。图 7-16（a）是典型的具有中等分辨率的 HAADF-STEM 图像，从图中可以清

晰地看到嵌入在基体中的缺陷结构，黑色线就是位错线。在位错线的两端，有较大的纳米沉淀成核（用红色圆圈标记），表明这些纳米结构有终止位错蔓延的能力，小而明亮的纳米沉淀沿着位错线被分隔开。图 7-16（b）是聚焦于生长在基体中的两条单独位错线拍摄的 HAADF-STEM 图像。根据 Z 衬度剖面，位错线与基体之间具有鲜明的衬度差异，表明位错线和基体之间的质量波动较大。图 7-16（c）是在位错线的中间位置拍摄的具有原子分辨率的 HAADF-STEM 图像，从图中可以清楚地看到边缘位错和不连续的原子阵列。原子阵列在含有大量空位的区域出现塌陷，从而触发了边缘位错，位错线与基体的原子排列形成共格界面。通过 STEM-EDS 对图 7-16（c）中的整个区域进行具有原子分辨率的元素面扫描，结果如图 7-16（d）所示。图 7-16（d）是将图 7-16（e）～图 7-16（h）中所示的 Sb、Pb、Se 和 Te 原子各自的 EDS 信号进行叠加得到的。这些结果直接反映了元素在位错线和基体上的分布情况。值得注意的是，在位错线上，Pb、Se 和 Te 原子确实是缺乏的。与此相反，Sb 原子在位错线上的分布比在基体区域更为密集，表明位错线和基体之间存在显著的质量波动[74]。以上结果证明了 $Pb_{0.95}Sb_{0.033}Se$ 和 $Pb_{0.95}Sb_{0.033}Se_{0.6}Te_{0.4}$ 中位错的形成机制。原子空位可以帮助位错绕过障碍，并通过位错攀爬的过程不断地进行传播蔓延[73, 75]。事实上，位错线上大量原子空位的存在，也证明了空位驱动位错形成的机制。在热力学上，Sb^{3+} 与空位进行配对也可以减少 $Pb^{2+}Se^{2-}$ 晶格中的电荷不平衡和晶格应变程度。Sb^{3+} 和 Pb^{2+} 的配位构型也有显著差异，分别是倾向于三棱锥和八面体的配位结构。因此，Sb 原子被迫留在位错线上。图 7-16（i）和图 7-16（j）分别是聚焦于位错线尖端位置拍摄的具有原子分辨率的 STEM-HAADF 图像和 STEM-ABF 图像。值得注意的是，一些大的纳米沉淀通常附着在这个位错线尖端［见图 7-16（a）］。此外，从图中还可以清楚地观察到边缘位错的细节。位错尖端和基体之间的原子有序排列，在位错线的主体位置可以观察到高度共格的界面。图 7-16（k）所示是通过 STEM-EDS 对图 7-16（i）中的整个区域进行具有原子分辨率的元素面扫描的结果，它是由 Pb、Se 和 Te 原子的 EDS 信号叠加获得的。在位错线尖端几乎看不到 Pb 和 Se 原子，而 Te 原子的分布比在基体中还要密集，如图 7-16（l）～图 7-16（n）所示，这说明在位错线尖端形成了富 Te 的纳米结构。

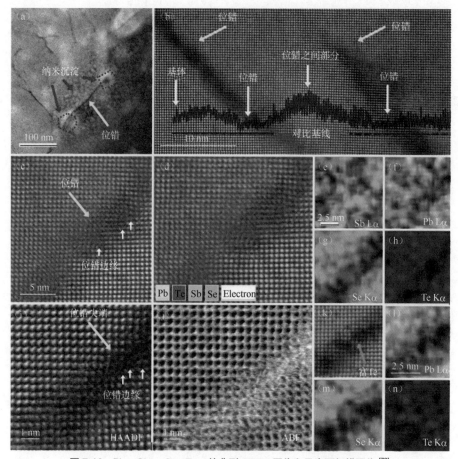

图 7-16　$Pb_{0.95}Sb_{0.033}Se_{0.6}Te_{0.4}$ 的典型 STEM 图像和元素面扫描图像 [73]

（a）具有中等分辨率的 HAADF-STEM 图像；（b）聚焦于生长在基体中的两条单独位错线拍摄的 HAADF-STEM 图像；（c）在位错线的中间位置拍摄的具有原子分辨率的 HAADF-STEM 图像；（d）通过 STEM-EDS 对（c）中的整个区域进行的具有原子分辨率的元素面扫描的结果；（e）~（h）分别为 Sb、Pb、Se、Te 原子的 EDS 信号；（i）聚焦于位错线尖端位置拍摄的 STEM-HAADF 图像；（j）聚焦于位错线尖端位置拍摄的 STEM-ABF 图像；（k）通过 STEM-EDS 对（i）中整个区域进行的具有原子分辨率的元素面扫描的结果；（l）~（n）分别为 Pb、Se 和 Te 原子的 EDS 信号

　　为了探究位错缺陷结构对晶格热导率的影响，研究人员计算了 $Pb_{0.95}Sb_{0.033}Se_{0.6}Te_{0.4}$ 和 $Pb_{0.95}Sb_{0.033}Se$ 随温度变化的理论晶格热导率 κ_{lat}，计算公式如下 [76, 77]：

$$\kappa_{lat} = \frac{k_B}{2\pi^2 v}\left(\frac{k_B T}{\hbar}\right)^3 \int_0^{\theta_D} \tau_{tot}(x)\frac{x^4 e^x}{\left(e^x - 1\right)^2}dx \qquad (7\text{-}8)$$

式中 $x = \hbar\omega/(k_{\mathrm{B}}T)$，$k_{\mathrm{B}}$ 是玻耳兹曼常数；$\hbar$ 是约化普朗克常量；ω 是声子频率；ν 是声速；τ_{tot} 为总的声子散射弛豫时间。在这里，只考虑在 STEM 实验中观察到的样品中存在的各类缺陷。因此，根据马西森方程 [77]：

$$\tau_{\mathrm{tot}}^{-1} = \tau_{\mathrm{N}}^{-1} + \tau_{\mathrm{U}}^{-1} + \tau_{\mathrm{PD}}^{-1} + \tau_{\mathrm{NP}}^{-1} + \left(\tau_{\mathrm{DC}}^{-1} + \tau_{\mathrm{DS}}^{-1}\right) \tag{7-9}$$

总的声子散射弛豫时间 τ_{tot} 需要考虑正常过程（N）、翻转过程（U）、点缺陷（PD）、纳米沉淀（NP）、位错核（DC）和位错应变（DS）对声子的散射。

　　根据 STEM 的实验结果，可计算位错密度 $N_{\mathrm{D}} = 2 \times 10^{12}\,\mathrm{cm}^{-2}$ 时的 $\mathrm{Pb}_{0.95}\mathrm{Sb}_{0.033}\mathrm{Se}$ 和 $N_{\mathrm{D}} = 3 \times 10^{11}\,\mathrm{cm}^{-2}$ 时的 $\mathrm{Pb}_{0.95}\mathrm{Sb}_{0.033}\mathrm{Se}_{0.6}\mathrm{Te}_{0.4}$ 的理论晶格热导率，分别如图 7-17（a）中的蓝色和橙色实线所示。在计算的时候，正常过程和翻转过程是默认存在的。从图中可以看出，$\mathrm{Pb}_{0.95}\mathrm{Sb}_{0.033}\mathrm{Se}$ 的理论 κ_{lat} 在 675 K 以下均与实验值吻合良好，表明样品中主要的声子散射机制为位错散射，而 675 K 以上的偏离可能是双极扩散效应或高温下位错的消失造成的。如果只考虑位错的影响，由于位错密度降低，计算得到的 $\mathrm{Pb}_{0.95}\mathrm{Sb}_{0.033}\mathrm{Se}_{0.6}\mathrm{Te}_{0.4}$ 的理论 κ_{lat} 应高于 $\mathrm{Pb}_{0.95}\mathrm{Sb}_{0.033}\mathrm{Se}$ 的理论 κ_{lat}，这与实验数据有很大差异。当把 Te 合金化引入的纳米结构和点缺陷对声子散射的贡献考虑在内时，计算得到的理论 κ_{lat} 就与实验数据保持一致了。需要指出的是，点缺陷对 κ_{lat} 的影响是一个次要因素。这些结果证明位错缺陷结构可以显著降低晶格热导率。

　　图 7-17（b）所示的是计算的 300 K 下 $\mathrm{Pb}_{0.95}\mathrm{Sb}_{0.033}\mathrm{Se}$ 和 $\mathrm{Pb}_{0.95}\mathrm{Sb}_{0.033}\mathrm{Se}_{0.6}\mathrm{Te}_{0.4}$ 的频谱晶格热导率 κ_{s} 随声子频率 ω 的变化关系曲线，κ_{s} 可以通过以下公式进行计算 [73]：

$$\kappa_{\mathrm{s}} = \frac{k_{\mathrm{B}}}{2\pi^2\nu}\left(\frac{k_{\mathrm{B}}T}{\hbar}\right)^3 \tau_{\mathrm{tot}}\left(x\right)\frac{x^4 \mathrm{e}^x}{\left(\mathrm{e}^x - 1\right)^2} \tag{7-10}$$

根据式（7-9）和式（7-10）可知，κ_{lat} 就是求 κ_{s} 对 ω 的积分，受特定缺陷贡献的影响。$\mathrm{Pb}_{0.95}\mathrm{Sb}_{0.033}\mathrm{Se}$ 具有高位错密度（$N_{\mathrm{D}} = 2 \times 10^{12}\,\mathrm{cm}^{-2}$），对中低频声子具有强烈的散射。$\mathrm{Pb}_{0.95}\mathrm{Sb}_{0.033}\mathrm{Se}_{0.6}\mathrm{Te}_{0.4}$ 的位错密度降为 $3 \times 10^{11}\,\mathrm{cm}^{-2}$，导致其对晶格热导率的抑制效果较弱。然而，$\mathrm{Pb}_{0.95}\mathrm{Sb}_{0.033}\mathrm{Se}_{0.6}\mathrm{Te}_{0.4}$ 中包含纳米沉淀和点缺陷等缺陷结构，因此在低频和高频区显著抑制了晶格热导率。综合以上这些缺陷结构可以对较宽频率范围的声子进行散射，从而大幅度降低晶格热导率，这与实验观察到的结果一致。

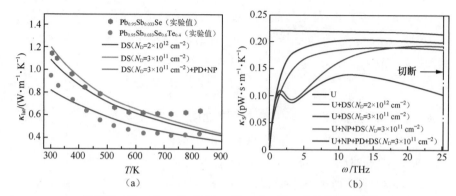

图 7-17　Pb_{0.95}Sb_{0.033}Se 和 Pb_{0.95}Sb_{0.033}Se_{0.6}Te_{0.4} 的热输运性能 [73]

（a）理论晶格热导率随温度变化的关系，蓝色和橙色实线分别为 $N_D=2\times10^{12}$ cm^{-2} 时的 Pb$_{0.95}$Sb$_{0.033}$Se 和 $N_D=3\times10^{11}$ cm^{-2} 时的 Pb$_{0.95}$Sb$_{0.033}$Se$_{0.6}$Te$_{0.4}$ 的理论晶格热导率，红色实线为包含位错（$N_D=3\times10^{11}$ cm^{-2}）、点缺陷和纳米沉淀等缺陷的声子散射机制时的理论晶格热导率，正常过程和翻转过程在所有曲线的计算中都是默认存在的，绿色圆点和橙色圆点分别为 Pb$_{0.95}$Sb$_{0.033}$Se 和 Pb$_{0.95}$Sb$_{0.033}$Se$_{0.6}$Te$_{0.4}$ 晶格热导率的实验值 [73]；（b）根据各种声子散射机制，计算了 300 K 下的频谱晶格热导率随声子频率的变化关系曲线，曲线下的面积即晶格热导率 [73]

7.4　纳米缺陷结构设计

除了点缺陷和位错缺陷结构外，在热电材料中引入纳米第二相结构，也可以增强对中频声子的散射作用，显著降低材料的晶格热导率 [78, 79]。纳米沉淀通常经历连续的成核和生长过程，尺寸在几纳米到几百纳米。图 7-18 所示的共晶相图和调幅分解相图显示了两种在基体 A 中获得纳米结构 B 的代表性方法 [10]。在图 7-18（a）中，A 和 B 在高温下会均匀熔化，随着温度降低，B 会超过其在 A 中的固溶度极限，以纳米结构的形式析出。图 7-18（b）显示了通过亚稳态成核和生长发生的热力学相分离，这称为调幅分解过程。调幅分解也可以产生不同的纳米第二相，这与共晶过程相似，如图 7-18（b）的右侧图所示。

与点缺陷散射不同，引入纳米结构可以大幅度地降低晶格热导率，通常引入较低比例的第二相时，样品热电性能即可达到最优值。尽管引入纳米结构可以在大多数热电材料中成功降低晶格热导率，但是并不是所有的纳米结构都能有效散射声子。例如，在 PbTe 中引入 Pb 和 Bi 的纳米结构，对晶格热导率的降低很有限。事实上，声子在纳米结构内部的输运是非常复杂且不可预测的，因此设计高性能热电材料时必须有选择性地引入纳米结构。此外，随着温度的逐渐升高，扩散变得更加容易，纳米第二相会逐渐生长、变粗糙，对声子的散射将会消失，并且纳米结构同样会对载流子进行更加强烈的散射，因此必须协同调控降低晶格热导率与保持载流子迁移率的关系，通常会引入外延纳米相。当 A 和 B 具有相似的晶体结构和相当的晶格常数时，无论是通过共晶析出过程还是通过调幅分解过程，在基质和纳米沉淀之间将形成共格或半共格界面，这种结构可以在增强声子散射的同时减少对载流子的散射，从而保持较高的载流子迁移率。有趣的是，在一定的热电体系中，纳米沉淀的形状和尺寸对合成过程中的工艺参数（如冷却速率、退火温度和退火时间等）也很敏感[10]。通过调幅分解产生的纳米沉淀与基体形成共格或半共格界面的优化策略，已经在铅硫族化合物[54, 80-82]热电材料体系中得到了广泛应用。

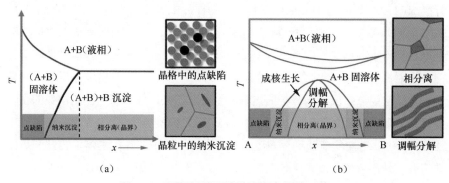

图 7-18　不同结晶相图中缺陷的形成过程示意

（a）共晶相图示意；（b）调幅分解相图示意[10]

7.4.1　PbTe-CaTe/BaTe 的纳米缺陷结构

对掺杂 $1\%Na_2Te$ 的 PbTe-CaTe 样品进行了扫描透射电子显微镜和透射电子显微镜研究（见图 7-19），结果表明纳米沉淀广泛存在于样品中[80]。在含 CaTe 的样品中，随着 PbTe 基体中 CaTe 含量的增加，纳米沉淀的密度逐渐增大。所有样品中的沉淀大部分为球形或椭球形。与有相同含量的 CaTe 样品相比，含 BaTe 的样品在颗粒-基体界面处具有较高纳米颗粒密度和位错密度。图 7-19（a）和图 7-19（b）分别是含 2%CaTe 样品的低分辨 TEM 图像和含 5%CaTe 样品的 STEM 图像。从图像中可以明显观察到大量的尺寸为 $1 \sim 7$ nm 的暗衬度沉淀。插图是通过孔径同时覆盖部分 PbTe 基体以及沿 [110] [见图 7-19（a）] 和

[001]［见图 7-19（b）］晶带轴方向的部分析出相而获得的电子衍射图。从单一的电子衍射图中无法得出结论，即 PbTe 基体和 CaTe 纳米晶体具有相似的对称性、结构和晶格常数，相应的晶面方向在三维空间中完全对齐。因此，CaTe 纳米晶体与 PbTe 基体具有外延晶界。由于与基体重叠，很难定量确定单个沉淀的组成成分，但从不含 Na_2Te 的 PbTe-5%CaTe 样品的电子能量损失能谱（electron energy loss spectroscopy，EELS）［见图 7-19（c）］发现，$Ca-L_{2,3}$ 存在于纳米沉淀的边缘［见图 7-19（d）中的 STEM 图像暗区域］，这说明沉淀的确是 CaTe 纳米相。图 7-19（e）是在相同的 TEM 观察体积下统计得到的 CaTe 纳米晶粒尺寸分布直方图。很明显，含 5%CaTe 的样品比含 2%CaTe 的样品具有更高的纳米沉淀密度。

为了分析纳米沉淀与 PbTe 基体之间的结晶关系，对含 5%CaTe 的样品进行了 HRTEM 测试。图 7-20（a）是典型的样品中尺寸为 $1 \sim 7$ nm 的析出相的晶格图像。图 7-20（b）是两种析出相的高分辨 HRTEM 图像，从图中可以清楚地看到较小的沉淀周围是没有位错缺陷的。为了分析可能存在的弹性和塑性应变，对图 7-20（b）中的图像进行了几何相位分析。几何相位分析是一种用于半定量空间分布应变场分析的点阵图像处理方法，用于研究晶格常数的变化以及边界处 / 周围的应变[36, 83, 84]。图 7-20（c）和图 7-20（d）分别是析出相剖面沿 ε_{xx} 和 ε_{yy} 方向的应变场分布图。从图中可以看出，在小的沉淀内部和周围普遍存在弹性应变。而对于较大的沉淀，除了在边界处存在弹性应变外，还可以看到在位错核周围存在塑性应变。此外，结合两张应变场分布图和 HRTEM 图像，可以确定位错投影的伯格斯矢量。

图 7-21（a）所示的是掺杂 1% Na_2Te 的 PbTe-xCaTe（$x = 0$，0.5%，1%，2%，3%，5%，6%）的总热导率随温度的变化关系。所有样品的总热导率随温度的升高呈降低趋势，例如 PbTe-6%CaTe 在室温下的总热导率为 2.98 $W \cdot m^{-1} \cdot K^{-1}$，825 K 时降低到了 1.05 $W \cdot m^{-1} \cdot K^{-1}$。此外，合金化 CaTe 显著降低了 PbTe 的总热导率，这主要是晶格热导率的降低造成的。从图 7-21（b）可以看出样品的晶格热导率随 CaTe 含量的增加而大幅度降低。对于不含 CaTe 的 P 型 PbTe，其在 715 K 的晶格热导率为 1 $W \cdot m^{-1} \cdot K^{-1}$，而 PbTe-5%CaTe 具有最低的室温晶格热导率（1.02 $W \cdot m^{-1} \cdot K^{-1}$），在 615 K 时降低到了 0.45 $W \cdot m^{-1} \cdot K^{-1}$。PbTe-6%CaTe 在 765 K 也获得了类似的晶格热导率（约为 0.48 $W \cdot m^{-1} \cdot K^{-1}$）。这些结果表明，在 P 型 PbTe 基体中形成的 CaTe 纳米沉淀，可以显著增强声

子散射，从而降低晶格热导率。

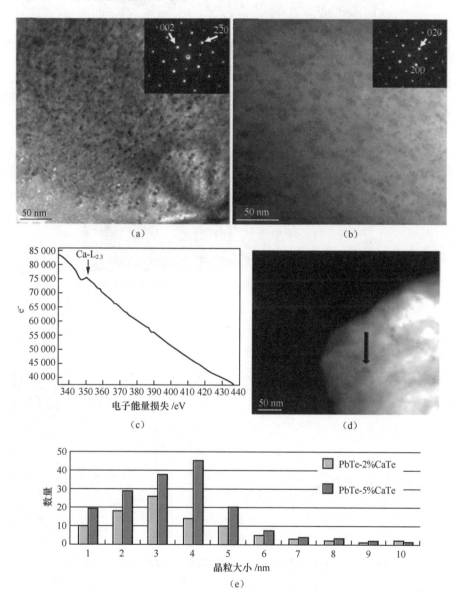

图 7-19　PbTe-CaTe 样品的微观结构表征 [80]

（a）掺杂 1%Na$_2$Te 的 PbTe-2%CaTe 的低分辨 TEM 图像；（b）掺杂 1%Na$_2$Te 的 PbTe-5%CaTe 的 STEM
图像，插图显示了每个图像的电子衍射图和相应的晶面方向；（c）不含 Na$_2$Te 的 PbTe-5%CaTe 的
电子能量损失能谱；（d）CaTe 纳米沉淀的 STEM 图像，箭头处标记了 Ca-L$_{2,3}$ 所在位置；
（e）CaTe 纳米晶粒大小分布直方图

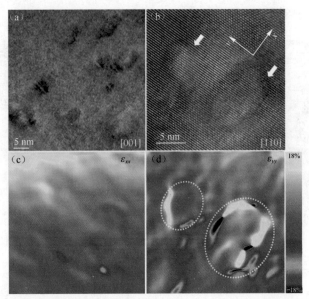

图 7-20　掺杂 1%Na₂Te 的 PbTe-5%CaTe 的微观结构及应变表征 [80]

（a）低分辨 HRTEM 图像；（b）高分辨 HRTEM 图像；（c）、（d）分别为（b）沿 ε_{xx} 和 ε_{yy} 方向的
应变场分布图，颜色条表示 -18% ～ 18% 的应变

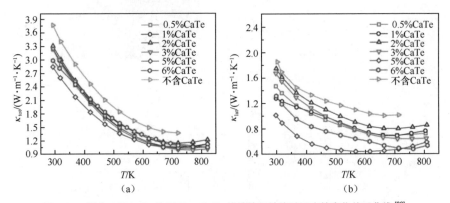

图 7-21　掺杂 1%Na₂Te 的 PbTe-xCaTe 的热输运性能随温度的变化关系曲线 [80]

（a）总热导率；（b）晶格热导率

　　图 7-22（a）是掺杂 1%Na₂Te 的 PbTe-3%BaTe 的低分辨 STEM 图像，从图中可以明显看到 PbTe 基体中含有大量尺寸为 1 ～ 10 nm 的纳米析出相（纳米沉淀），并且这些纳米析出相的尺寸大多为 4 ～ 5 nm。图 7-22（b）是 PbTe-3%BaTe 的

电子衍射图，但从图中只能观察到 PbTe 基体的布拉格衍射点，这主要是因为 BaTe 纳米沉淀与 PbTe 基体形成的是外延晶界。图 7-22（c）是样品的具有中等分辨率的 TEM 图像，可以清楚地观察到纳米沉淀与 PbTe 基体之间的共格或半共格界面。图 7-22（d）是 PbTe-3%BaTe 的高分辨 TEM 图像，图中用箭头和虚线分别清晰地标注了纳米沉淀和基体之间的界面位错和典型的晶界边界（约 1 nm 暗衬度）。与含 CaTe 或 SrTe 的样品相比，含 BaTe 的样品在颗粒-基体界面处具有更高的纳米颗粒密度和位错密度。在 PbTe 基热电材料中获得较高的纳米颗粒密度和位错密度有利于声子散射的增强[85]。此外，粗略估计所有类型的纳米沉淀的分布密度为 1×10^{12} cm^{-2}。

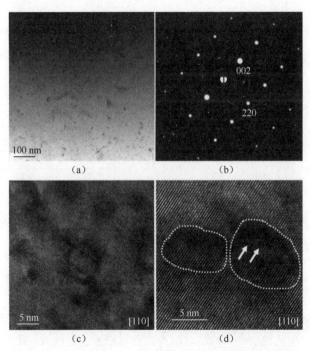

图 7-22　掺杂 1%Na$_2$Te 的 PbTe-3%BaTe 的微观结构表征[80]

（a）低分辨 STEM 图像；（b）电子衍射图；（c）具有中等分辨率的 TEM 图像，显示有大量的纳米沉淀；（d）高分辨 TEM 图像

为了分析碱土金属碲化物的引入对 P 型 PbTe 晶格热导率的影响，研究人员对比了掺杂 1%Na$_2$Te 的 PbTe-3%MTe（M=Ca、Sr、Ba）体系的晶格热

导率随温度的变化曲线，如图 7-23（a）所示。从图 7-23（b）中可以更加明显地发现，300 K 时的晶格热导率从含 CaTe 的样品的 1.68 W·m^{-1}·K^{-1} 降低到了含 BaTe 的样品的 1.2 W·m^{-1}·K^{-1}，这是因为含 BaTe 的样品具有更高的纳米颗粒密度和位错密度。同时从图 7-23（b）中还可以看到，在 710 K 时，样品的晶格热导率发生了一些变化，PbTe-3%SrTe 具有最低的晶格热导率。这是因为在高温下，PbTe 的晶格热导率不仅取决于引入的碱土金属的原子质量，还取决于许多其他重要因素，如粒子尺寸的温度演变、粒子的浓度、位错密度和纳米沉淀的应变。在高温下，不同碱土金属纳米沉淀的含量随温度的变化呈现不同变化趋势，这可以进一步通过原位变温 TEM 图像进行表征。

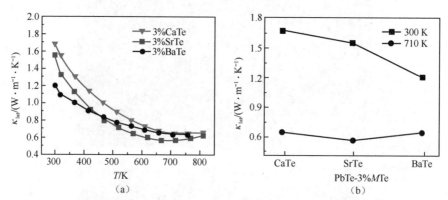

图 7-23　掺杂 1%Na$_2$Te 的 PbTe-3%MTe（M = Ca、Sr、Ba）体系的晶格热导率 [80]
（a）晶格热导率随温度的变化关系曲线；（b）在 300 K 和 710 K 的晶格热导率对比

7.4.2　PbS-ZnS/CdS 的纳米缺陷结构

设计纳米缺陷结构以降低晶格热导率的方法在铅硫族化合物的研究中应用非常广泛，但是这些纳米缺陷结构不仅会对声子进行散射，还会对载流子进行散射，从而降低载流子迁移率。为了保持较高的载流子迁移率，需要仔细设计纳米缺陷结构，即使纳米析出相与基体之间形成共格界面 [86]，实现声子阻挡 / 电子输运，从而提升热电性能。

为了说明纳米析出相对材料热电性能的影响，对引入金属硫化物（CdS、ZnS、CaS 和 SrS）的 P 型 PbS 体系的热电性能进行了研究。图 7-24 所示的是含 3% 的金属硫化物（CdS、ZnS、CaS 和 SrS）的 $Pb_{0.975}Na_{0.025}S$ 的热电性能随温度的变化关系曲线，在 Na 掺杂的 P 型 PbS 中获得了最佳热电性能[82]。从图 7-24（a）中很容易看出，在整个测量温度范围内，含 CdS 的样品的电导率优于其他样品的电导率，其在 750 ～ 923 K 的电导率和对照样品 $Pb_{0.975}Na_{0.025}S$ 的电导率最为接近。而从图 7-24（b）中可以看出，无论是否加入第二相金属硫化物，PbS 样品的泽贝克系数几乎没有变化，这表明所有样品的载流子浓度基本一致。而与其他含第二相金属硫化物的 PbS 样品相比，含 CdS 的样品具有相近的泽贝克系数和最高的电导率，使得其在整个测试温度范围内具有最高的功率因子，如图 7-24（c）所示。另外，图 7-24（d）表明含 ZnS、CaS 和 SrS 的样品的总热导率相差不大，而含 CdS 的 PbS 样品具有更高的总热导率，这主要是电子热导率的贡献。相比纯的 PbS 样品，所有含金属硫化物的 PbS 样品的晶格热导率都非常低，如图 7-24（e）所示，表明这些二元金属硫化物的纳米缺陷结构会对声子造成强烈的散射。从图 7-24（f）可以看出，所有样品的 ZT 值均随温度的升高而逐渐增加，最终含 3% 的 CdS、ZnS、CaS 和 SrS 的样品的 ZT 值在 923 K 分别可以达到 1.3、1.2、1.1 和 1.1。为了进一步说明金属硫化物纳米析出相对 PbS 热电性能的影响，对两个比较典型的样品 $Pb_{0.975}Na_{0.025}S$-3%ZnS 和 $Pb_{0.975}Na_{0.025}S$-3%CdS 进行了微观结构表征。

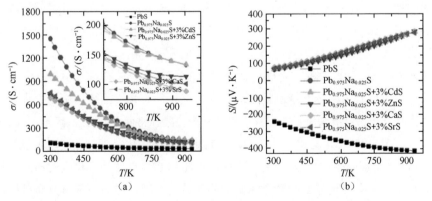

图 7-24　引入金属硫化物的 $Pb_{0.975}Na_{0.025}S$ 的热电性能随温度的变化关系曲线[87]

（a）电导率；（b）泽贝克系数

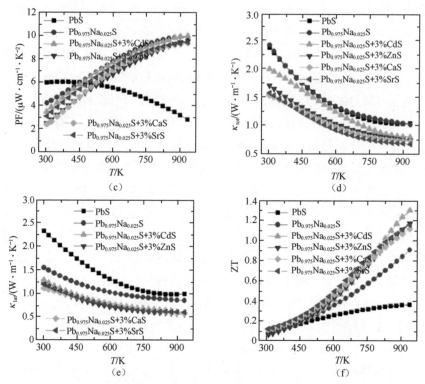

图 7-24　引入金属硫化物的 $Pb_{0.975}Na_{0.025}S$ 的热电性能随温度的变化关系曲线（续）

（c）功率因子；（d）总热导率；（e）晶格热导率；（f）ZT 值

图 7-25（a）是 $Pb_{0.975}Na_{0.025}S$-3%ZnS 的低分辨 TEM 图像，可以清楚地看到 PbS 基体的晶粒，平均尺寸为 0.8 μm。插图是虚线圆标记部分的电子衍射图案，表明 PbS 的晶体结构为立方晶系。电子衍射图案表明在这个区域内晶体对齐排列[88, 89]。图 7-25（b）是 $Pb_{0.975}Na_{0.025}S$-3%ZnS 的高分辨 TEM 图像，从图中可以看出两个 PbS 晶粒之间存在半共格的小角度晶界，由白色虚线勾勒出来。如白色箭头所示，晶界中包括失配位错和将两个部分位错分开的堆叠层错。图 7-25（c）是 STEM 图像，具有更清晰的对比衬度。从图中可以看到随机分布的不规则大小的沉淀。这些析出相和 PbS 基体具有相同的布拉格衍射点，表明析出相与 PbS 具有相同的晶体结构，同时与 PbS 基体具有外延晶界[90, 91]。通过 EDS 分析，证明这些析出相是 ZnS。图中箭头显示的是部分区域有少量低密度的中等尺寸（15 ～ 60 nm）纳米沉淀，而其他区域有大量高

密度的小尺寸（1 ～ 8 nm）纳米沉淀，如图 7-25（c）中虚线标记的区域所示，这些也可以在高分辨 TEM 图像中观察到，如图 7-25（d）所示。

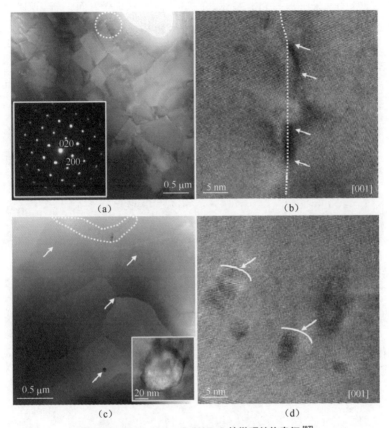

图 7-25　$Pb_{0.975}Na_{0.025}S$-3%ZnS 的微观结构表征[87]

（a）低分辨 TEM 图像，插图是虚线圆标记部分的电子衍射图案；（b）高分辨 TEM 图像，显示两个 PbS 晶粒之间的晶界；（c）STEM 图像，显示一些暗衬度区域；（d）高分辨 TEM 图像，显示存在低密度的纳米沉淀

图 7-26（a）是 $Pb_{0.975}Na_{0.025}S$-3%CdS 样品的低分辨 TEM 图像，相比含 3%ZnS 的样品，含 3%CdS 的 PbS 样品具有稍大的晶粒平均尺寸，同时从图 7-26（a）中的插图还可以观察到更高密度的纳米沉淀，其尺寸范围为 20 ～ 50 nm。从图 7-26（b）中具有中等分辨率的图像中可以进一步观察到更小（2 ～ 10 nm）的纳米沉淀。通过 EDS 分析可知这些纳米沉淀是 CdS。图 7-26（b）中的插图是沿 [011] 方向的选区电子衍射图。图中显示只存在一

组衍射点，意味着这些 CdS 纳米沉淀与 PbS 基体具有相似的对称性、晶体结构和晶格常数，并且是外延排列的 [92-94]。图 7-26（c）中的高分辨 TEM 图像表明稍大尺寸的纳米沉淀与 PbS 基体之间是共格或半共格界面，而从图 7-26（d）中则可以观察到尺寸稍小一点的纳米沉淀与 PbS 基体之间是共格界面。

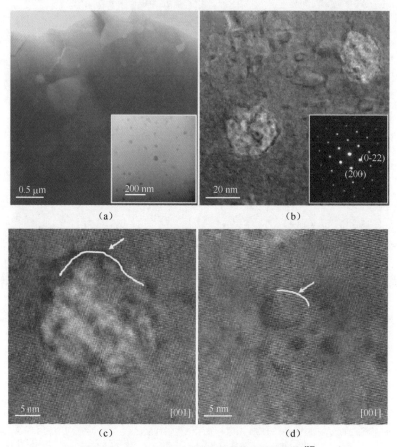

图 7-26　Pb$_{0.975}$Na$_{0.025}$S-3%CdS 的微观结构表征 [87]

（a）低分辨 TEM 图像，插图是样品的 STEM 图像，显示高密度的纳米沉淀；（b）具有中等分辨率的 TEM 图像，表明样品中存在尺寸范围分别为 20 ～ 50 nm 和 2 ～ 10 nm 的两种纳米沉淀，插图是沿着 [011] 方向的选区电子衍射图，没有观察到任何衍射点分裂；（c）、（d）分别是大尺寸和小尺寸纳米沉淀的高分辨 TEM 图像

　　总体来说，从两个样品的 TEM 图像中观察到了低 / 高角度晶界、基体位错、纳米沉淀以及其与基体之间的共格 / 半共格界面，但是没有观察到尺寸大于 60 nm 的沉淀 [35, 95]，这些都会对电子和声子散射产生不同的影响，因为它

们有不同的散射特性。在这种含有纳米结构的热电材料中，存在更广泛的声子散射机制，从而能大幅度降低材料的晶格热导率。与此同时，具有 NaCl 结构的 CdS 与 PbS 基体的价带顶之间具有较小的能量偏移，如图 7-27（a）所示。第一性原理计算表明，虽然 PbS 与 CdS 的导带底之间的能量偏移较大，但它们价带顶之间的能量差只有约 0.13 eV，而 PbS 与 ZnS、CaS 和 SrS 之间的价带能量差分别约为 0.16 eV、0.53 eV 和 0.63 eV，这种小的能量偏移使得空穴载流子从 PbS 基体到纳米析出相具有很小的能量势垒，从而使空穴载流子可以轻松地在材料中输运，因此可以减少对载流子的散射，保持较高的载流子迁移率[96]。同时在基体与析出相的界面处会对声子进行强烈的散射，从而实现声子阻挡 / 载流子输运，如图 7-27（b）所示。因此合理地设计纳米结构缺陷，有望实现电子、声子之间的解耦合输运，大幅度提高材料的热电性能。

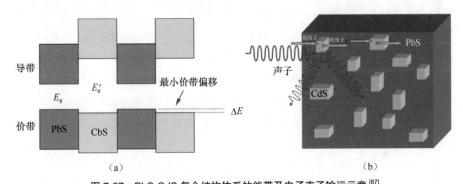

图 7-27　PbS-CdS 复合结构体系的能带及电子声子输运示意[87]
（a）相对能带结构示意；（b）基体与析出相界面对载流子和声子的影响示意

7.5　全尺度缺陷结构设计

声子在晶体晶格中以各种不同的模式和频率传递热量，晶格热导率是这部分热导率的总和[9, 25]。为了最大限度地降低一种给定材料的晶格热导率，需要抑制各种频率声子的传播[79]。即使在理想的完美晶体中，仍然存在非谐性的声子–声子之间的相互作用，这些声子的频率大致覆盖了整个频谱[97, 98]。点缺陷通常是指合金或固溶体中发生的原子置换现象[48, 99]，空位和间隙原子也是点缺陷。20 世纪 50 年代，Ioffe 等人[100]首次提出的通过合金化增强点缺陷声子散射的方法已成为抑制多种热电材料（如 PbTe、PbSe 等）晶格热导率的最成功的策略之一，但是该策略也存在缺点，即点缺陷也可能散射载流子，从而降低载流子迁移率。

20 世纪 90 年代，Hicks 和 Dresselhaus 提出可以通过量子阱超晶格或量子线的形式对电子进行量子限制以提高热电材料的 ZT 值[101, 102]。在此基础上，人们开展了大量的研究来探索利用纳米结构工程增大 ZT 值的可能性[103-105]。到目前为止，纳米结构工程在热电材料的研究中最成功的应用可能在于晶界的增加或形成的纳米尺度的沉淀可以有效地散射中低频声子，从而使晶格热导率降低。球磨和熔融纺丝是制造纳米级粉末的两种典型技术[106, 107]，也可通过引入纳米第二相得到纳米尺度缺陷。通过热压烧结或放电等离子烧结技术可以获得更多的介观尺度的晶界结构，晶界散射通常被看作低温下声子的主要散射机制，对于低温下晶格热导率的降低贡献较大。然而，与粗晶粒的热电材料相比，许多晶粒细化的块状热电材料的高温晶格热导率有一定程度的降低[108, 109]，这可能是晶界或界面处原子无序排列造成的，如图 7-28 所示[25]。晶界越多，原子无序程度越高，使点缺陷声子散射增强，有助于降低高温的晶格热导率。在铅硫族化合物热电材料的研究中，通常会在样品中引入多种尺度和类型的缺陷结构，包括点缺陷等原子尺度缺陷、纳米沉淀等纳米尺度缺陷和晶界等介观尺度缺陷，即全尺度缺陷结构设计，这些缺陷可以对所有波长的声子进行强烈的散射，使热电性能最大化。

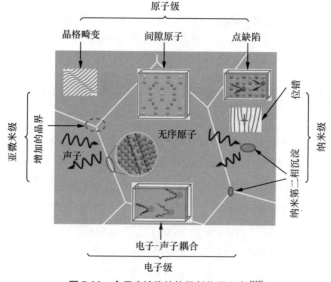

图 7-28　全尺度缺陷结构散射作用示意[110]

7.5.1　PbTe-SrTe 的全尺度缺陷结构

目前对 PbTe 的研究采用了全尺度缺陷结构设计来降低晶格热导率，以优化热电性能。Biswas 等人[41]通过高温熔炼、淬火、粉末处理、放电等离子烧结（SPS）的方法合成了 2%Na（2% 是摩尔分数，下同）掺杂的 P 型 PbTe-xSrTe（$x = 0$，1%，2%，4%）。如图 7-29（a）所示，通过简单的 Na 掺杂方法，可以在 PbTe 中引入原子尺度的点缺陷，从而对高频声子进行强烈的散射以降低晶格热导率，最终获得的 ZT_{max} 值可以达到 1.1。在 Na 掺杂的 PbTe 基体中引入 SrTe，可以在材料中形成点缺陷以外的外延纳米结构，这有利于在保持载流子迁移率的情况下，增强对中频声子的散射，最终获得的 ZT_{max} 值可以达到 1.7[77]。在 Na 掺杂的 PbTe-SrTe 固溶体中进一步通过粉末处理和 SPS 的方法引入大量的晶界，这些晶界等介观尺度缺陷可以显著增强对低频声子的散射，2%Na 掺杂的 PbTe-4%SrTe 在 915 K 的 ZT 值可以达到 2.2。图 7-29（b）中的插图表明，相比具有相同成分的 PbTe 铸锭样品，经过 SPS 处理的 PbTe 样品在高温部分的 ZT 值提升了 30% ～ 50%，这说明引入全尺度缺陷结构的确有利于增强声子散射，降低晶格热导率，从而提高材料的热电性能。

经 SPS 处理的样品中含有纳米析出物和中尺度晶粒以及相关联的晶界，这些都可以在 TEM 图像和原子探针层析（atom probe tomography，APT）图像中很明显地观察到。研究人员通过 TEM 对掺杂了 2%Na 的 PbTe-4%SrTe 的微观结构进行了详细的研究。图 7-30（a）和图 7-30（b）分别为典型的低分辨和中等分辨的 TEM 图像。在这些图像中，可以观察到 0.1 ～ 1.7 μm 的介观尺度颗粒和衬度较暗的尺寸范围为 1 ～ 17 nm 的纳米沉淀。这些纳米沉淀有两种典型的形状，即薄片状和球形 / 椭球形，薄片状析出相的尺寸比较小，约为 1 ～ 6 nm，与 PbTe 基体具有共格界面；而球形或椭球形析出相的尺寸稍大一些，为 10 ～ 17 nm，可以观察到明显的位错失配缺陷。这些位错是由大量的共格界面应变引起的。之所以产生共格界面，是因为 PbTe 和 SrTe 具有比较小的晶格常数失配（PbTe 和 SrTe 分别为 6.460 Å 和 6.660 Å）。图 7-30（c）和图 7-30（d）分别为介观尺度颗粒和纳米沉淀的尺寸分布直方图，可知介观尺度颗粒的平均尺寸为 0.8 μm，纳米沉淀的平均尺寸为 2.8 nm。

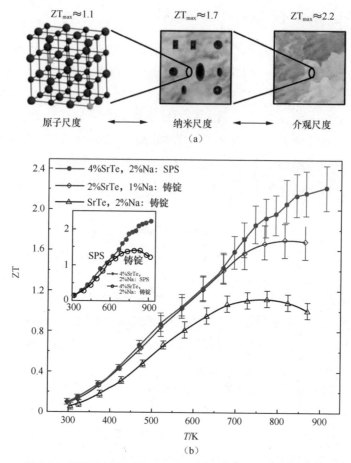

图 7-29　不同尺度缺陷结构的存在对 PbTe 体系热电性能的影响 [41]

（a）在 PbTe 中通过引入不同尺度缺陷结构所能获得的 ZT_{max} 值；（b）PbTe 体系的 ZT 值随温度的
变化关系，插图是 2%Na 掺杂的 PbTe-4%SrTe 铸锭样品和经过 SPS 处理的样品的 ZT 值对比

　　图 7-30（e）是与 [001] 轴平行的典型薄片状析出物的高分辨 TEM 图像，可以看到所有的薄片状析出物相互垂直或平行排列。插图是从不同的区域获得的与 PbTe 基体具有共格（弹性应变）界面的一个小球形沉淀物，没有观察到任何界面位错。为了分析析出相与基体界面及其附近可能产生的应变，采用几何相位分析法 [90] 对高质量、高分辨 TEM 图像进行了分析。这是一种用于揭示空间应变场分布的半定量点阵图像处理方法。图 7-30（f）所示的是薄片状析出物的高分辨 TEM 图像和分析的结果，即应变的 ε_{xx} 和 ε_{yy} 分量。图 7-30（f）显示了两个相互垂直的薄片状析出物（虚线内部），上面的沉淀只在 x 轴方向有弹

性应变，而下面的沉淀只在 y 轴方向有弹性应变。由此可见，与球形析出相相比，薄片状析出相的应变场分布具有各向异性，而球形析出相则具有更均匀的全向应变场分布。

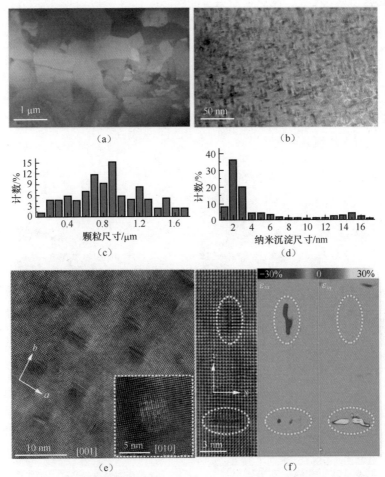

（a）　　　　　　　　　　　　（b）

（c）　　　　　　　　　　　　（d）

（e）　　　　　　　　　　　　（f）

图 7-30　经过 SPS 处理的 2%Na 掺杂的 PbTe-4%SrTe 的微观和纳米结构表征[41]
（a）低分辨 TEM 图像；（b）中等分辨 TEM 图像；（c）颗粒尺寸分布直方图；（d）纳米沉淀尺寸分布直方图；（e）高分辨 TEM 图像；（f）薄片状析出物的高分辨 TEM 图像和只沿一个方向分布的弹性应变图像

　　图 7-31（a）是样品的 STEM 图像，从图中可以看出，除了纳米尺度（1～15 nm）的析出相外，还存在一些介观尺度（20～50 nm）的析出相。能量色散 X 射线图谱表明，与 PbTe 基体区域（插图中的蓝色曲线）相比，沉淀

区域的 Sr 信号有较大的增加，表明这些沉淀的主要成分是 SrTe。APT 分析[111]进一步独立验证了 PbTe 基体中 SrTe 纳米沉淀的存在。图 7-31（b）所示是经 SPS 处理的 2%Na 掺杂的 PbTe-4%SrTe 的体积三维重构。图 7-31（c）是较大的沉淀横截面组分分布，结果表明在界面处 Na 的堆积含量约为 1.6%（原子百分比）。在 PbTe 基体中也存在轻微的 Na 浓度梯度，相比基体内部，越接近界面，Na 浓度越低。APT 分析表明，在相同的三维重构的体积内，Na 原子会在线缺陷的核心处聚集，也就是说在位错核处存在 Na 原子的偏析，如图 7-31(d)所示。研究人员认为 Na 在低温下被限制在晶界和其他缺陷位置处，在高温下会回到 PbTe 基体的固溶体中，从而增加 P 型载流子浓度，这为经 SPS 处理的样品的电导率在高温下提升提供了一个合理的解释。

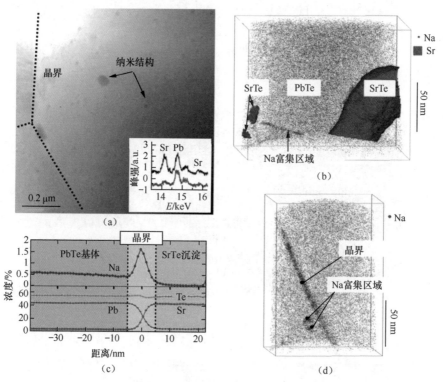

图 7-31 经过 SPS 处理的 2%Na 掺杂的 PbTe-4%SrTe 的组分分析[41]

（a）STEM 图像，显示在 PbTe 基体内部存在 SrTe 纳米结构，插图是能量色散 X 射线图谱（黑色是沉淀，蓝色是基体）；（b）通过 APT 分析的体积三维重构（为了清晰，只显示了一半的 Na 原子）；（c）较大的 SrTe 沉淀界面附近 Pb、Te、Sr 和 Na 等元素的浓度近似分布；（d）通过 APT 分析的包含晶界的体积三维重构（为了清晰，只显示了 Na 原子）

在块体热电材料的研究中，这种全尺度缺陷结构设计充分利用了介观尺度晶界结构、外延纳米结构以及元素掺杂产生的原子尺度缺陷结构在散射不同频率声子方面的作用，可以使晶格热导率得到极大幅度的降低，从而优化材料的热输运性能。晶格热导率的降低与高温下 Na 元素进一步从晶界处溶解到基体中从而提升了载流子浓度相对应，使得 2%Na 掺杂的 PbTe-4%SrTe 在 915 K 的 ZT 值达到了 2.2。这里提到的全尺度缺陷结构设计可以应用到任何块体热电材料中。

7.5.2　PbSe-PbS 的全尺度缺陷结构

将 PbSe 和 PbS 加热到 1100 K 以上时会形成连续的固溶体。随着温度的降低，PbSe 和 PbS 的固溶度会减小，然后形成调幅分解区域，在此区域会产生热力学相分离，第二相通过亚稳态成核并且在没有能量势垒的条件下生长[112, 113]。研究人员通过熔融法结合 SPS 制备了掺杂 0.34%PbCl$_2$ 的 PbSe-xPbS（x = 0，2%，4%，6%，8%，10%，12%，14%，16%，18%，20%）体系多晶样品，其热电参数随温度的变化关系曲线如图 7-32 所示。如图 7-32（a）所示，所有样品的电导率均表现出随温度升高而降低的趋势，这与重掺杂半导体的性能一致。此外，样品的电导率随着 PbS 含量的增加而下降，特别是在低温范围，这很可能是由于纳米结构的形成增强了对载流子的散射。与此相反，如图 7-32（c）所示，所有样品的泽贝克系数均为负值，表现出 N 型导电行为，并且随着温度的升高，样品的泽贝克系数绝对值呈线性增加的趋势。此外，PbS 含量越多的样品的泽贝克系数绝对值越大，这是因为 PbS 第二相产生的能量过滤效应减少了 P 型少数载流子的输运[25]。PbSe-20%PbS 样品的室温泽贝克系数可以达到 −50 μV·K^{-1}，在 923 K 时可以达到 −190 μV·K^{-1}，并且在如此高的温度下，样品的泽贝克系数并没有显示出饱和迹象，说明 PbSe 的双极扩散现象已经通过引入具有较大带隙的 PbS 而得到了显著抑制。通过测量得到的电导率和泽贝克系数可以计算出样品的功率因子。如图 7-32（e）所示，随着 PbS 含量的增加，PbSe 样品的电导率降低，而泽贝克系数绝对值增加，因此样品的功率因子得到了优化，并且在 PbSe-12%PbS 的样品中取得最大值，在 723 K 可以达到 17.2 μW·cm^{-1}·K^{-2}。PbSe-xPbS 体系的泽贝克系数、热容和洛伦兹常数分别如图 7-32（b）、图 7-32（d）和图 7-32（f）所示。

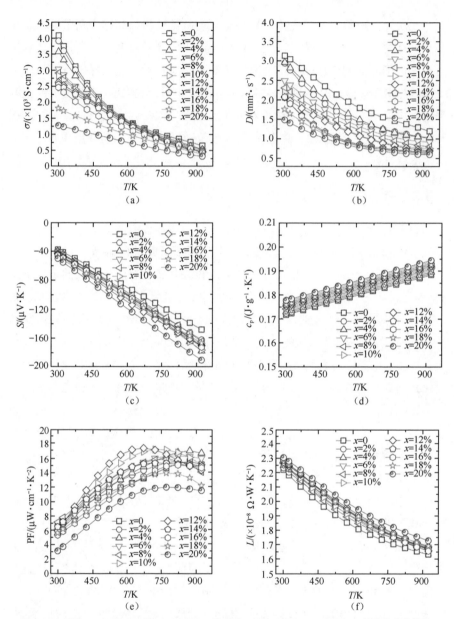

图 7-32　掺杂 0.34%PbCl₂ 的 PbSe-xPbS 体系（PbSe+xPbS+0.34%PbCl₂）的热电性能随温度的变化关系曲线 [114]

（a）电导率；（b）热扩散系数；（c）泽贝克系数；（d）质量定压热容；
（e）功率因子；（f）洛伦兹常数

所有样品的总热导率随温度的变化曲线如图 7-33（a）所示。可以明显看出各样品的热导率随着温度的升高而急剧降低，这是因为温度的升高增强了声子与声子之间的散射。除此之外，样品的总热导率还随着 PbS 含量的增加而大幅度降低，在低温范围内特别明显。在 300 K 时，总热导率从不含 PbS 样品的约 4.1 W·m^{-1}·K^{-1} 降低到 PbSe-20%PbS 的约 2.0 W·m^{-1}·K^{-1}；在 923 K 时，总热导率从约 1.8 W·m^{-1}·K^{-1} 降低到约 0.9 W·m^{-1}·K^{-1}。这种大幅度的总热导率的降低主要是电子热导率和晶格热导率共同降低引起的。众所周知，样品的总热导率是由电子热导率和晶格热导率构成的，根据维德曼-弗兰兹定律，样品的电子热导率与电导率成正比[86, 115]，各样品的洛伦兹常数如图 7-32（f）所示。根据维德曼-弗兰兹定律计算的样品的电子热导率如图 7-33（b）所示，由于载流子迁移率的降低对电导率存在巨大影响，样品的电子热导率也随着 PbS 含量的增加而大幅度降低。

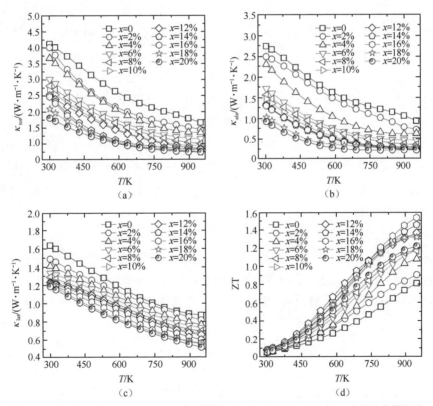

图 7-33　掺杂 0.34%PbCl$_2$ 的 PbSe-xPbS 体系（PbSe+xPbS+0.34%PbCl$_2$）的热电性能随温度的变化关系曲线[114]

（a）总热导率；（b）电子热导率；（c）晶格热导率；（d）ZT 值

　　样品的晶格热导率是通过从总热导率中减去电子热导率得来的，计算的所有样品的晶格热导率随温度的变化曲线如图 7-33（c）所示。可以看出样品的晶格热导率随 PbS 含量的增加而明显降低。在 300 K 时，晶格热导率从不含 PbS 样品的约 1.6 W·m^{-1}·K^{-1} 降低到 PbSe-16%PbS 的约 1.2 W·m^{-1}·K^{-1}；在 923 K 时，晶格热导率从约 0.9 W·m^{-1}·K^{-1} 降低到约 0.6 W·m^{-1}·K^{-1}。晶格热导率的大幅度降低得益于全尺度缺陷结构增强了对全波长范围声子的散射。也就是说，在 Se 晶格中，Cl 原子的取代产生的点缺陷可以有效地散射短波长声子，而 PbS 的纳米第二相可以有效地散射中波长声子。此外，SPS 过程可以有效引入中尺度晶界结构，这可以增加对长波长声子的散射。由于增加的功率因子和降低的晶格热导率，最终 PbSe-16%PbS 在 923 K 得到约 1.5 的 ZT$_{max}$ 值，如图 7-33（d）所示。

　　图 7-34（a）中的黑色实线是通过 Klemens-Drabble 理论模型计算的 PbSe-PbS 合金体系的理论晶格热导率，此模型假设只存在点缺陷和翻转过程对声子进行散射的情况 [44,45]。黑色虚线和方框是实验测定的 PbSe-xPbS 铸锭样品的晶格热导率。与理论计算的晶格热导率相比，PbSe-xPbS 铸锭样品的晶格热导率降低了 0.2 ～ 0.4 W·m^{-1}·K^{-1}，这主要是由于 PbS 纳米第二相结构增强了对中波长声子的散射。蓝色虚线是实验测定的经 SPS 处理后的 PbSe-xPbS 样品的晶格热导率，可以看到与相应的铸锭相比，其晶格热导率进一步降低，尤其是在室温范围。这是因为 SPS 处理引入了大量的中尺度晶界结构，这可以进一步增强对长波长声子的散射。由此可见，全尺度缺陷结构设计在增强声子散射、降低晶格热导率方面具有重要作用。

　　为了进一步证明晶粒尺寸对晶格热导率的影响，Nan 和 Birringer 等人提出了一个简单的模型 [49]，即将卡皮查（Kapitza）热阻与微观有效介质理论 [116] 相结合，用于理解晶格热导率与晶粒尺寸的关系。为简化计算过程，我们仅考虑直径为 d 的各向同性且具有球形颗粒的多晶材料，因此该模型由以下公式给出：

$$\frac{1}{\kappa} = \frac{1}{\kappa_0} + \frac{2R_K}{d} \tag{7-11}$$

式中 κ_0 是晶粒的体积热导率；R_K 是晶界的卡皮查热阻。通过式（7-11）拟合实验数据得到 $\kappa_0 = 1.91$ W·m^{-1}·K^{-1}，$R_K = 8.75 \times 10^{-9}$ m^2·K·W^{-1}，然后可用此参数预测所有样品的室温晶格热导率。如图 7-34（b）所示，晶格热导率的理论值与实验值基本保持一致，这进一步说明引入中尺度晶界结构对样品的晶格热导率有显著影响。

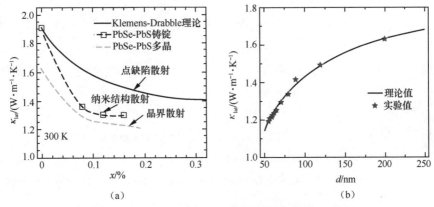

（a）　　　　　　　　　　　　　　（b）

图 7-34　全尺度缺陷对 PbSe-PbS 体系晶格热导率的影响

（a）室温下 PbSe 晶格热导率随 PbS 固溶含量的变化情况[45]，黑色实线为通过 Klemens-Drabble 理论计算的晶格热导率[45]；（b）通过有效介质理论计算的晶格热导率和实验值[114]

7.6　本章小结

本章重点介绍了块体热电材料的内部缺陷结构在增强声子散射、降低晶格热导率方面的重要作用，系统总结了原子尺度缺陷结构设计、位错缺陷结构设计、纳米缺陷结构设计和全尺度缺陷结构设计等优化策略，并通过应用举例的方法阐明了这些缺陷结构在优化材料热电性能方面的重要作用。在热电材料的研究中，不能只考虑热输运性能的优化，因为这些缺陷结构不仅能够散射声子，还会散射载流子，从而降低载流子迁移率。另外，大量的缺陷结构还可能导致材料的机械性能和热稳定性变差，因此需要协同优化材料的热电输运性能。

7.7　参考文献

[1]　ZHANG X, ZHAO L D. Thermoelectric materials: energy conversion between heat and electricity [J]. Journal of Materiomics, 2015, 1(2): 92-105.

[2]　LIU W S, KIM H S, CHEN S, et al. N-type thermoelectric material $Mg_2Sn_{0.75}Ge_{0.25}$

for high power generation [J]. Proceedings of the National Academy of Sciences of the United States of America, 2015, 112(11): 3269-3274.

[3] MENG X F, LIU Z H, CUI B, et al. Grain boundary engineering for achieving high thermoelectric performance in n-type skutterudites [J]. Advanced Energy Materials, 2017, 7(13): 1602582.

[4] SU C H. Experimental determination of lattice thermal conductivity and Lorenz number as functions of temperature for n-type PbTe [J]. Materials Today Physics, 2018, 5: 58-63.

[5] ZHAO L D, LO S H, HE J Q, et al. High performance thermoelectrics from earth-abundant materials: enhanced figure of merit in PbS by second phase nanostructures [J]. Journal of the American Chemical Society, 2011, 133(50): 20476-20487.

[6] SNYDER G J, TOBERER E S. Complex thermoelectric materials [J]. Nature Materials, 2008, 7(2): 105-114.

[7] CHANG C, XIAO Y, ZHANG X, et al. High performance thermoelectrics from earth-abundant materials: enhanced figure of merit in PbS through nanostructuring grain size [J]. Journal of Alloys and Compounds, 2016, 664: 411-416.

[8] CHANG C, WANG D Y, HE D S, et al. Realizing high-ranged out-of-plane ZTs in n-type SnSe crystals through promoting continuous phase transition [J]. Advanced Energy Materials, 2019, 9(28): 1901334.

[9] QIN B C, WANG D Y, ZHAO L D. Slowing down the heat in thermoelectrics [J]. Infomat, 2021, 3(7): 755-789.

[10] XIAO Y, ZHAO L D. Charge and phonon transport in PbTe-based thermoelectric materials [J]. Nature Partner Journals Quantum Materials, 2018, 3: 55.

[11] CHUNG J D, MCGAUGHEY A J H, KAVIANY M. Role of phonon dispersion in lattice thermal conductivity modeling [J]. Journal of Heat Transfer-Transactions of the Asme, 2004, 126(3): 376-380.

[12] TOBERER E S, ZEVALKINK A, SNYDER G J. Phonon engineering through crystal chemistry [J]. Journal of Materials Chemistry, 2011, 21(40): 15843-15852.

[13] TAN G J, ZHAO L D, KANATZIDIS M G. Rationally designing high-performance bulk thermoelectric materials [J]. Chemical Reviews, 2016, 116(19):

12123-12149.

[14]　AGNE M T, HANUS R, SNYDER G J. Minimum thermal conductivity in the context of diffuson-mediated thermal transport [J]. Energy & Environmental Science, 2018, 11(3): 609-616.

[15]　TIAN Z T, GARG J, ESFARJANI K, et al. Phonon conduction in PbSe, PbTe, and $PbTe_{1-x}Se_x$ from first-principles calculations [J]. Physical Review B, 2012, 85(18): 184303.

[16]　KLEMENS P G. Thermal resistance due to point defects at high temperatures [J]. Physical Review, 1960, 119(2): 507-509.

[17]　YANG F, DAMES C. Mean free path spectra as a tool to understand thermal conductivity in bulk and nanostructures [J]. Physical Review B, 2013, 87(3): 035437.

[18]　SZCZECH J R, HIGGINS J M, JIN S. Enhancement of the thermoelectric properties in nanoscale and nanostructured materials [J]. Journal of Materials Chemistry, 2011, 21(12): 4037-4055.

[19]　SUZUKI T, UENO M, NISHI Y, et al. Dislocation loop formation in nonstoichiometric $(Ba,Ca)TiO_3$ and $BaTiO_3$ ceramics [J]. Journal of the American Ceramic Society, 2001, 84(1): 200-206.

[20]　XIAO Y, CHANG C, PEI Y L, et al. Origin of low thermal conductivity in SnSe [J]. Physical Review B, 2016, 94(12): 125203.

[21]　MORELLI D T, HEREMANS J P, SLACK G A. Estimation of the isotope effect on the lattice thermal conductivity of group Ⅳ and group Ⅲ-Ⅴ semiconductors [J]. Physical Review B, 2002, 66(19): 195304.

[22]　SKOUG E J, MORELLI D T. Role of lone-pair electrons in producing minimum thermal conductivity in nitrogen-group chalcogenide compounds [J]. Physical Review Letters, 2011, 107(23): 235901.

[23]　SOOTSMAN J R, CHUNG D Y, KANATZIDIS M G. New and old concepts in thermoelectric materials [J]. Angewandte Chemie-International Edition, 2009, 48(46): 8616-8639.

[24]　CHEN Z W, ZHANG X Y, PEI Y Z. Manipulation of phonon transport in thermoelectrics [J]. Advanced Materials, 2018, 30(17): 1705617.

[25] ZHU T J, LIU Y T, FU C G, et al. Compromise and synergy in high-efficiency thermoelectric materials [J]. Advanced Materials, 2017, 29(14): 1605884.

[26] YANG J, XI L L, QIU W J, et al. On the tuning of electrical and thermal transport in thermoelectrics: an integrated theory-experiment perspective [J]. Nature Partner Journals Computational Materials, 2016, 2: 15015.

[27] WU H J, ZHANG Y, NING S C, et al. Seeing atomic-scale structural origins and foreseeing new pathways to improved thermoelectric materials [J]. Materials Horizons, 2019, 6(8): 1548-1570.

[28] CHANG C, WU M H, HE D S, et al. 3D charge and 2D phonon transports leading to high out-of-plane ZT in n-type SnSe crystals [J]. Science, 2018, 360(6390): 778-782.

[29] WU H J, ZHAO X X, GUAN C, et al. The atomic circus: small electron beams spotlight advanced materials down to the atomic scale [J]. Advanced Materials, 2018, 30(47): 1802402.

[30] CHEN Y J, ZHANG B, ZHANG Y S, et al. Atomic-scale visualization and quantification of configurational entropy in relation to thermal conductivity: a proof-of-principle study in t-GeSb$_2$Te$_4$ [J]. Advanced Science, 2021, 8(8): 2002051.

[31] KIM S I, LEE K H, MUN H A, et al. Dense dislocation arrays embedded in grain boundaries for high-performance bulk thermoelectrics [J]. Science, 2015, 348(6230): 109-114.

[32] QIAN X, WU H J, WANG D Y, et al. Synergistically optimizing interdependent thermoelectric parameters of n-type PbSe through alloying CdSe [J]. Energy & Environmental Science, 2019, 12(6): 1969-1978.

[33] QIU J H, YAN Y G, XIE H Y, et al. Achieving superior performance in thermoelectric Bi$_{0.4}$Sb$_{1.6}$Te$_{3.72}$ by enhancing texture and inducing high-density line defects [J]. Science China-Materials, 2021, 64(6): 1507-1520.

[34] PEI Y L, TAN G J, FENG D, et al. Integrating band structure engineering with all-scale hierarchical structuring for high thermoelectric performance in PbTe system [J]. Advanced Energy Materials, 2017, 7(3): 1601450.

[35] PEI Y Z, LALONDE A D, HEINZ N A, et al. High thermoelectric figure of merit in PbTe alloys demonstrated in PbTe-CdTe [J]. Advanced Energy Materials, 2012,

2(6): 670-675.

[36]　HE J Q, GIRARD S N, KANATZIDIS M G, et al. Microstructure-lattice thermal conductivity correlation in nanostructured $PbTe_{0.7}S_{0.3}$ thermoelectric materials [J]. Advanced Functional Materials, 2010, 20(5): 764-772.

[37]　CAI B W, PEI J, DONG J F, et al. $(Bi,Sb)_2Te_3$/SiC nanocomposites with enhanced thermoelectric performance: effect of SiC nanoparticle size and compositional modulation [J]. Science China-Materials, 2021, 64(10): 2551-2562.

[38]　ZHANG X, ZHOU Y M, PEI Y L, et al. Enhancing thermoelectric performance of SnTe via nanostructuring particle size [J]. Journal of Alloys and Compounds, 2017, 709: 575-580.

[39]　WU C F, WEI T R, SUN F H, et al. Nanoporous $PbSe-SiO_2$ thermoelectric composites [J]. Advanced Science, 2017, 4(11): 1700199.

[40]　WU C F, WANG H, YAN Q M, et al. Doping of thermoelectric PbSe with chemically inert secondary phase nanoparticles [J]. Journal of Materials Chemistry C, 2017, 5(41): 10881-10887.

[41]　BISWAS K, HE J Q, BLUM I D, et al. High-performance bulk thermoelectrics with all-scale hierarchical architectures [J]. Nature, 2012, 489(7416): 414-418.

[42]　XIE H H, WANG H, PEI Y Z, et al. Beneficial contribution of alloy disorder to electron and phonon transport in Half-Heusler thermoelectric materials [J]. Advanced Functional Materials, 2013, 23(41): 5123-5130.

[43]　ZHANG X, WANG D Y, WU H J, et al. Simultaneously enhancing the power factor and reducing the thermal conductivity of SnTe via introducing its analogues [J]. Energy & Environmental Science, 2017, 10(11): 2420-2431.

[44]　CALLAWAY J, VONBAEYER H C. Effect of point imperfections on lattice thermal conductivity [J]. Physical Review, 1960, 120(4): 1149-1154.

[45]　ANDROULAKIS J, TODOROV I, HE J, et al. Thermoelectrics from abundant chemical elements: high-performance nanostructured PbSe-PbS [J]. Journal of the American Chemical Society, 2011, 133(28): 10920-10927.

[46]　XIAO Y, LI W, CHANG C, et al. Synergistically optimizing thermoelectric transport properties of n-type PbTe via Se and Sn co-alloying [J]. Journal of Alloys and Compounds, 2017, 724: 208-221.

[47] SHI X L, TAO X Y, ZOU J, et al. High-performance thermoelectric SnSe: aqueous synthesis, innovations, and challenges [J]. Advanced Science, 2020, 7(7): 1902923.

[48] YANG J, MEISNER G P, CHEN L. Strain field fluctuation effects on lattice thermal conductivity of ZrNiSn-based thermoelectric compounds [J]. Applied Physics Letters, 2004, 85(7): 1140-1142.

[49] PEI Y L, HE J Q, LI J F, et al. High thermoelectric performance of oxyselenides: intrinsically low thermal conductivity of Ca-doped BiCuSeO [J]. NPG Asia Materials, 2013, 5: e47.

[50] SUN J C, SU X L, YAN Y G, et al. Enhancing thermoelectric performance of n-type pbse through forming solid solution with PbTe and PbS [J]. ACS Applied Energy Materials, 2020, 3(1): 2-8.

[51] CHENG R, WANG D Y, BAI H, et al. Bridging the miscibility gap towards higher thermoelectric performance of PbS [J]. Acta Materialia, 2021, 220: 117337.

[52] QIN B C, HU X G, ZHANG Y, et al. Comprehensive investigation on the thermoelectric properties of p-type PbTe-PbSe-PbS alloys [J]. Advanced Electronic Materials, 2019, 5: 1900609.

[53] ZHANG Q, CAO F, LIU W S, et al. Heavy doping and band engineering by potassium to improve the thermoelectric figure of merit in p-type PbTe, PbSe, and PbTe$_{1-y}$Se$_y$ [J]. Journal of the American Chemical Society, 2012, 134(24): 10031-10038.

[54] AHN K, BISWAS K, HE J, et al. Enhanced thermoelectric properties of p-type nanostructured PbTe-MTe (M = Cd, Hg) materials [J]. Energy & Environmental Science, 2013, 6(5): 1529-1537.

[55] JOOD P, OHTA M, KUNII M, et al. Enhanced average thermoelectric figure of merit of n-type PbTe$_{1-x}$I$_x$-MgTe [J]. Journal of Materials Chemistry C, 2015, 3(40): 10401-10408.

[56] PEI Y Z, LENSCH-FALK J, TOBERER E S, et al. High thermoelectric performance in PbTe due to large nanoscale Ag$_2$Te precipitates and La doping [J]. Advanced Functional Materials, 2011, 21(2): 241-249.

[57] AHN K, HAN M K, HE J Q, et al. Exploring resonance levels and nanostructuring

in the PbTe-CdTe system and enhancement of the thermoelectric figure of merit [J]. Journal of the American Chemical Society, 2010, 132(14): 5227-5235.

[58]　VAN DE WALLE C G, NEUGEBAUER J. First-principles calculations for defects and impurities: applications to Ⅲ-nitrides [J]. Journal of Applied Physics, 2004, 95(8): 3851-3879.

[59]　BAJAJ S, WANG H, DOAK J W, et al. Calculation of dopant solubilities and phase diagrams of X-Pb-Se (X = Br, Na) limited to defects with localized charge [J]. Journal of Materials Chemistry C, 2016, 4(9): 1769-1775.

[60]　WU C F, WEI T R, LI J F. Enhancing average ZT in pristine PbSe by over-stoichiometric Pb addition [J]. APL Materials, 2016, 4(10): 104801.

[61]　XIAO Y, WU H J, LI W, et al. Remarkable roles of Cu to synergistically optimize phonon and carrier transport in n-type PbTe-Cu$_2$Te [J]. Journal of the American Chemical Society, 2017, 139(51): 18732-18738.

[62]　WANG Z S, WANG G Y, WANG R F, et al. Ga-doping-induced carrier tuning and multiphase engineering in n-type PbTe with enhanced thermoelectric performance [J]. ACS Applied Materials & Interfaces, 2018, 10(26): 22401-22407.

[63]　QIN Y X, XIAO Y, ZHAO L D. Carrier mobility does matter for enhancing thermoelectric performance [J]. APL Materials, 2020, 8(1): 010901.

[64]　ZHOU C J, YU Y, LEE Y K, et al. High-performance n-type PbSe-Cu$_2$Se thermoelectrics through conduction band engineering and phonon softening [J]. Journal of the American Chemical Society, 2018, 140(45): 15535-15545.

[65]　ZHOU C J, YU Y, LEE Y L, et al. Exceptionally high average power factor and thermoelectric figure of merit in n-type PbSe by the dual incorporation of Cu and Te [J]. Journal of the American Chemical Society, 2020, 142(35): 15172-15186.

[66]　LUO Z Z, HAO S Q, ZHANG X M, et al. Soft phonon modes from off-center Ge atoms lead to ultralow thermal conductivity and superior thermoelectric performance in n-type PbSe-GeSe [J]. Energy & Environmental Science, 2018, 11(11): 3220-3230.

[67]　DEXTER D L, SEITZ F. Effects of dislocations on mobilities in semiconductors [J]. Physical Review, 1952, 86(6): 964-965.

[68]　CHEN Z W, GE B H, LI W, et al. Vacancy-induced dislocations within grains for

high-performance PbSe thermoelectrics [J]. Nature Communications, 2017, 8: 13828.

[69] KLEMENS P G. The scattering of low-frequency lattice waves by static imperfections [J]. Proceedings of the Physical Society. Section A, 1955, 68(12): 1113-1128.

[70] TAN T Y, YOU H M, GÖSELE U M. Thermal equilibrium concentrations and effects of negatively charged Ga vacancies in n-type GaAs [J]. Applied Physics A, 1993, 56(3): 249-258.

[71] HIRSCH P B, SILCOX J, SMALLMAN R E, et al. Dislocation loops in quenched aluminium [J]. Philosophical Magazine, 1958, 3(32): 897-908.

[72] FRANK F C. Dislocations and point defects [J]. Discussions of the Faraday Society, 1957, 23: 122-127.

[73] ZHOU C J, LEE Y K, CHA J, et al. Defect engineering for high-performance n-type PbSe thermoelectrics [J]. Journal of the American Chemical Society, 2018, 140(29): 9282-9290.

[74] ZHANG X M, HAO S Q, TAN G J, et al. Ion beam induced artifacts in lead-based chalcogenides [J]. Microscopy and Microanalysis, 2019, 25(4): 831-839.

[75] GAVINI V, BHATTACHARYA K, ORTIZ M. Vacancy clustering and prismatic dislocation loop formation in aluminum [J]. Physical Review B, 2007, 76(18): 180101.

[76] TOHER C, PLATA J J, LEVY O, et al. High-throughput computational screening of thermal conductivity, Debye temperature, and Gruneisen parameter using a quasiharmonic Debye model [J]. Physical Review B, 2014, 90(17): 174107.

[77] BISWAS K, HE J Q, ZHANG Q C, et al. Strained endotaxial nanostructures with high thermoelectric figure of merit [J]. Nature Chemistry, 2011, 3(2): 160-166.

[78] FINEFROCK S W, YANG H R, FANG H Y, et al. Thermoelectric properties of solution synthesized nanostructured materials [J]. Annual Review of Chemical and Biomolecular Engineering, 2015, 6: 247-266.

[79] LI J H, TAN Q, LI J F, et al. BiSbTe-based nanocomposites with high ZT: the effect of sic nanodispersion on thermoelectric properties [J]. Advanced Functional Materials, 2013, 23(35): 4317-4323.

[80]　BISWAS K, HE J Q, WANG G Y, et al. High thermoelectric figure of merit in nanostructured p-type PbTe-MTe (M = Ca, Ba) [J]. Energy & Environmental Science, 2011, 4(11): 4675-4684.

[81]　LEE Y, LO S H, ANDROULAKIS J, et al. High-performance tellurium-free thermoelectrics: all-scale hierarchical structuring of p-type PbSe-MSe systems (M = Ca, Sr, Ba) [J]. Journal of the American Chemical Society, 2013, 135(13): 5152-5160.

[82]　ZHAO L D, HE J Q, WU C I, et al. Thermoelectrics with earth abundant elements: high performance p-type PbS nanostructured with SrS and CaS [J]. Journal of the American Chemical Society, 2012, 134(18): 7902-7912.

[83]　HŸTCH M J, SNOECK E, KILAAS R. Quantitative measurement of displacement and strain fields from HREM micrographs [J]. Ultramicroscopy, 1998, 74(3): 131-146.

[84]　HE J Q, GUEGUEN A, SOOTSMAN J R, et al. Role of self-organization, nanostructuring, and lattice strain on phonon transport in $NaPb_{18-x}Sn_xBiTe_{20}$ thermoelectric materials [J]. Journal of the American Chemical Society, 2009, 131(49): 17828-17835.

[85]　LI Z, XIAO C, ZHU H, et al. Defect chemistry for thermoelectric materials [J]. Journal of the American Chemical Society, 2016, 138(45): 14810-14819.

[86]　ZHAO L D, ZHANG X, WU H J, et al. Enhanced thermoelectric properties in the counter-doped SnTe system with strained endotaxial SrTe [J]. Journal of the American Chemical Society, 2016, 138(7): 2366-2373.

[87]　ZHAO L D, HE J Q, HAO S Q, et al. Raising the thermoelectric performance of p-type PbS with endotaxial nanostructuring and valence-band offset engineering using CdS and ZnS [J]. Journal of the American Chemical Society, 2012, 134(39): 16327-16336.

[88]　LUO Z Z, HAO S Q, CAI S T, et al. Enhancement of thermoelectric performance for n-type PbS through synergy of gap state and fermi level pinning [J]. Journal of the American Chemical Society, 2019, 141(15): 6403-6412.

[89]　LUO Z Z, CAI S T, HAO S Q, et al. Strong valence band convergence to enhance thermoelectric performance in PbSe with two chemically independent controls [J]. Angewandte Chemie-International Edition, 2021, 60(1): 268-273.

[90] WU H J, ZHAO X X, SONG D S, et al. Progress and prospects of aberration-corrected STEM for functional materials [J]. Ultramicroscopy, 2018, 194: 182-192.

[91] LIU X Y, WANG D Y, WU H J, et al. Intrinsically low thermal conductivity in BiSbSe₃: a promising thermoelectric material with multiple conduction bands [J]. Advanced Functional Materials, 2019, 29(3): 1806558.

[92] CAI S T, HAO S Q, LUO Z Z, et al. Discordant nature of Cd in PbSe: off-centering and core-shell nanoscale CdSe precipitates lead to high thermoelectric performance [J]. Energy & Environmental Science, 2020, 13(1): 200-211.

[93] HE J Q, GIRARD S N, ZHENG J C, et al. Strong phonon scattering by layer structured PbSnS₂ in PbTe based thermoelectric materials [J]. Advanced Materials, 2012, 24(32): 4440-4444.

[94] SU X L, WEI P, LI H, et al. Multi-scale microstructural thermoelectric materials: transport behavior, non-equilibrium preparation, and applications [J]. Advanced Materials, 2017, 29(20): 1602013.

[95] PEI Y Z, HEINZ N A, LALONDE A, et al. Combination of large nanostructures and complex band structure for high performance thermoelectric lead telluride [J]. Energy & Environmental Science, 2011, 4(9): 3640-3645.

[96] ZHAO L D, HAO S Q, LO S H, et al. High thermoelectric performance via hierarchical compositionally alloyed nanostructures [J]. Journal of the American Chemical Society, 2013, 135(19): 7364-7370.

[97] WANG D Y, HE W K, CHANG C, et al. Thermoelectric transport properties of rock-salt SnSe: first-principles investigation [J]. Journal of Materials Chemistry C, 2018, 6(44): 12016-12022.

[98] CHANG C, ZHAO L D. Anharmoncity and low thermal conductivity in thermoelectrics [J]. Materials Today Physics, 2018, 4: 50-57.

[99] WANG H, LALONDE A D, PEI Y Z, et al. The criteria for beneficial disorder in thermoelectric solid solutions [J]. Advanced Functional Materials, 2013, 23(12): 1586-1596.

[100] IOFFE A F, STIL' BANS L S, IORDANISHVILI E K, et al. Semiconductor thermoelements and thermoelectric cooling [C]. Infosearch, London, UK, 1957.

[101] HICKS L D, DRESSELHAUS M S. Effect of quantum-well structures on the

thermoelectric figure of merit [J]. Physical Review B, 1993, 47(19): 12727-12731.

[102] HICKS L D, DRESSELHAUS M S. Thermoelectric figure of merit of a one-dimensional conductor [J]. Physical Review B, 1993, 47(24): 16631-16634.

[103] MINNICH A J, DRESSELHAUS M S, REN Z F, et al. Bulk nanostructured thermoelectric materials: current research and future prospects [J]. Energy & Environmental Science, 2009, 2(5): 466-479.

[104] DRESSELHAUS M S, CHEN G, TANG M Y, et al. New directions for low-dimensional thermoelectric materials [J]. Advanced Materials, 2007, 19(8): 1043-1053.

[105] HEREMANS J P, DRESSELHAUS M S, BELL L E, et al. When thermoelectrics reached the nanoscale [J]. Nature Nanotechnology, 2013, 8(7): 471-473.

[106] POUDEL B, HAO Q, MA Y, et al. High-thermoelectric performance of nanostructured bismuth antimony telluride bulk alloys [J]. Science, 2008, 320(5876): 634-638.

[107] XIE W J, HE J, KANG H J, et al. Identifying the specific nanostructures responsible for the high thermoelectric performance of $(Bi,Sb)_2Te_3$ nanocomposites [J]. Nano Letters, 2010, 10(9): 3283-3289.

[108] YAN X A, POUDEL B, MA Y, et al. Experimental studies on anisotropic thermoelectric properties and structures of n-type $Bi_2Te_{2.7}Se_{0.3}$ [J]. Nano Letters, 2010, 10(9): 3373-3378.

[109] FU C G, WU H J, LIU Y T, et al. Enhancing the figure of merit of heavy-band thermoelectric materials through hierarchical phonon scattering [J]. Advanced Science, 2016, 3(8): 1600035.

[110] ZHU T J, HU L P, ZHAO X B, et al. New insights into intrinsic point defects in V_2VI_3 thermoelectric materials [J]. Advanced Science, 2016, 3(7): 1600004.

[111] SEIDMAN D N. Three-dimensional atom-probe tomography: advances and applications [J]. Annual Review of Materials Research, 2007, 37(1): 127-158.

[112] JOHNSEN S, HE J Q, ANDROULAKIS J, et al. Nanostructures boost the thermoelectric performance of PbS [J]. Journal of the American Chemical Society, 2011, 133(10): 3460-3470.

[113] ANDROULAKIS J, LIN C H, KONG H J, et al. Spinodal decomposition and

nucleation and growth as a means to bulk nanostructured thermoelectrics: Enhanced performance in $Pb_{1-x}Sn_xTe$-PbS [J]. Journal of the American Chemical Society, 2007, 129(31): 9780-9788.

[114] QIAN X, ZHENG L, XIAO Y, et al. Enhancing thermoelectric performance of n-type PbSe via additional meso-scale phonon scattering [J]. Inorganic Chemistry Frontiers, 2017, 4(4): 719-726.

[115] LEE Y, LO S H, CHEN C Q, et al. Contrasting role of antimony and bismuth dopants on the thermoelectric performance of lead selenide [J]. Nature Communications, 2014, 5: 3640.

[116] WANG Y P, QIN B C, ZHAO L D. Understanding the electrical transports of p-type polycrystalline SnSe with effective medium theory [J]. Applied Physics Letters, 2021, 119(4): 044103.

第 8 章　结语及展望

随着化石能源的逐渐枯竭以及环境污染的日益严重，寻找新型可再生的清洁能源迫在眉睫。热电能源转换技术可以实现热能与电能之间的直接转换，不仅可以实现热电发电，还可以进行热电制冷。同时，由于热电器件具有体积可控、质量较轻、无噪声、不会产生有害气体等优点，因此可以应用到很多复杂的环境中，在回收工厂废热和汽车尾气废热、深空探测以及微器件发电等领域具有重要的应用前景。另外，热电制冷技术在解决空调、精密仪器的散热问题方面也具有重要的应用价值。然而，热电转换效率低、器件研发成本高等问题的存在导致热电转换技术还未能应用到人们的生产和生活中。

从发现泽贝克效应至今已有 200 余年，人们研究的热电材料已从最开始的金属及其合金材料发展至现在的半导体材料。铅硫族化合物由于具有较大的泽贝克系数、可调节的载流子浓度和电导率以及较低的晶格热导率，在中高温区热电发电方面具有广阔的应用前景，因此得到了人们的广泛关注和研究。在铅硫族化合物热电材料的研究过程中，诞生了很多材料热电参数的优化策略。这些热电性能的调控手段不仅可以应用到铅硫族化合物热电材料的研究中，还可以为开发健康环保、元素储量丰富的新型热电材料提供指导和借鉴。

当前，热电转换效率的提高出现瓶颈，急需寻找和开发具有更优异性能的新型热电材料。同时，热电器件的研发也逐渐引起人们的重视。相比热电材料性能的提高，热电器件研制所面临的问题更加突出和棘手。想要实现热电器件的规模化生产，需要寻找与热电材料本身匹配良好的电极材料，同时还需要解决器件封装、性能衰减以及失效等问题，最重要的是要兼顾批量制备及降低生产成本。与此同时，基础研究理论的发展和突破也至关重要，这是大幅度提高材料性能和热电转换效率的根本途径。总之，热电转换技术的开发和利用还有很长的路要走，需要人们不断探索和努力。